U0334535

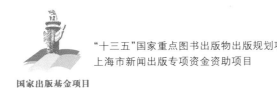

"十三五"国家重点图书出版物出版规划项目

上海市新闻出版专项资金资助项目

国家出版基金项目
NATIONAL PUBLICATION FOUNDATION

长江中游乡村人居环境

洪亮平 郭紫薇 乔 杰 薛 冰 著

同济大学出版社·上海

图书在版编目(CIP)数据

长江中游乡村人居环境 / 洪亮平等著. —上海：
同济大学出版社,2021.12
(中国乡村人居环境研究丛书 / 张立主编)
ISBN 978 - 7 - 5765 - 0119 - 3

Ⅰ.①长… Ⅱ.①洪… Ⅲ.①长江流域－中游－乡村
－居住环境－研究 Ⅳ.①X21

中国版本图书馆 CIP 数据核字(2021)第 279655 号

"十三五"国家重点图书出版物出版规划项目
国家出版基金项目
上海市新闻出版专项资金资助项目

中国乡村人居环境研究丛书

长江中游乡村人居环境

洪亮平　郭紫薇　乔　杰　薛　冰　著

丛书策划　华春荣　高晓辉　翁　晗
责任编辑　高晓辉
责任校对　徐春莲
封面设计　王　翔

出版发行　　同济大学出版社　www.tongjipress.com.cn
　　　　　　(地址:上海市四平路 1239 号　邮编:200092　电话:021－65985622)
经　　销　　全国各地新华书店、建筑书店、网络书店
排版制作　　南京展望文化发展有限公司
印　　刷　　上海安枫印务有限公司
开　　本　　710mm×1000mm　1/16
印　　张　　23.25
字　　数　　465 000
版　　次　　2021 年 12 月第 1 版
印　　次　　2021 年 12 月第 1 次印刷
书　　号　　ISBN 978 - 7 - 5765 - 0119 - 3
定　　价　　188.00 元

地图审图号：GS(2022)4863 号

内 容 提 要

　　本书及其所属的丛书是同济大学等高校团队多年来的社会调查和分析研究成果展现，并与所承担的住房和城乡建设部课题"我国农村人口流动与安居性研究"密切相关；本丛书被纳入"十三五"国家重点图书出版物出版规划项目。

　　丛书的撰写以党的十九大提出的乡村振兴战略为指引，以对我国 13 个省（自治区、直辖市）、480 个村的大量一手调查资料和城乡统计数据分析为基础。书稿借鉴了本领域国内外的相关理论和研究方法，建构了本土乡村人居环境分析的理论框架；具体的研究工作涉及乡村人口流动与安居、公共服务设施、基础设施、生态环境保护，以及乡村治理和运作机理等诸多方面。这些内容均关系到对社会主义新农村建设的现实状况的认知，以及对我国城乡关系的历史性变革和转型的深刻把握。

　　本书以湖北省鄂西山区、江汉平原水网地区、武汉市近郊区典型乡村为微观样本，详细论述了乡村人口流动、农村居民的安居意愿、农村公共服务设施与人居环境建设的一般状况及其特征。在此基础上，从湖北、湖南、江西三省在地理环境、经济发展、历史文化等方面的共性特征出发，建构了长江中游地区乡村人居环境的认知与分析框架。针对该地区乡村经济社会发展面临的主要矛盾和问题，探讨了地域经济社会共同体下乡村人居环境治理的可能路径。

　　本书可供各级政府制定乡村振兴政策、措施时参考使用，可作为政府农业农村、规划、建设等部门及"三农"问题研究者的参考书，也可供高校相关专业师生延伸阅读。

中国乡村人居环境研究丛书
编委会

序　一

我欣喜地得知,"中国乡村人居环境研究丛书"即将问世,并有幸阅读了部分书稿。这是乡村研究领域的大好事、一件盛事,是对乡村振兴战略的一次重要学术响应,具有重要的现实意义。

乡村是社会结构(经济、社会、空间)的重要组成部分。在很长的历史时期,乡村一直是社会发展的主体,即使在城市已经兴起的中世纪欧洲,政治经济主体仍在乡村,商人只是地主和贵族的代言人。只是在工业革命以后,随着工业化和城市化进程的推进,乡村才逐渐失去了主体的光环,沦落为依附的地位。然而,乡村对城市的发展起到了十分重要的作用。乡村孕育了城市,以自己的资源、劳力、空间支撑了城市,为社会、为城市发展作出了重大的奉献和牺牲。

中国自古以来以农立国,是一个农业大国,有着丰富的乡土文化和独特的经济社会结构。对乡村的研究历来有之,20世纪30年代费孝通的"江村经济"是这个时期的代表。中国的乡村也受到国外学者的关注,大批的外国人以各种角色(包括传教士)进入乡村开展各种调查。1949年以来,国家的经济和城市得到迅速发展,人口、资源、生产要素向城市流动,乡村逐渐走向衰败,沦为落后、贫困、低下的代名词。但是乡村作为国家重要的社会结构具有无可替代的价值,是永远不会消失的。中央审时度势,综览全局,及时对乡村问题发出多项指令,从解决"三农"问题到乡村振兴,大大改变了乡村面貌,乡村的价值(文化、生态、景观、经济)逐步为人们所认识。城乡统筹、城乡一体,更使乡村走向健康、协调发展之路。乡村兴,国家才能兴;乡村美,国土才能美。但是,总体而言,学界、业界乃至政界对乡村的关注、了解和研究是远远不够的。今天中国进入一个新的历史时期,无论从国家的整体发展还是从圆百年之梦而言,乡村必须走向现代化,乡村研究必须快步追上。中国的乡村是非常复杂的,在广袤的乡村土地上,由于自然地形、历史进程、经济水平、人口分布、民族构成等方面的不同,千万个乡村呈现出巨大的差异,要研究乡村、了解乡村还是相当困难和艰苦的。同济大学团队借承担住房和城乡建设部乡村人居环境研究课题的机会,利用在国内各地多个规划项目的积累,联合国内多所高校和研究设计机构,开展了全国性的乡村田野调查,总结撰写了一套共 10 个分册的"中国乡村人居环境研究丛书",适逢其时,为乡村的研究提供了丰富的基础性资料和研究经验,对当代的乡村研究具有借鉴意义并起到示范作用,为乡村振兴作出了有价值的贡献!

纵观本套丛书,具有以下特点和价值。

(1)研究基础扎实,科学依据充分。由 100 多名教师和 500 多名学生组成的调查团队,在 13 个省(自治区、直辖市)、85 个县(市区)、234 个乡镇、480 个村开展了多地区、多类型、多样本的全国性的乡村田野调查,行程 10 万余公里,撰写了 100 万字的调研报告,在此基础上总结提炼,撰写成书,对我国主要区域、不同类型的乡村人居环境特点、面貌、建设状况及其差异作了系统的解析和描述,绘就了一幅微缩的、跃然纸上的乡居画卷。而其深入村落,与 7 578 位村民面对面的访谈,更反映了村庄实际和村民心声,反映了乡村振兴"为人民"的初心和"为满足美好生活需要"而研究的历史使命。近几年来,全国开展村庄调查的乡村研究已渐成风气。江苏省开展全省性乡村调查,出版了《2012 江苏乡村调查》和《百年历程 百村变迁:江苏乡村的百年巨变》等科研成果,其他多地也有相当多的成果。但对全国的乡村调查——且以乡村人居环境为中心——在国内尚属首次。

(2)构建了一个由理论支撑、方法统一、组织有机、运行有效的多团体的科研协作模式。作为团队核心的同济大学,首先构建了阐释乡村人居环境特征的理论框架,举办了培训班,统一了研究方法、调研方式、调查内容、调查对象。同时,同济大学团队成员还参与了协作高校和规划设计机构的调研队伍,以保证传导内容的一致性。同时,整个研究工作采用统分结合的方式——调研工作讲究统一要求,而书稿写作强调发挥各学校的能动性和积极性,根据各区域实际,因地制宜反映地方特色(如章节设置、乡村类型划分、历史演进叙述、问题剖析、未来思考),使丛书丰富多样,具有新鲜感。我曾在 20 世纪 90 年代组织过一次中美两国十多所高校和研究设计机构共同开展的"中国自下而上的城镇化发展研究"课题,以小城镇为中心进行了覆盖全国十多个省区、几十个小城镇的多类型调研,深知团队合作的不易。因此,从调研到出版的组织合作经验是难能可贵的。

(3)提出了一些乡村人居环境研究领域颇具见地的观点和看法。例如,总结提出了国内外乡村人居环境研究的"乡村—乡村发展—乡村转型"三阶段,乡村人居环境特征构成的三要素(住房建设、设施供给、环卫景观);构建了乡村人居环境、村民满意度评价指标体系;提出了宜居性的概念和评价指标,探析了乡村人居环境的运行机理等。这些对乡村研究和人居环境研究都有很大的启示和借鉴意义。

　　丛书主题突出、思路清晰、内容全面、特色鲜明,是一次系统性、综合性的对中国乡村人居环境的全面探索。丛书的出版有重要的现实意义和开创价值,对乡村研究和人居环境研究都具有基础性、启示性、引领性的作用。

崔功豪

南京大学

2021 年 12 月

序　二

这是一套旨在帮助我们进一步认识中国乡村的丛书。

我们为什么要"进一步认识乡村"？

第一，最直接的原因，是因为我们对乡村缺乏基本的了解。"我们"是谁，是"城里人"还是"乡下人"？我想主要是城里人——长期居住在城市里的居民。

我们对于乡村的认识可以说是一鳞半爪，而我们的这些少得可怜的知识，可能是一些基于亲戚朋友的感性认知、文学作品里的生动描述，或者是来自节假日休闲时浮光掠影的印象。而这些表象的、浅层的了解，难以触及乡村发展中最本质的问题，当然不足以作为决策的科学支撑。所以，我们才不得不用城市规划的方式规划村庄，以管理城市的方式管理乡村。

这样的认知水平，不是很多普通市民的"专利"，即便是一些著名的科学家，对于乡村的理解也远比不上对城市来得深刻。笔者曾参加过一个顶级的科学会议，专门讨论乡村问题，会上我求教于各位院士专家，"什么是乡村规划建设的科学问题？"，并没有得到完美的解答。

基本科学问题不明确，恰恰反映了学术界对乡村问题的把握，尚未进入"自由王国"的境界，甚至可以说，乡村问题的学术研究在一定程度上仍然处在迷茫和不清晰的境地。

第二，我们对于乡村的理解尚不全面不系统，有时甚至是片面的。比如，从事规划建设的专家，多关注农房、厕所、供水等；从事土地资源管理的专家，多关注耕地保护、用途管制；从事农学的专家，多关注育种、种植；从事环境问题的专家，多关注秸秆燃烧和化肥带来的污染；等等。

但是，乡村和城市一样，是一个生命体，虽然其功能不及城市那样复杂，规模也不像城市那么庞大，但所谓"麻雀虽小，五脏俱全"，其系统性特征非常明显。仅从部门或行业视角观察，往往容易带来机械主义的偏差，缺乏总揽全局、面向长远的能力，因而容易产生片面的甚至是功利主义的政策产出。

如果说现代主义背景的《雅典宪章》提出居住、工作、休憩、交通是城市的四大基本活动,由此奠定了现代城市规划的基础和功能分区的意识,那么,迄今为止还没有出现一个能与之媲美的系统认知乡村的科学模型。

农业、农村、农民这三个维度构成的"三农",为我们认识乡村提供了重要的政策视角,并且孕育了乡村振兴战略、连续十多年以"三农"为主题的中央一号文件,以及机构设置上的高配方案。不过,政策视角不能替代学术研究,目前不少乡村研究仍然停留在政策解读或实证研究层面,没有达到规范性研究的水平。反过来,这种基于经验性理论研究成果拟定的政策行动,难免采取"头痛医头,脚痛医脚"的策略,甚至出现政策之间彼此矛盾、相互掣肘的局面。

第三,我们对于乡村的理解缺乏必要的深度,一般认为乡村具有很强的同质性。姑且不去考虑地形地貌的因素,全国200多万个自然村中,除去那些当代"批量""任务式""运动式"的规划所"打造"的村庄,很难找到两个完全相同的。形态如此,风貌如此,人口和产业构成更表现出很大的差异。

如果把乡村作为一种文化现象考察,全国层面表现出来的丰富多彩,足以抵消一定地域内部的同质性。况且,作为人居环境体系的起源,乡村承载了更加丰富多元的中华文明,蕴含着农业文明的空间基因,它们与基于工业文明的城市具有同等重要的文化价值。

从这一点来说,研究乡村离不开城市。问题是不能拿研究城市的理论生搬硬套。事实上,我国传统的城乡关系,从来就不是对立的,而是相互依存的"国—野"关系。只是工业化的到来,导致了人们对资源的争夺,特别是近代租界的强势嵌入和西方自治市制度的引入,才使得城乡之间逐步走向某种程度的抗争和对立。

在建设生态文明的今天,重新审视新型城乡关系,乡村因为其与自然环境天然的依存关系,生产、生活和生态空间的融合,成为城市规划建设竞相仿效的范式。在国际上,联合国近年来采用的城乡连续体(rural-urban continuum)的概念,可以说也是对于乡村地位与作用的重新认知。乡村人居环境不改善,城市问题无法很好地解决;"城市病"的治理,离不开我们对乡村地位的重新认识。

显而易见,乡村从来就不只是居民点,乡村不是简单、弱势的代名词,它所承载的信息是十分丰富的,它对于中华民族伟大复兴的宏伟目标非常重要。党的十九大报告提出乡村振兴战略,以此作为决胜全面建成小康社会、全面建设社会主义现代化国家的重大历史任务。在"全面建成了小康社会,历史性地解决了绝对贫困问题"之际,"十四五"规划更提出了"全面推进乡村振兴"的战略部署,这是一个涵盖农业发展、农村治理和农民生活的系统性战略,以实现缩小城乡差别、城乡生活品质趋同的目标,成为城乡人居体系中稳住农民、吸引市民的重要环节。

实现这些目标的基础,首先必须以更宽广的视角、更系统的调查、更深入的解剖,去深刻认识乡村。"中国乡村人居环境研究丛书"试图在这方面做一些尝试。比如,借助组织优势,作者们对于全国不同地区的乡村进行了广泛覆盖,形成具有一定代表性的时代"快照";不只是对于农房和耕地等基本要素的调查,也涉及产业发展、收入水平、生态环境、历史文化等多个侧面的内容,使得这一"快照"更加丰满、立体。为了数据的准确、可靠,同济大学等团队坚持采取入户调查的方法,调查甚至涉及对于各类设施的满意度、邻里关系、进城意愿等诸多情感领域问题,使得这套丛书的内容十分丰富、信息可信度高,但仍有不少进一步挖掘的空间。

眼下我国正进入城镇化高速增长与高质量发展并行的阶段,农村地区人口减少、老龄化的趋势依然明显,随着乡村振兴战略的实施,农业生产的现代化程度和农村公共服务水平不断提高,乡村生活方式的吸引力也开始显现出来。

乡村不仅不是弱势的,不仅是有吸引力的,而且在政策、技术和学术研究的层面,是与城市有着同等重要性的人居形态,是迫切需要展开深入学术研究的领域。

作为一种空间形态,乡村空间不只存在着资源价值、生产价值、生态价值,正如哈维所说,也存在着心灵价值和情感价值,这或许会成为破解乡村科学问题的一把钥匙。乡村研究其实是一种文化空间的问题,是一种认同感的培养。

对于一个有着五千多年历史、百分之六七十的人口已经居住在城市的大国而言,城市显然是影响整个国家发展的决定性因素之一,而乡村人居环境问题,也是名副其实的重中之重。这套丛书的作者们正是胸怀乡村发展这个"国之大者",从乡村人居环境的理论与方法、乡村人居环境的评价、运行机理与治理策略等多个维度,对13个省(自治区、直辖市)、480个村的田野调查数据进行了系统的梳理、分析与挖掘,其中揭示了不少值得关注的学术话题,使得本书在数据与资料价值的基础上,增添了不少理论色彩。

　　"三农"问题,特别是乡村问题需要全面系统深入的学术研究,前提是科学可靠的调查与数据,是对其科学问题的界定与挖掘,而这显然不仅仅是单一学科的研究,起码应该涵盖公共管理学、城乡规划学、农学、经济学、社会学等诸多学科。正是出于对乡村人居环境问题的兴趣,笔者推动中国城市规划学会这个专注于城市和规划研究的学术团体,成立了乡村规划与建设学术委员会。出于同样的原因,应中国城市规划学会小城镇规划学术委员会张立秘书长之邀为本书作序。

石　楠

中国城市规划学会常务副理事长兼秘书长

2021 年 12 月

序　　三

　　历时 5 年有余编写完成的"中国乡村人居环境研究丛书"近期即将出版，这是对我国乡村人居环境进行系统性研究的一项基础性工作，也是我国乡村研究领域的一项最新成果。

　　我国是名副其实的农业大国。根据住房和城乡建设部 2020 年村镇统计数据，我国共有 51.52 万个行政村、252.2 万个自然村。根据第七次全国人口普查，居住在乡村的人口约为 5.1 亿，占全国人口的 36.11％。协调城乡发展、建设现代化乡村对于中国这样一个有着广大乡村地区和庞大乡村人口基数的发展中国家而言，意义尤为重大。但是，我国长期以来的城乡二元政策使得乡村人居环境建设严重滞后，直到进入 21 世纪，城乡统筹、新农村建设被提到国家战略高度，系统性的乡村建设工作在全国范围内陆续展开，乡村人居环境才得以逐步改善。

　　纵观开展新农村建设以来的近 20 年，我国乡村人居环境在住房建设、农村基础设施和公共服务补短板、村容村貌提升等方面取得了巨大的成就。根据2021 年 8 月国务院新闻发布会，目前我国已经历史性地解决了农村贫困群众的住房安全问题。全面实施脱贫攻坚农村危房改造以来，790 万户农村贫困家庭危房得到改造，惠及 2 568 万人；行政村供水普及率达 80％以上，对农村生活垃圾进行收运处理的行政村比例超过 90％，农村居民生活条件显著改善，乡村面貌发生了翻天覆地的变化。

　　虽然我国的乡村建设政策与时俱进，但乡村建设面临的问题众多，情况复杂。我国各区域发展很不平衡，东部沿海发达地区部分乡村乘着改革开放的春风走出了"乡村城镇化"的特色发展道路，农民收入、乡村建设水平都实现了质的飞跃。而在 2020 年全面建成小康社会之前，我国仍有十四片集中连片特困地区，广泛分布着量大面广的贫困乡村。发达地区的乡村建设需求与落后地区有很大不同，国家要短时间内实现乡村人居环境水平的全面提升，必然面临着诸多现实问题与困难。

　　从 2005 年党的十六届五中全会通过的《中共中央关于制定国民经济和社会

发展第十一个五年规划的建议》提出"扎实推进社会主义新农村建设",到2015年同济大学承担住房和城乡建设部"我国农村人口流动与安居性研究"课题并组织开展全国乡村田野调研工作,我国的新农村建设工作已开展了十年,正值一个很好的对乡村人居环境建设工作进行全面的阶段性观察、总结和提炼的时机。从即将出版的"中国乡村人居环境研究丛书"成果来看,同济大学带领的研究团队很好地抓住了这个时机并克服了既往乡村统计数据匮乏、难以开展全国性研究、乡村地区长期得不到足够重视等难题,进而为乡村研究领域贡献了这样一套系统性、综合性兼具,较为全面、客观反映全国乡村人居环境建设情况的研究成果。

本套丛书共由10种单本组成,1本《中国乡村人居环境总貌》为"总述",其余9本分别为江浙地区、江淮地区、上海地区、长江中游地区、黄河下游地区、东北地区、内蒙古地区、四川地区和西南地区等9个不同地域乡村人居环境研究的"分述",10种单本能够汇集而面世,实属不易。我想,这首先得益于同济大学研究团队长期以来在全国各地区开展的村镇研究工作经验积累,从而能够在明确课题开展目的的基础上快速形成有针对性、可高效执行的调研工作计划。其次,通过实施系统性的乡村调研培训,向各地高校/设计单位清晰传达了工作开展方法和材料汇集方式,确保多家单位、多个地区可以在同一套行动框架中开展工作,进而保证调研行为的统一性和成果的可汇总性。这一工作方式无疑为乡村调研提供了方法借鉴。而最核心的支撑工作,当数各调研团队深入各地开展的村庄调研活动,与当地干部、村主任、村民面对面的访谈和对村庄物质建设第一手素材的采集,能够向读者生动地展示当时当地某个村的真实建设水平或某类村民的真实生活面貌。

我曾参与了课题"我国农村人口流动与安居性研究"的研究设计,也多次参加了关于本套丛书写作的研讨,特别认同研究团队对我国乡村样本多样性的坚持。10所高校共600余名师生历时128天行程超过10万公里完成了面向全国13个省(自治区、直辖市)、480个村、28 593个农村家庭的乡村田野调查,一路不畏辛劳,不畏艰险——甚至在偏远山区,还曾遭遇过汽车抛锚、山体滑坡等危险状况。也正因有了这些艰难的经历,才能让读者看到滇西边境山区、大凉山地区等在当时尚属集中连片特殊困难地区的乡村真实面貌,也更能体会以国家战略推行的乡村扶贫和人居环境提升是一项多么艰巨且意义重大的世界性工程。最后，得益于研究团队的不懈坚持与有效组织，以及他们对于多年乡村田野调查工作的不舍与热情，这套丛书最终能够在课题研究丰硕成果的基础上与广大读者见面。

纵观本套丛书，其价值与意义在于能够直面我国巨大的地域差异和乡村聚落个体差异，通过量大面广的乡村调研为读者勾勒出全国层面的乡村人居环境建设画卷，较为系统地识别并描述了我国宏大的、广泛的乡村人居环境建设工程呈现出的差异性特征，对于一直缺位的我国乡村人居环境基础性研究工作具有引领、开创的意义，并为这次调研尚未涉及的地域留下了求索的想象空间。而本次全国乡村调研的方法设计、组织模式和成果展示也为乡村研究领域提供了有益借鉴。对于本套丛书各位作者的不懈努力和辛勤付出，为我国乡村人居环境研究领域留下了重要一笔，表以敬意。当然，也必须指出，时值我国城乡关系从城乡统筹走向城乡融合，乡村人居环境建设亦在持续推进，面临的形势与需求更加复杂，对乡村人居环境的研究必然需要学界秉持辩证的态度持续关注，不断更新、探索、提升。由此，也特别期待本套丛书的作者团队能够持续建立起历时性的乡村田野跟踪调查，这将对推动我国乡村人居环境研究具有不可估量的意义。

彭震伟

同济大学党委副书记

中国城市规划学会常务理事

2021 年 12 月

序　四

改革开放 40 余年来,中国的城镇化和现代化建设取得了巨大成就,但城乡发展矛盾也逐步加深,特别是进入 21 世纪以来,"三农"问题得到国家层面前所未有的重视。党的十九大报告将实施乡村振兴上升到国家战略高度,指出农业、农村、农民问题是关系国计民生的根本性问题,是全党工作重中之重。

解决好"三农"问题是中国迈向现代化的关键,这是国情背景和所处的发展阶段决定的。我国是人口大国,也是农业大国,从目前的发展状况来看,农业产值比重已经只有 7%,但农业就业比重仍然超过 23%,农村人口占 36%,达到 5.1亿人,同时有一至两亿进城务工人员游离在城乡之间。我国城镇化具有时空压缩的特点,并且规模大、速度快。20 世纪 90 年代的乡村尚呈现繁荣景象,但 20多年后的今天,不少乡村已呈凋敝状。第二代进城务工的群体已经形成,农业劳动力面临代际转换。可以讲,中国现代化建设成败的关键之一将取决于能否有效化解城乡发展矛盾,特别是在当前的转折时期,能否从城乡发展失衡转向城乡融合发展。

乡村振兴离不开规划引领,城乡规划作为面向社会实践的应用性学科,在国家实施乡村振兴战略中有所作为,是新时代学科发展必须担负起的历史责任。开展乡村规划离不开对"三农"问题的理解和认识,不可否认,对乡村发展规律和"三农"问题的认识不足是城乡规划学科的薄弱环节。我国的乡村发展地域差异大,既需要对基本面有所认识,也需要对具体地区进一步认知和理解。乡村地区的调查研究,关乎社会学、农学、人类学、生态学等学科领域,这些学科的积累为其提供了认识基础,但从城乡规划学科视角出发的系统性的调查研究工作不可或缺。

"中国乡村人居环境研究丛书"依托于住房和城乡建设部课题,围绕乡村人居环境开展了全国性乡村田野调查。本次调研工作的价值有三个方面:

（1）这是城乡规划学科首次围绕乡村人居环境开展大规模调研,运用了田野调查方法,从一个历史断面记录了这些地区乡村发展状态,具有重要学术意义;

（2）调研工作经过周密的前期设计，调研结果有助于认识不同地区间的发展差异，对于建立我国不同地区整体的认知框架具有重要价值，有助于推动我国的乡村规划研究工作；

（3）调研团队结合各自长期的研究积累，所开展的地域性研究工作对于支撑乡村规划实践具有积极的意义。

本套丛书的出版凝聚了调研团队辛勤的努力和汗水，在此表达敬意，也希望这些成果对于各地开展更加广泛深入、长期持续的乡村调查和乡村规划研究工作起到助推的作用。

张尚武

同济大学建筑与城市规划学院副院长

中国城市规划学会乡村规划与建设学术委员会主任委员

2021 年 12 月

总　前　言

只有联系实际才能出真知，实事求是才能懂得什么是中国的特点。

——费孝通

　　自 21 世纪初期国家提出城乡统筹、新农村建设、美丽乡村等政策以来，乡村人居环境建设取得了很大成就。全国各地都在积极推进乡村规划工作，着力解决乡村建设的无序问题。与此同时，我国乡村人居环境的基础性研究却一直较为缺位。虽然大家都认为全国各地的乡村聚落的本底状况和发展条件各不相同，但是如何识别差异、如何描述差异以及如何应对差异化的发展诉求，则是一个难度很大而少有触及的课题。

　　2010 年前后，同济大学相关学科团队在承担地方规划实践项目的基础上，深入村镇地区开展田野调查，试图从乡村视角去理解城乡人口等要素流动的内在机理。多年的村镇调查使我们积累了较多的深切认识。此后的 2015 年，住房和城乡建设部启动了一系列乡村人居环境研究课题，同济大学团队有幸受委托承担了"我国农村人口流动与安居性研究"课题。该课题的研究目标明确，即探寻乡村人居环境改善和乡村人口流动之间的关系，以辨析乡村人居环境优化的逻辑起点。面对这一次难得的学术研究机遇，在国家和地方有关部门的支持下，同济大学课题组牵头组织开展了较大地域范围的中国乡村调查研究。考虑到我国乡村基础资料匮乏、乡村居民的文化水平不高、运作的难度较大等现实情况，课题组确定以田野调查为主要工作方法来推进本项工作；同时也扩展了既定的研究内容，即不局限于受委托课题的目标，而是着眼于对乡村人居环境实情的把握和围绕对"乡村人"的认知而展开更加全面的基础性调研工作。

　　本次田野调查主要由同济大学和各合作高校的师生所组成的团队完成，这项工作得到了诸多部门和同行的支持。具体工作包括下乡踏勘、访谈、发放调查问卷等环节；不仅访谈乡村居民，还访谈了城镇的进城务工人员，形成了双向同步的乡村人口流动的意愿验证。为确保调查质量，课题组对参与调研的全体成员进行了培训。2015 年 5 月，项目调研开始筹备；7 月 1 日，正式开始调研培训；

7月5日,华中科技大学团队率先启程赴乡村调查;11月5日,随着内蒙古工业大学团队返回呼和浩特,调研的主体工作顺利完成。整个调研工作历时128天,100多名教师(含西宁市规划院工作人员)和500多名学生参与其中,撰写原始调查报告100余万字。本次调查合计访谈了7 578名乡村居民,涉及13个省(自治区、直辖市)的85个县(市区)、234个乡镇、480个行政村和28 593个家庭成员。此外,还完成了524份进城务工人员问卷调查,丰富了对城乡人口等要素流动的认识。

本次调研工作可谓量大面广,为深化认知和研究我国乡村人居环境及乡村居民的状况提供了大量有价值的基础数据。然而,这么丰富的研究素材,如果仅是作为一项委托课题的成果提交后就结项,不免令人意犹未尽,或有所缺憾。因而经过与参与调查工作的各高校课题组商讨,团队决定以此次调查的资料为基础,以乡村居民点为主要研究对象,进一步开展我国乡村人居环境总貌及地域研究工作。这一想法得到了住房和城乡建设部村镇司的热忱支持。各课题组很快就研究的地域范畴划分达成了共识,即按照江浙地区、上海地区、江淮地区、长江中游地区、黄河下游地区、东北地区、内蒙古地区、四川地区和西南地区等为地域单元深化分析研究和撰写书稿,以期编撰一套"中国乡村人居环境研究丛书"。为提高丛书的学术质量,同济大学课题组将所有调研数据和分析数据共享给各合作单位,并要求全部书稿最终展现为学术专著。这项延伸工程具有很大的挑战性,在一定程度上乡村人居环境研究仍是一个新的领域,没有系统的理论框架和学术传承。为了创新、求实、探索,丛书的编写没有事先拟定共同的写作框架,而是让各课题组自主探索,以图形成契合本地域特征的写作框架和主体内容。

丛书的撰写自2016年年底启动,在各方的支持下,我们组织了4次集体研讨和多次个别沟通。在各课题组不懈努力和有关专家学者的悉心指导和把关下,书稿得以逐步完成和付梓,最终完整地呈现给各地的读者。丛书入选"十三五"国家重点图书出版物出版规划项目,获得国家出版基金以及上海市新闻出版专项资金资助。

中国地域辽阔,我们的调研工作客观上难以覆盖全国的乡村地域,因而丛书的内涵覆盖亦存在一定局限性。然而万事开头难,希望既有的探索性工作能够激发更多、更深入的相关研究;希望通过对各地域乡村的系统调研和分析,在不远的将来可以更为完整地勾勒出中国乡村人居环境的整体图景。在研究的地域方面,除了本丛书已经涉及的地域范畴,在东部和中西部地区都还有诸多省级政区的乡村有待系统调研。在研究范式方面,尽管"解剖麻雀"式的乡村案例调研方法是乡村人居环境研究的起点和必由之路,但乡村之外的发展协同也绝不可忽视,这也是国家倡导的"城乡融合发展"的题中之义;在相关的研究中,尤其要注意纵向的历史路径依赖、横向的空间地域组织和系统的国家制度政策。尽管丛书在不同程度上涉及了这些内容,但如何将其纳入研究并实现对案例研究范式的超越仍待进一步探索。

本丛书的撰写和出版得到了住房和城乡建设部村镇建设司、同济大学建筑与城市规划学院、上海同济城市规划设计研究院和同济大学出版社的大力支持,在此深表谢意。还要感谢住房和城乡建设部赵晖、张学勤、白正盛、邢海峰、张雁、郭志伟、胡建坤等领导和同事们的支持。来自各方面的支持和帮助始终是激励各课题组和调研团队坚持前行的强劲动力。

最后,希冀本丛书的出版将有助于学界和业界增进对我国乡村人居环境的认知,并进而引发更多、更深入的相关研究,在此基础上,逐步建立起中国乡村人居环境研究的科学体系,并为实现乡村振兴和第二个百年奋斗目标作出学界的应有贡献。

赵　民　张　立

同济大学城市规划系

2021 年 12 月

前　　言

　　长江中游地区是我国农业文明的重要区域,是目前国内所知稻作农业最早发生的地区之一。该地区具备"南北共存,东西互涉,得'中'独厚"的优越区位条件,自古就有"两湖熟、天下足"的说法。

　　目前,长江流域的人口和生产总值均超过全国的40%,具有良好的基础和巨大的发展潜力。在新时期改革开放的背景下,长江流域的保护与发展上升为国家战略。2014年,国务院发布《关于依托黄金水道推动长江经济带发展的指导意见》;2016年,长江经济带发展被写入全国两会政府工作报告;2017年,十九大报告提出"以共抓大保护、不搞大开发为导向推动长江经济带发展"。同时,长江中游城市群被纳入全国城镇化发展战略。作为水陆交通枢纽的长江中游地区一直是我国经济社会发展的重点区域之一,也是新时期促进中部崛起、全方位深化改革开放和推进新型城镇化的重点,在我国区域发展格局中占有重要地位。

　　在新型城镇化过程中,长江中游地区又是城乡发展不平衡、生态环境脆弱、人地关系紧张的典型地区。该地区作为我国农村劳动力和主要农产品的输出地,县域经济发展的滞后导致乡村经济社会发展相对落后,乡村人居环境建设水平不高。长江中游地区的湖北、湖南、江西三省仍有大量偏远落后的贫困地区。尤其在城乡发展缺乏统筹的背景下,长江中游地区的广大乡村生产要素和经济发展要素不断流失,生产生活环境、自然生态环境建设亟待加强,政策和制度设计亟待创新。

　　目前,国内有关长江中游地区乡村人居环境的调查和研究仍比较薄弱,学术界还未对乡村人居环境形成统一定义和明确理论,我国乡村人居环境研究仍偏向于以人居环境科学的大系统对乡村地域进行宏观审视,研究思路仍带有城市思维的痕迹。鉴于此,依托2015年住建部"我国农村人口流动与安居性研究"湖北调研数据,以及长江中游地区部分典型乡村实例样本,本书试图运用多学科交叉的方法,以湖北、湖南、江西三省为研究对象,以乡村人居环境整体的视角对其进行系统梳理与分析，以期为该地区乡村振兴和农业、农村的可持续发展做一些基础性工作。

地域性乡村人居环境思想的形成

长江中游地区人居环境系统的复杂性和独特的地域特征，决定了对该地区地域性人居环境的研究需要融合相关学科知识，建立多个学科之间的相互联系与支撑。文献研究表明，我国相关学科领域近年来对地域性乡村人居环境已进行了多方面的有益探索，并取得了相当丰富的研究成果，主要内容包括地理地貌、气候条件、地域景观、民族文化、人口特征、生产生活方式、乡村建设、建筑风貌与风格等。在梳理相关学科研究成果的基础上，本书认为长江中游地区乡村人居环境背景共性特征明显，主要表现为：丘陵山区与平原湖区并举的地理格局；夏热冬冷的气候特征；县域与乡镇经济弱小，乡村经济结构层次偏低；乡村劳动力高输出，乡村社会"原子化"倾向明显；等等。

人居环境是一个复杂的巨系统。本书从自然生态环境、地域空间环境和社会文化环境三个子系统入手，结合长江中游地区乡村人居环境的共性特点，在湖北省调研数据分析的基础上，增加了人口流动、人地关系、村庄治理等要素内容对乡村人居环境系统展开讨论。一方面，对乡村人居环境的自然生态、地域空间、社会文化三个子系统的要素特征进行了描述。另一方面，对三个子系统彼此的相互作用和组合，以及可能对乡村人居环境整体系统产生的影响进行了讨论。

本书以湖北省为例，通过对 2015 年住建部"我国农村人口流动与安居性研究"湖北数据的处理，具体讨论了长江中游地区农村人口流动的规律及农民城镇化的意愿，对调研涉及的 38 个行政村进行了宜居性评价，并从内部和外部两个维度考察了城镇化背景下乡村人居环境演变的影响因素。内部维度主要包括乡村生态本底条件、资源禀赋差异及农户的空间行为，这些因素对乡村人居环境具有周期性和相对稳定性的影响；外部维度中最大的扰动因素来源于城镇化，还包括国家制度变迁及外部投资的拉动。总体上，外部维度的这些因素作用强势，且有较强的波动性。

对长江中游地区乡村人居环境的研究与实践探索

华中科技大学建筑与城市规划学院研究团队对长江中游地区乡村进行了较长期的跟踪研究与实践探索。因此,本书所引用的案例资料除来自 2015 年住建部"我国农村人口流动与安居性研究"外,还包括了近年来学院部分教师、研究生参与的湖北省住建厅的小城镇相关调查、规划系乡村规划教学案例,以及华中科技大学、西安建筑科技大学、昆明理工大学和青岛理工大学四校乡村联合毕业设计的案例成果。通过对上述具有较强现场感的一手调研资料和典型个案的分析,力求使本书的内容更加丰满、生动。

长江中游地区的湖北、湖南、江西三省,东、南、西三面环山,中部丘陵起伏、水网湖泊密布,呈现出"爪形"的丘陵型盆地特征。三省的地形地貌有很大的相似性。其中,山地丘陵占 80% 左右,平原湖区占 20% 左右。因此,本书首先划分了长江中游地区山地丘陵区、平原湖区、城市近郊区三种典型地域乡村类型,并分别选取了位于山地丘陵区的长阳土家族自治县龙舟坪镇郑家榜村、罗田县三里畈镇錾字石村,位于平原湖区的钟祥市旧口镇温岭村、鄂州市涂家垴镇三九村,以及位于城市近郊区的武汉市江夏区五里界街道毛家畈村、荆门市东宝区子陵铺镇金泉村为微观样本,对其乡村人居环境特征进行了具体调研分析。

对长江中游地区乡村人居环境研究的三点思考

在对长江中游地区乡村人居环境的田野调查和讨论过程中,对我国乡村人居环境建设及乡村振兴战略有如下三点理论思考。

(1)乡村人居环境建设应当秉持怎样的价值观? 在过去 40 多年以城镇化为主导的发展观念下,面对我国广大乡村复杂的系统环境,乡村规划和建设应涉及对价值判断和乡村认知等深层次问题的讨论。乡村人居环境建设不仅是对物质环境的技术关注,更应有对乡村全面发展、对乡村文化生态保育的全面关怀。尤其是中部贫困山区,应当从村民主体的视角客观审视特定地域条件下他们所面临的现实困境。因此,本书提出乡村人居环境建设应重点关注村民的生计、村庄的生境以及村社的发展,其核心目标是满足人的全面发展要求。

(2) 乡村社会资源配置逻辑的转变。我国乡村改革历经 40 多年,不仅乡村的物质生活环境、农业生产方式发生了巨大变化,广大乡村原有的社会结构、社会运作、社会秩序、价值观念也正在发生着巨大转变。过去基于宗族社会,以亲情、血缘、地缘为纽带的传统乡村社会正在向一种基于资本与商业逻辑、网络、规范,以及人与人之间信任互惠的乡村社会转变。新时期,我们需要一个新的理论框架来认知当代中国乡村社会新的场域特征、价值取向和行为逻辑。因此,本书提出社会资本视角下乡村人居环境建设与治理的理论思考,试图以东西方社会发展的"时空差"来窥视中国乡村转型发展的自然演进,以"关系"和社会资本的差异特征来阐述乡村社会变迁所带来的社会资源配置的逻辑之变。以乡村规划工作中的田野调查为基础,借鉴乡村社会资本的运作方式,提出新时期乡村工作推进过程中乡村社会资本的运作框架,试图通过乡村社会资本的运作,克服和解决乡村发展建设中面临的资金短缺、利益冲突、行政壁垒以及土地制度矛盾等现实问题。

(3) 长江中游地区乡村人居环境建设的困境与对策。受困于乡村经济社会发展的滞后,长江中游地区乡村发展呈现出比较明显的内卷化与原子化倾向。内卷化导致了长江中游地区乡村人地关系分离以及资源错配,原子化影响了长江中游地区乡村社会原有的差序格局。本书认为,当前我国乡村人居环境建设存在阶段性目标与长期愿景之间的矛盾冲突。对于乡村价值的再认识,需要了解乡村发展的客观规律,从而认识到乡村发展并非全域无差别化发展,而应当通过重点领域、重点地区的发展,突破乡村整体内卷化发展的现实困境。此外,我国中部地区大部分乡村仍需承载农业生产的基础职能,其人居环境建设应当结合乡村治理,侧重乡村基础服务功能的提升。同时,随着乡村内卷化的动态演化,未来资源紧缺制约下的乡村发展格局将在社会代际效应下得以转变,乡村价值的再提升随着新型人地关系的重塑有望实现。因此,本书基于全面发展的视角,提出了长江中游地区乡村人居环境建设的功能转换路径、结构提升路径以及时间换空间路径。

本书也是住建部科研项目"长江中游地区乡村人居环境研究"课题的阶段性成果。书中对长江中游地区乡村发展现状、共性特征的理论探讨及对策建议可供各级政府在制定乡村帮扶和乡村振兴政策措施时参考使用,可为各级政府部门的乡村振兴工作提供方法参考,也可供乡村研究、乡村规划和乡村建设等相关专业人员和热爱乡村的广大读者阅读使用。

　　本书所涉及的乡村调研数据除特殊标注以外,均来自 2015 年住建部"我国农村人口流动与安居性研究"课题,不再另做赘注。

　　由于地域性乡村人居环境调查与研究仍处于探索阶段,限于作者的水平和经验,不当之处在所难免,请各位同仁及读者批评指正。

洪亮平

于华中科技大学

2021 年 10 月 30 日

目　　录

第 1 章   绪   论

1.1   长江中游区域概述

早在一万多年前,长江流域和黄河流域由于其独特的自然地理环境条件而成为稻、粟两种农作物的起源地。秦汉一统后,北方长期以来均为政治、经济、文化的中心,宋明以后,随着经济、文化中心的南移和朝代的更迭,长江流域得到了普遍的开发,创造了丰富的人居景观文明。长江流域文明有三个起源中心:第一个中心在长江中游,是中国农耕文化发祥地之一,以屈家岭文化为代表;第二个中心在长江下游,以良渚文化为代表,是自成体系的文化发展中心;第三个中心在长江上游地区,以三星堆文化为代表。它们在整体上体现出相似之处,同时又有不同之处。中、下游联系较中、上游联系更为紧密,并且长江下游与黄河下游的联系程度较长江中、下游的联系程度更为密切。

长江中游段从湖北省宜昌市至江西省湖口县,长 950 多千米,流域面积 68 万平方千米。本书中长江中游地区指湖北、湖南、江西三省,行政区划总面积为 56.46 万平方千米,约占长江流域面积的 31.6%(图 1 - 1)。2015 年,三省总人口 1.72 亿人,占全国总人口的 12.6%,其中乡村人口 8 064.8 万人。

长江中游地区流域内主要的支流有汉江、洞庭"四水"(湘江、资水、沅江、澧水)、清江、鄱阳"五水"(赣江、抚河、信江、鄱江、修水)等。汉江上游穿行于秦岭、大巴山之间,高山峡谷间有河谷开阔的盆地;中游流经丘陵和盆地,河床宽浅,属游荡性分汊河段;下游在冲积平原上蜿蜒伸展。洞庭"四水"上游普遍为高山区,山高 1 000～2 000 米,河谷狭窄;中游为丘陵区,间有盆地;下游进入洞庭湖平原,属冲积河流[1]。清江流经鄂西山区,河谷狭窄,水流湍急。鄱阳"五水"上游流经山地间的河谷盆地,中游为丘陵区,下游汇入鄱阳湖。

长江中游地区地形以山地、丘陵为主,山地、丘陵面积占 80% 左右,其余为平原湖区。西部以山地为主,地势较高,包括武当山、大巴山、七曜山、武陵山、雪峰山等;东部以平原为主,地势低平,包括长江中下游平原、鄱阳湖平原等,整体地势由西向东逐渐降低(图 1 - 2)。

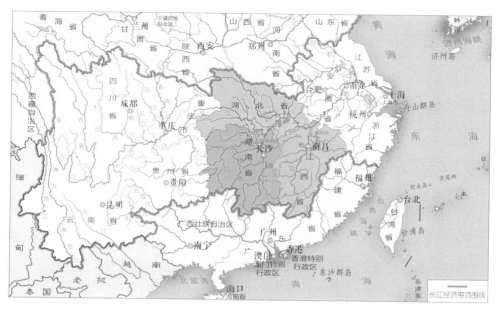

图 1-1　长江中游三省区位图

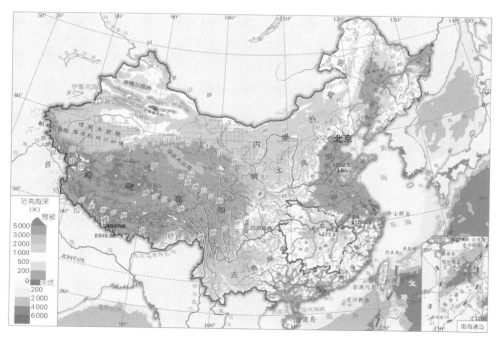

图 1-2　长江中游地区与全国其他地区地形特征比较

长江中游地区拥有众多历史、文化、自然景观,留下了荆楚和三国文化遗址、国家级历史名城(江陵、岳阳、武汉、长沙、景德镇、南昌等)、江南名楼(黄鹤楼、岳阳楼、滕王阁)、美不胜收的湖光(洞庭湖、鄱阳湖)山色(庐山、武当山等),以及闻名天下的山水资源,如三峡峡谷及大坝、神农架原始森林、武陵源。此外,还有许多革命纪念地,如井冈山、大别山等。

纵观长江中游地区不同历史发展阶段,区域内聚落呈现出沿江发展的特点。农业时代早期,居民点主要分布在平原湖区,这一时期人们的抗灾能力弱,受自然灾害尤其是洪水灾害的影响大,人们往往随着河湖演变进行迁移,居民点分布也随之变化。汉代至明清时期,长江中游地区人地关系仍然维持着相对平衡的状态,平原湖区原有的河湖关系基本平衡;与此同时,丘陵低山地区开始得到开发,不断出现农业用地和居民点,尤其是明清时期,随着人口的增长,聚落开始向未开垦的湖区、山区迁移。近现代以来,随着人口剧增,人地和谐关系逐渐被打破,出现平原湖区河湖面积缩小、山地丘陵地区过度开垦、城市用地无序蔓延等问题,导致自然生态环境遭到破坏。从人口分布特征来看,人口主要沿江、湖分布,形成密集的城镇连绵区。平原湖区及丘陵地区人口分布多,山区人口分布较少。

长江中游地区人口总量和人口密度属于中高水平。人口数量与全国其他地区相比相对较大,但小于河南、广东、四川等地;区域内三省的人口密度相似,其中江西省人口密度略低于湖北省和湖南省,但总体密度远低于长江下游和珠江三角洲地带。从人口的流动特征来看,三省户籍人口数量均大于常住人口数量,仍以人口净流出为主(表1-1);但近年来人口向外流出的数量不断减少,且目前我国人口流动方向已从沿海城市转移到中西部地区。长江中游城市因经济发展程度高、就业难度相对较低及户籍制度限制小将成为人口转移的主要地区。由此可见,在人口数量方面,长江中游地区仍然是劳动力输出大省,相比长江下游等地区,由于密度低,其在人口数量方面更具有增长空间和相对优势。

表1-1 长江中游地区常住人口与户籍人口状况(万人)

省份	常住人口	户籍人口
湖北省	5 851.50	6 138.00
湖南省	6 783.00	7 199.30
江西省	4 565.63	5 150.21

数据来源:《湖北省统计年鉴》《湖南省统计年鉴》《江西省统计年鉴》及三省2015年国民经济和社会发展统计公报。

长江中游地区城镇化优势不明显。2015 年，湖北省、湖南省和江西省的城镇化率分别为 56.90%、50.89%、51.62%，除湖北省外，均低于我国城镇化率平均水平（56.10%）。在民族比重及分布方面，长江中游地区以汉族为主，少数民族主要以土家族、苗族、侗族、回族为主，分布在武陵山区和雪峰山区等边远山区，平原湖区分布较少。在人口年龄结构方面，15～64 岁人口占主要比重，65 岁以上人口占 10% 左右，已经进入人口老龄化阶段①，且城镇化率越高的地区，人口老龄化程度越严重，区域人口老龄化趋势越明显（表 1-2）。

表 1-2 长江中游地区人口状况

省份	人口数量（万人）	人口密度（人/平方千米）	乡村人口数量（万人）	城镇化率	少数民族	年龄结构		
						0～14岁	15～64岁	65岁及以上
湖北省	5 851.50	313	2 524.9	56.90%	土家族、苗族、回族、侗族、满族、壮族、蒙古族	15.03%	73.93%	11.04%
湖南省	6 783.00	320	3 331.1	50.89%	土家族、苗族、侗族、瑶族、白族、回族	18.49%	70.10%	11.41%
江西省	4 565.63	274	2 208.8	51.62%	畲族、回族、蒙古族、苗族、满族	20.33%	70.23%	9.44%

数据来源：《湖北省统计年鉴》《湖南省统计年鉴》《江西省统计年鉴》及三省 2015 年国民经济和社会发展统计公报。

长江中游三省经济发展水平和人民生活水平有待提高。2015 年，三省人均 GDP 均低于全国均值（5.2 万元），人均可支配收入低于全国人均指标（21 966 元），第二、三产业比重均低于全国平均水平。这一问题主要与长江中游地区内农业优势明显、第二产业发展迅速但第三产业发展相对滞后的情况有关，与长三角、珠三角等区域差距较大。此外，三省之间经济发展水平存在不平衡，湖北省和湖南省的地区生产总值与人均 GDP 远高于江西省（表 1-3）。

表 1-3 长江中游地区社会经济发展状况

省份	地区生产总值（亿元）	人均生产总值（元）	人均可支配收入（元）	农村居民可支配收入（元）	城镇居民可支配收入（元）	三次产业结构比值
湖北省	29 550.19	50 653.85	20 026.00	11 843.89	27 051.47	11.2∶45.7∶43.1
湖南省	29 047.20	42 968.00	19 317.00	10 993.00	28 838.00	11.5∶44.6∶43.9
江西省	16 723.78	36 724.00	18 437.00	11 139.00	26 500.00	10.6∶50.3∶39.1

数据来源：《湖北省统计年鉴》《湖南省统计年鉴》《江西省统计年鉴》及三省 2015 年国民经济和社会发展统计公报。

---

① 国际上通常把 60 岁以上的人口占总人口比重达到 10% 或 65 岁以上人口占总人口比重达到 7% 作为一个国家或地区进入老龄化的标准。

　　长江中游地区是农耕文明的主要发源地,也是我国主要的粮食产区。历史上长江流域就是农耕文明的主要发祥地,其中湖南彭头山遗址发掘出的稻种,将五千年中华文明史延长到八千年。肥沃的两湖平原和鄱阳湖平原素有"鱼米之乡"之称。在"十二五"规划中,我国提出"七区二十三带"农业战略布局,其中长江流域主产区是七大产区之一,且面积最大(图 1-3)。2015 年全国粮食总产量 62 143.5 万吨,其中湖北省粮食总产量 2 703.3 万吨,湖南省粮食总产量 3 002.9 万吨,江西省粮食总产量 2 148.7 万吨,三省粮食总产量占全国的 12.6%,由此可见长江中游地区在我国的主要粮食产区中占有重要地位。长江中游地区农业生产规模庞大,粮食产量高,但农业生产方式比较落后,传统农业比重较大,农业经济效益不高。从工业化的角度来说,长江中游三省经历了 20 年农业剩余劳动力大规模转移后,转移与回流在现时的经济水平和劳动力素质水平上呈现均衡状态,乡村地区进一步工业化的动力不足,特别是与江苏、浙江、广东等地相比,农业发展面临更多的困难[2]。农村人口在总人口中所占比重大,且从事农业生产的劳动力所占比重大,而农业生产效率低下是农村人口城镇化动力不足的关键因素。

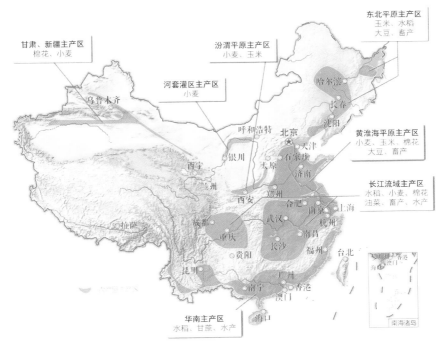

图 1-3 "七区二十三带"农业战略格局

资料来源:http:www.gov.cn/ 2012lh/ content_2054667_3. htm。

长江中游地区的围湖造田以及大规模的城市建设活动导致湖泊面积骤减,使区域内生态环境遭到严重破坏,人与自然的和谐被打破。据统计,新中国成立以来,30%以上的湖泊被围垦,总面积达13 000平方千米,导致1 000多个湖泊消失,并致使湖泊蓄水容积减少500亿立方米以上[3]。湖泊面积骤减致使区域蓄水能力下降,调蓄功能降低,导致区域内遭遇洪水的威胁加剧,人民的生命安全受到威胁。区域内湖泊水体污染和富营养化现象也十分严重,尤其在江汉平原地区,富营养化是造成平原湖区湖泊污染的主要因素。此外,湖泊面积减少和水体污染导致野生动植物失去生存的家园,长江中游地区生物多样性被破坏,许多珍稀动物如白鱀、中华鲟等处于濒临灭绝的状态。区域生态环境面临严峻的挑战。区域生态环境的演变由农民的自发选择性行为引起。乡村土地利用粗放、利用效率低下、基础设施和公共设施不完善,导致污染和浪费现象严重,乡村生态环境遭到破坏,具体表现为空气污染、水体污染和垃圾污染等。

长江中游地区虽山清水秀、环境优美,形成了有特色的水乡格局,但是景观资源却没有得到充分利用。乡村景观特色不强,同质化现象明显。随着现代化建设的推进,越来越多的地区开始注重对村庄特色资源的挖掘,将其作为旅游休闲产业与文化传承的载体。此外,长江中游地区乡村的居住环境与城市存在较大差异,居住环境急需改善。村民住宅以自建砖混结构住宅为主,多为2~3层,建筑质量参差不齐,建筑风貌单一(图1-4、图1-5)。基础设施和公共服务设施基本已覆盖,但部分设施仍需进一步完善。教育医疗设施较少且服务质量有待提升,尤其是资源缺乏、从业人员素质不高、文化体育设施匮乏,无法满足人们日益增长的文体、养老需求。部分村庄缺乏环卫设施,环境一般。

图1-4　湖北省监利县南昌村住宅风貌　　　　　图1-5　湖北省罗田县香木河村住宅风貌

在乡村文化活动方面,节庆活动、民风习俗具有明显的地域性。但多数村庄传统文化活动逐渐消亡,群众文化活动单一,文化生活品质较低。此外,传统村落无法得到有效保护,村落传统格局和特色丧失严重,传统村落的保护和人居环境改善存在矛盾。一些少数民族聚居区"汉化"现象严重,民族特色风貌、特色节庆活动和生活方式逐渐消失,缺少国家和制度层面的指导性保护。

综上所述,长江中游地区是我国国土自然生态环境条件优越,同时自然生态还未严重退化的区域,经济社会发展水平也处于中游,极具发展潜力,其历史文化遗产是长江流域中的精华。由于长江中游三省内部开发不平衡,对外开放步伐相对滞后,影响了整体发展。三省内都有大量偏远落后或尚未开发的贫困地区,致使三省人均国内生产总值均低于全国人均水平。当前长江中游地区乡村人居环境已开始呈现出环境承载力不堪重负的迹象,需要加强研究和规划引导。

1.2　长江中游乡村研究的价值

1.2.1　理论价值:对长江中游地区乡村人居环境形成系统性认知

长江是我国第一大河,干流长度 6 300 余千米,位居世界第三位,横跨中国东部、中部和西部三大经济区,流经 11 个省(自治区、直辖市)。目前长江流域的人口和生产总值均超过全国的 40%,具有独特优势和巨大发展潜力,战略地位十分重要。作为黄金水道的长江中游地区一直都是我国经济发展的重点区域之一,也是我国水运、陆路的交通枢纽。长江中游地区优越的交通区位、丰厚的农业生产基础和深厚的历史渊源决定了它在中国农业发展和历史传承中具有举足轻重的地位和作用。改革开放以来,特别是进入 20 世纪 90 年代,长江中游多层次、全方位的对外开放格局基本形成,经济增长速度逐步加快、经济总量迅速扩张、产业结构调整和升级的空间不断扩大,孕育出一些新的经济增长点,为在新时期全面开创新局面打下了较坚实的物质基础。在新常态和全面开放的背景下,长江流域的再开发上升为国家战略:2014 年国务院发布《关于依托黄金水道推动长江经济带发展的指导意见》,进一步开发长江黄金水道,加快推动长江经济带发展;2016 年长江经济带被纳入全国两会政府工作报告;同年 9 月,《长江经济带发展规划纲要》印发,对长江流域的人居环境建设和城乡协调发展提出了新的要求。2020年 12 月 26 日,中华人民共和国第十三届全国人民代表大会常务委员会第二十四次会议通过《中华人民共和国长江保护法》,为长江流域生态环境的保护和修复,以及资源的合理高效利用提供了法律基础。长江中游地区承东启西、连南接北,是长江经济带的重要组成部分,也是实施促进中部地区崛起战略、全方位深化改革开放和推进新型城镇化的重点区域,在我国区域发展格局中占有重要地位。基于长江中游自身的区域特点和发展规律,对长江中游人居环境建设进行研究显得十分必要。

然而,目前国内有关长江中游地区乡村人居环境的调查和研究仍比较薄弱,已有的研究也多是以人居环境科学的"大理论"对乡村进行"小视角"的解析,具有明显的"城市思维"。已有研究大多聚焦于村庄的微观建成环境,描述长江中游地区乡村的特殊性和典型性,或从社会学视角出发,揭示长江中游人居环境演变与山地开发、农田水利发展、快速城镇化的密切关系。相较而言,运用多学科交叉的方法和手段,针对该地域人地关系紧张、生态环境敏感、传统文化流失的问题,将乡村人居环境视为一个功能整体的研究不多。并且,乡村人居环境尚未形成统一的定义和完善的理论体系,乡村人居环境的解析理论、分析方法、评价手段仍有待填补。

本书以湖北、湖南、江西三省为研究对象,在田野调查和数据分析的基础上,相对全面和准确地描述长江中游地区乡村人居环境的总体状况和区域特征,从城乡规划学科视角对地域性人居环境的研究成果进行了补充和完善。在城镇化和人口流动的宏观背景下,对长江中游地区乡村地域、经济、社会等方面进行了深入的探讨,有助于形成长江中游地区城乡发展的整体性知识构架和解析理论。

1.2.2 实践价值: 提出改善长江中游地区乡村人居环境建设的对策和路径

乡村人居环境建设一直是城乡建设中的薄弱环节。新中国成立初期,我国制定了优先发展重工业的经济战略,同时在乡村开展了土地改革、粮食统购统销、生产集体化等运动,形成了城乡二元经济社会结构,自此城乡经济差距、景观差异和文化差异不断拉大。改革开放后,国家有意识地加快了乡村城市化的进程,鼓励发展乡村工业,其结果是乡村经济更加多元化,但乡村居住条件的实际改善不大,乡村生态环境更是遭到了严重的破坏。而此时的城市环境却大大改善,基础设施和公共服务设施水平与乡村地区拉开了显著差距。由于城市化进程中城乡要素流动的不对等,乡村劳动力、资金、土地等生产要素通过工农"剪刀差"和资金"存贷差"急速地向城市转移,造成城市单极化发展,城乡发展不协调,乡村发展远远滞后于城市。可以说,在快速城镇化的同时,乡村不可逆地衰败了。

长江中游地区是城乡发展不平衡、生态环境脆弱、人地关系紧张的典型地区,严重影响了区域整体发展。在撰写本书的研究团队开展调研期间,湖北、湖南、江西三省内都有大量偏远落后尚未开发的贫困地区,致使三省人均国内生产总值均低于全国人均水平。在城市斑块无限蔓延过程中,乡村的基质受到挤压,不论是在基础设施还是人居环境上都明显滞后于城市。作为我国主要的农业产区,长江中游地区农业生产规模庞大,但农业生产方式仍比较落后,农药、农膜和化肥的大量使用,致使土壤肥力流失、饮水安全存在隐患、自然生态环境破坏严重。乡村的自来水普及、道路交通、文化娱乐等方面的公共服务设施发展滞后,供给数量和质量均不能满足乡村发展的需求。乡村建设缺乏有效引导,村庄建设随意性和无序化发展明显,建筑风格的"城市化"倾向增强,乡村风貌逐步消失;由于城市文化的渗透,乡村的伦理秩序和传统文化生态系统遭到破坏。在沿海开放和西部大开发的梯度式开发格局下,中部地区作为劳动力和原材料的输出地,一度出现"塌陷"的情况。

本书通过田野调查和数据分析,剖析长江中游地区乡村人居环境的特点、演变及发展趋势;以湖北省为重点,总结长江中游地区乡村人居环境发展存在的突出地域性问题以及乡村人居环境建设面临的主要矛盾和挑战;了解和掌握长江中游地区乡村人口和进城务工人员城镇化意愿和人口流动倾向现状,对未来我国乡村人居环境发展的总体趋势进行合理预测;以解决典型及重点问题为导向,提出改善和提升长江中游地区乡村人居环境建设的对策和路径。

1.2.3　社会价值:对长江中游地区精准扶贫和乡村振兴战略进行社会学思考

"农业强不强、农村美不美、农民富不富,决定着全面小康社会的成色和社会主义现代化的质量。""三农"问题一直是关系我国国计民生的根本性问题。近年来,国家大力推进的精准扶贫、乡村振兴战略无不展现出国家在解决"三农"问题上的意志和决心。

党的十九大报告提出社会主义新时代的主要矛盾为人民日益增长的美好生活需要和不平衡不充分的发展之间的矛盾,乡村振兴应当遵循"产业兴旺、生态宜居、乡风文明、治理有效、生活富裕"的总要求。基于此,本书的最后两章从全面发展的视角重新讨论乡村规划,对过去片面发展观下我国乡村规划存在的一些误区进行辨识和纠正。提出通过创建乡村规划工作平台协同乡村发展建设各项内容,提升乡村发展效能;同时乡村规划应作为一种加强乡村治理的手段,促进乡村的综合治理。另外,针对长江中游地区乡村"内卷化"与"原子化"倾向的问题,提出乡村人居环境建设差别化的路径。以精准脱贫为手段,以乡村振兴为最终目标,促进长江中游地区乡村农业全面升级、乡村全面进步、农民全面发展。

1.3　地域性背景下的长江中游乡村人居环境

1.3.1　乡村人居环境研究基础

1) 人居环境研究进展

（1）国外研究

"人居环境"的明确概念最早起源于希腊学者道萨亚迪斯(C. A. Doxiadis)在 20 世纪 50 年代提出的人类聚居学(Ekistics)(图 1 - 6)。他在对人类生活环境问题进行了大规模的基础研究之后,认为"所有的城市聚居和乡村型聚居,作为人类生活的地域空间,其本质都是人类聚居"。

学术界的理论探索对联合国人居环境工作影响深刻,作为快速城市化时代唯一聚焦城市和人居环境议题的全球峰会,联合国人居大会每 20 年举办一次。1976 年,首次人居会议在加拿大温哥华举行,并决定成立政府间组织——联合国人类住区委员会(United Nations Commission on Human Settlements),即联合国人居署的前身;1996 年,在土耳其伊斯坦布尔召开的第二次人居会议通过了

《伊斯坦布尔人居宣言》和《人居议程》,规定各国政府有责任为所有人提供足够的住房,维护城市的可持续发展;2001 年 6 月,《新千年人居宣言》在纽约召开的人居特别联大会上获得通过。2002 年 1 月 1 日,联合国人居署正式成立,此后地位得到不断提升,职能也更为广泛。2016 年第三届联合国住房与城市可持续发展大会(简称"人居三")在厄瓜多尔基多召开,通过了纲领性文件——《新城市议程》,它强调了"所有人的城市"这一基本理念,即建设更为包

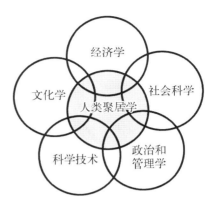

图 1-6　人类聚居学及支撑学科
资料来源: Doxiadis C A. Ekistics: An Introduction to the Science of Human Settlements [M]. London, Hutchinson, 1968: 5.

容、安全的城市。这些都表明世界各国和国际社会对全面改善全球人居状况的关注。

　　(2)国内研究

　　我国传统文化中的人居理想可以追溯到风水理论、山水书画、诗词文章以及儒道佛学。从古代文人山水诗、山水画所表达出来的诗意情怀,到中国传统村落、城市和古典园林的营造所体现的诗性思想和山水精神,都深刻反映了中国传统人居思想对"诗意栖居""天人合一"理念的孜孜追求和不断实践。例如风水理念中讲究"负阴抱阳,背山面水"的基本择居原则(图 1-7)。又如陶渊明笔下描绘的桃花源:"土地平旷,屋舍俨然,有良田、美池、桑竹之属。阡陌交通,鸡犬相闻。其中往来种作,男女衣着,悉如外人。黄发垂髫,并怡然自乐。"再者,有道家所崇尚的"小国寡民"的理想社会:"使有什伯之器而不用,使民重死而不远徙……使民复结绳而用之。甘其食,美其服,安其居,乐其俗。邻国相望,鸡犬之声相闻,民至老死不相往来。"唐寅《江南农事图》中描绘的江南乡村景象:村舍、沃田,垂柳交错,河流迂回,画面下方一舟泊岸,一舟穿过桥下;农夫插秧,渔夫撒网,更有人物肩挑行囊,往来林间。刘松年《四景山水图》表现了南宋时期文人对安逸悠闲的生活的向往,人工营造的构筑物与自然山水相得益彰(图 1-8、图 1-9)。20 世纪 90 年代,钱学森先生提出我国要建设"山水城市",也是在传统的山水景观格局基础上,把中国的山水诗词、园林建筑和山水

画三者的意境融合在一起的未来城市构想；洪亮平在《创造明日的山水城市》一文中对山水城市的空间意象进行了探索①。综上所述，我国传统人居理想的核心是建设人与自然和谐共存的人居环境，创造可持续的人类聚居形态。

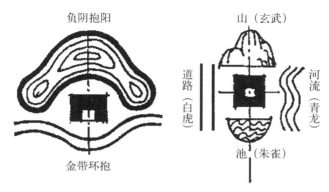

图1-7　传统风水中最佳宅址选择

资料来源：王其亨.风水理论研究[M].天津：天津大学出版社，2005.

图1-8　刘松年《四景山水图》之春景

资料来源：https://www.sohu.com/a/222774699_346824。

图1-9　刘松年《四景山水图》之冬景

资料来源：https://www.sohu.com/a/222774699_346824。

在学术界，明确提出以"人居环境"为命题开展研究只有20余年。1994年，吴良镛、周干峙和林志群先生在国内首次提出"人居环境科学"的概念，就是要建立和发展以环境和人的生产与生活活动为基点，研究从建筑到城镇的人工与自然环境的"保护与发展"的学科。1995年11月，清华大学成立"人居环境研究中心"。2001年吴良镛在道氏人类聚居理论的基础上，将人居环境的含义概括为："人居环境，顾名思义，是人类的聚居生活的地方，是与人类生存活动密切相关的地表空间，它是人类在大自然中赖以生存的基地，是人类利用自然、改造自然的

---

① 《创造明日的山水城市——山水城市空间意象探索》一文曾于1995年获得第四届全国青年城市规划论文竞赛一等奖。

主要场所。"他认为人居环境科学是以包括乡村、集镇、城市等在内的所有人类聚居环境为研究对象的综合性学科群,提出要以"建筑、园林、城市规划的融合"为核心来建构人居环境科学的学术框架[4]。

　　吴良镛先生将人居环境划分为以下五大系统:一是自然系统,指整体的自然和生态环境;二是人类系统,主要指作为个体的聚居者;三是社会系统,主要指由人群组成的社会团体相互交往的体系;四是居住系统,指人类系统、社会系统等需要利用的居住物质环境;五是支撑系统,指为人类活动提供庇护的所有构筑物,所有人工和自然的联系系统,以及经济、法律、教育和行政体系(图 1 - 10)。在上述五大系统中,人类系统与自然系统是两个基本系统,居住系统与支撑系统则是人工创造与建设的结果。在人与自然的关系中,和谐与矛盾共生,人类必须面对现实,与自然和平共处,保护和利用自然,妥善地解决矛盾,即必须可持续发展[4]。

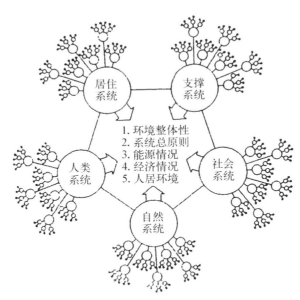

图 1 - 10　人居环境系统模型
资料来源:吴良镛. 人居环境科学导论[M]. 北京:中国建筑工业出版社,2001.

　　人居环境是一门以人类聚居(包括乡村、集镇、城市等)为研究对象,着重探讨人与环境之间相互关系的科学。通过了解人类聚居现象的发生、发展规律,解析人与生存环境之间的科学构成关系,以便建设更符合人类聚居理想的环境[5]。

人居环境有广义和狭义之分。在广义的层面,人居环境是一个多层次的空间系统,可以被分为物质、行为、制度和文化,既有物质的客观实体,也有非物质的各项要素;在狭义的层面,人居环境侧重物质空间,主要反映用地、住宅、公共设施等各项物质要素及其空间范畴。

人居环境学属于交叉学科,这一概念后被社会各界所接受和运用,近十余年国内地理学、城乡规划与建筑学、社会学等学科对"人居环境"展开了不同视角的研究。地理学以"格局·过程·机制"为研究主线,以区域性、综合性为主要特征,在人居环境自然适宜性研究、人居环境综合评价探究、人居环境演变探索几个方面有较大突破,并形成了地理信息科学对人居环境的技术支撑[6-7]。城市规划与建筑学以广义人居环境研究体系构建[4]、城市人居环境评价与发展[8-10]、人居环境空间形态特征与模式[11]、典型地域人居环境特征与演变[12-13]为研究主线,强调宏观地理因素及中微观空间组织对人居环境的影响。社会学的研究集中在历史性地考证人居环境发展变化的过程,包括气候变化与历史自然灾害、聚落与环境、城市环境问题等[12-13],并研究在这过程中人们生计方式的转变、生计方式对环境的适应,以及为适应地理环境而产生的这种生计方式所形成的社会关系、地域社会的变迁及其区域差异等问题[14]。

2) 乡村人居环境研究进展

(1) 国外研究

乡村人居环境是人居环境的一种类型,相对于城市区域更强调与周边自然环境的结合与共生。20世纪中叶以来,国外学者以地理学视角研究了传统乡村区位、乡村功能、乡村生活、土地利用、村落形态以及村落地域系统[15]等内容。随着城市化的快速推进,部分学者开始关注乡村的发展问题,反思乡村在城市化中的得失,研究城市化对乡村的影响:汉森(N. Hansen)研究了美国南部和东部的乡村经济问题,认为地方政府应该加大对贫困地区的投资、促进资源的合理分配从而缓解地区贫困[16];托马斯(D. Thomas)认为乡村人口减少带来了地方铁路和公交线的衰败,导致了城乡生活水平差距的加大,他认为政府应当承担起健全和维护乡村公交系统的责任[17];由于北美出现了大规模的逆城市化现象,D. Brown研究了美国城乡人口迁移的新趋势与分布情况,讨论了人口迁移对经济和劳动力市场的影响,并分析了导致乡村人口逆向增长的原因[18]。乡村经历着巨大的变化,指导城市规划的理论与方法无法指导乡村的发展,一些学者进而开始探索不同于城市的乡村规划理论与实践[19]。

到 20 世纪 90 年代,随着对乡村发展讨论的深入,欧洲乡村发展的政策观点逐渐由生产主义(Productivism)转向后生产主义(Post-Productivism),其内涵主要集中在乡村多样性发展导向及生态保护为主的政策特征上[20]。N. Evans 等认为后生产主义观念有五个主要特征:从重视农产品的数量到重视农产品的质量;农业多样性的增加以及非农就业的增加;通过对农业环境的关注降低单位投入并提高农业可持续性;农业生产形式的多样化;政府主导的环境整治与重构[21]。在此观念影响下,K. Halfacree 利用空间生产理论,分析归纳出四种乡村空间情景模式:超级生产主义乡村、消费的乡村、消逝的乡村、对抗的乡村[22]。

（2）国内研究

长期以来,国内乡村人居环境的研究严重滞后于城市,在有限的研究中,学界对乡村人居环境的定义并不统一。从建筑规划学角度,乡村人居环境是农户住宅建筑与居住环境有机结合的地表空间总称;从生态环境学角度,乡村人居环境定义为以人地和谐、自然生态系统和谐为目的,以人为主体的复合生态系统;从风水伦理学角度,理想的乡村人居环境就是尊重自然规律,注重人造景观与自然环境的协调;从形态学角度,将乡村人居环境定义为人文与自然协调,生产与生活结合,物质享受与精神满足相统一[23]。我国学者自 1990 年以来,对乡村人居环境的研究成果主要体现在四个方面。

① 乡村空间聚落与景观

王成新等研究了山东省某村聚落空心化问题,认为村落向心力与离心力失衡、经济发展迅速与观念意识落后、新房建设加速与规划管理薄弱三大矛盾是村落空心化的内在机制[24];朱彬等运用熵值法及空间分析方法对江苏省乡村聚落的格局特征进行研究,发现江苏省乡村人居环境质量呈现南高北低的空间分异格局[25]。

② 乡村人居环境评价

杨兴柱等从基础设施、公共服务设施、能源消费结构、居住条件、环境卫生五个方面构建了乡村人居环境质量差异评价指标体系,并对皖南旅游区进行实证测度,发现该地区乡村人居环境质量总体上呈现"双核突出,中部跟进,外围凹陷"的异质异构空间格局[26];朱亮等通过遥感影像及 GIS 空间分析,研究了渝北、万州和秭归移民区三个三峡典型区的乡村居民点空间分布规律,并借鉴农用地评价方法,结合层次分析法(AHP)绘制生态人居环境适宜性评价图,结果表明三峡乡村居民点受到海拔、坡度、坡向等因子的影响呈现出较明显的空间分布规律[27]。

③ 乡村人居环境的演化

周国华等对各类乡村聚居的影响因素进行了分析,并将之划分为基础因子、新型因子与突变因子三类,总结出乡村聚居演变的"三轮"驱动机制[28];李伯华等对农户空间行为从传统到现代演化的过程和原因进行了探讨,认为农户空间行为变迁是乡村人居环境演化的主要驱动力[29]。

④ 乡村环境整治与优化

赵之枫从城乡关系、人口和消费、生态环境、能源利用、社区建设和使用周期等方面探讨了乡村人居环境可持续发展的对策[30];胡伟等提出乡村人居环境优化系统包括安全格局子系统优化、村镇规划、社会经济子系统优化、基础设施子系统优化、环境卫生子系统优化、公共服务设施子系统优化六个方面,并通过安全格局网络图的编制和优化指标的达标验收,实现乡村人居环境的优化[31];王竹等将乡村人居环境解析为秩序与功能两大内容,提出应建立有机秩序修护、现代功能植入的有机更新理念,实行以低度干预、本土融合、原型调适为核心的营建方式,倡导"乡村更新共同体"合作机制[32]。

本书采用李伯华提出的定义,将乡村人居环境理解为自然生态环境、地域空间环境与社会文化环境的综合体现(图 1-11)。三者之间遵循一定的逻辑关联,共同构成乡村人居环境的内容。自然生态环境是农户生产生活的物质基础,地域空间环境是农户生产生活的空间载体,人文环境是农户生产生

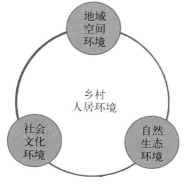

图 1-11　乡村人居环境系统模型
资料来源:根据李伯华《农户空间行为变迁与乡村人居环境优化研究》(北京科学出版社,2014)绘制。

活的社会基础。其中,自然生态环境和人文环境又构成了农户生产生活的外部环境,地域空间环境是农户生产生活与创造物质财富和精神财富的核心区域,是体现人居环境主体地位的重要标志,因而是乡村人居环境的核心组成部分[33]。

3) 乡村规划研究进展

长期以来我国乡与镇的关系复杂、概念界定不清,乡村规划在很长时期处于缺位的状态。叶齐茂认为,乡村规划不能套用城市规划的理论与方法,他在分析我国乡村规划背景与设计要素的基础上,提出了乡村规划与设计的根本价值取向为统筹人与自然和谐发展[34]。2008 年《城乡规划法》正式实施后,乡村规划的法定地位得到确立,原有城乡二元的规划管理体系被打破,以城乡统筹、城乡协调发展为目标的乡村规划理论探讨与实践广泛开展[35]。彭震伟等阐述了乡村人居环境体系的构成和影响乡村人居环境建设的各种要素,建构了乡村人居环境建设的层次及其主要内容,并提出基于城乡统筹的乡村人居环境发展模式[36];葛丹东等认为,乡村规划的新方向应从强制植入走向村民主导,从个体规划走向系统规划,从自上而下的蓝图规划走向上下结合的过程规划[37]。

在乡村规划实践上,各地方结合实际情况开展了乡村环境连片整治项目、美丽乡村项目和千村示范万村整治等工程项目,乡村规划的实施性和操作性备受关注。贺勇等提出基于“产、村、景”一体化的乡村规划实践与方法[38];汤海孺等从操作层面,探讨了乡村规划管理中的具体内容、管理模式、乡村建设规划许可证核发的程序与条件等[39];王雷等以苏南地区为例,对村民参与乡村规划的认知与意愿进行分析,讨论了乡村规划中村民参与方式、组织方式以及参与机制的构建方向[40]。此外,近年来一些学者将研究的视角扩展到乡村空间的社会属性和文化意义,强调乡村认知是乡村规划的基础和前提,乡村规划必须以村民为主体,乡村规划应纳入乡村事务及其管理之中[41]。另外,如何利用乡村规划这个工具促进乡村作为一个社会有机体的功能完善,进而增强乡村社会的生命力等问题也得到了充分讨论[42]。

1.3.2 长江中游地域性研究

地域性是本书的一个主要切入点。我国幅员辽阔、民族众多、自然环境复杂多样、区域经济发展差异显著。在此基础上，不同地域间乡村的发展更是千差万别。从词源上讲，《简明不列颠百科全书》将地域（region）定义为："有内聚力的地区。根据一定标准，区域本身具有同质性，并以同样标准而与相邻诸地区或诸区域相区别"，并认为"区域也可由单个或几个特征来划定，社会科学中最普遍的特征是民族、文化或语言，气候或地貌，工业区或都市区，专门化经济区，行政单元以及国际政治区域"。

地域性（regional characteristics）是一个综合的研究领域，它是整合时空的有效基点，是构成时空网络的"结点"[43]。在界定地域性概念时，既要强调自然地理环境的制约性，也需要关注其他社会经济现象的特殊性。所谓地域性，是指地理环境和社会经济现象在运动中所表现出来的地域分异和组合特征。地域性是同一地域单元的普遍性与不同地域单元的特征性的有机统一。因而，地域研究往往强调历史和地理的交互作用。

长江流域是我国三大流域之一。长江中游地区具备"南北共存，东西互涉，得中独厚"的区位条件。正是由于其独特的区位条件，东西、南北的交通大动脉都从该地区穿越，因此，长江中游地区也是全国铁路交通枢纽和人口流动最为活跃的地区之一（图1-12）。长江中游地区还是我国重要的粮食生产基地，自古有"两湖熟，天下足"的说法。此外，长江中游三省山水相连、人文相亲，有着特殊的文化渊源，经贸往来非常密切。可见，长江中游地区优越的交通区位和悠久的农耕传统决定了它在我国农业发展和历史文化传承中拥有举足轻重的地位。

长江中游地区的地貌特点、气候特点、人类聚居形态、生产生活习性具有共性。从历史上看，长江中游地区深受楚文化的影响，钟灵毓秀、人才辈出，并且山川秀美、水利条件优越、农耕文明发达。同时这一地区又是生态敏感、经济活跃、人口外流的典型地区。因此基于地理环境、区位等地域性因素的独特性，关注区域内的人居环境同质性与区域之间的异质性，有利于加深对不同地域乡村发展的理解。

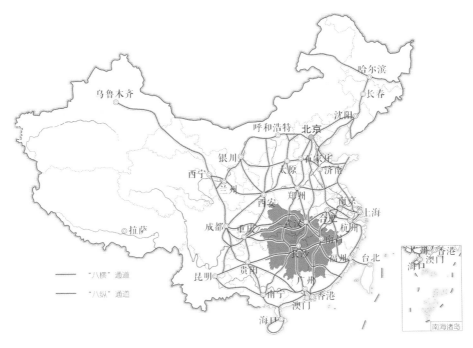

图 1 - 12 中国高速铁路网中长期规划示意图(2030)
资料来源:《中长期铁路网规划》,http://www.sdpc.gov.cn/zcfb/zcfbtz/201607/t20160720_811696.html。

1.3.3 多学科视角下的长江中游乡村人居环境

　　人居环境是一个复杂的巨系统,长江中游地区的地域特征源于其地理环境、气候条件、社会经济发展的长期塑造。人居环境系统的复杂性和长江中游地区独特的地域特征,决定了对长江中游地区地域性人居环境研究需要融会与其相关的各个学科的视野,需要各个学科之间相互联系和相互支撑。目前,其他学科已对地域性乡村人居环境进行了探索并取得了一定的研究成果,研究的主要内容包括地域性地形地貌、气候条件、地域景观、民族人口特征、生产生活方式、建筑材料与风格等;而城乡规划学科在这方面还处于起步阶段。因此,本节将综合多学科视角梳理历史学、社会学、地理学、建筑学对长江中游地区地域性人居环境研究的主要成果,以期对长江中游地区地域性人居环境获得更全面的认识,并为长江中游地区乡村人居环境的研究提供借鉴和理论基础(表 1 - 4)。

表 1-4 多学科视角下长江中游地区地域性人居环境研究的主要内容

研究视角	研究内容
历史学	① 某一历史时期的人居环境特征考察;② 某一历史阶段人居环境的形成及演变过程;③ 人居环境演变规律研究;④ 人居环境特征及影响因素研究
社会学	① 地域文化(文化艺术、地方民俗、宗教与民间信仰);② 人口结构(人口流动状况、村民主体、村庄精英);③ 社会制度(村庄治理、村规民约);④ 社会关系(地缘关系、血缘关系、业缘关系)
地理学	① 人居环境的自然适宜性;② 人居环境的系统综合性;③ 地理信息科学对人居环境的技术支撑
建筑学	① 传统村落格局(传统村落空间分布、传统村落营建模式、传统村落空间形态);② 聚落空间(聚落空间演化、聚落空间结构、聚落空间组织形式);③ 地方民居(地域建筑文化、地域建筑形式、地方民居适应性、地域居住模式);④ 可持续建筑(可持续建筑技术、可持续建筑设计)

1) 历史学视角下长江中游地区地域性人居环境研究

长江中游地区地域性人居环境是在长期历史沉淀和演进的基础上形成的,是自然演化和人类活动共同作用的结果,历史学视角下人居环境研究是对其形成过程和发展规律的记录和探究,具有不可替代的作用。

对历史学领域长江中游地区地域性人居环境的研究进行梳理可以发现其主要内容集中在以下几个方面:① 某一历史时期的人居环境考察;② 某一历史阶段人居环境的形成及演变;③ 人居环境演变规律研究;④ 人居环境特征及影响因素研究。

鲁西奇是从历史学视角研究地域性人居环境这一领域较为著名的学者,特别是在长江中游地区江汉平原地区的人居环境研究中取得了显著性成果。早期,他在新石器时代汉水流域聚落地理的研究中,对遗址分布的地貌类型、遗址分布与环境变迁的关系、住宅形式及其演变、聚落形态的演进进行了深入分析[44](图 1-13),并对江汉平原腹地的乡村聚落形态及其演变进行研究,认为散居是这一地区人类居住的原始倾向,环境与资源条件的限制、传统的经济生活方式是散居形成并延续的根本原因[45]。张建民、鲁西奇将长江中游地区人地关系的演变历史时期分为三个阶段:农业社会早期人类生存环境恶劣,敬畏自然;汉末三国至明中叶利用自然能力加强,对自然的干预加大;明中叶以后至民国时期以平原湖区垸田经济高度发展(图 1-14)和山区全面开发为标志,人地关系全面紧张。他们认为人口变动、资源利用方式的演进、河湖与植被变化、自然灾害加剧是本区人地关系及其演变过程中最重要的四方面因素[46]。

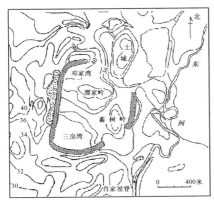

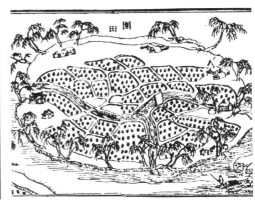

图 1-13　汉水流域天门石家河聚落城址
资料来源：http://jpkc.nwu.edu.cn/sqkgx/main03/067.htm。

图 1-14　荆江及汉、湘、沅、赣江等地区的垸田

2) 社会学视角下长江中游地区地域性人居环境研究

从社会学视角对地域性人居环境进行研究的成果涉及方面众多、生动而有声有色。通过文献梳理发现，其研究主要侧重于地域文化、人口、社会制度和社会关系四个方面。

具体而言，上述四个方面又可被进一步细分。在文化方面，长江中游地区因区域内独特的自然和人文地理环境形成了独特的文化特质和文化地理区，包括两湖文化区（即荆楚文化和湖湘文化）和赣文化区。湖北省是楚文化的核心地区，创造和发展了富有楚文化传统的多种艺术形式，由于特殊的地理特点和历史地位，楚文化具有神秘性和浪漫性，孕育了不拘礼法、发奋图强的精神；湖南是湖湘文化的代表，宋代长沙岳麓书院的创立和讲学活动的开展促进了湖湘文化的崛起，其发展依托于经济发展和人才优势，具有一定的人文气息；江西被称为"楚头吴尾"，受到楚文化和吴越文化的共同影响，最终形成赣文化，其文化特质集中表现为农耕文明、多元融合的地域文化、独特的生活方式和丰富多彩的民俗文化。具体而言，长江中游地区地域文化的研究内容主要包括文化艺术、地方民俗、宗教与民间信仰。如张良皋先生的《匠学七说》《巴史别观》是将国学纳入建筑学研究的开山之作，从历史文化的角度探索建

筑文化的发展变迁(图1-15),认为巴文化是楚文化的基础,楚文化是汉文化的前身,由此推论中国文明根源在大西南巴域[47-48]。邬胜兰从湖广—四川多元文化线路的理念出发,并将湖广地区戏剧表演空间和与之关联的民俗活动和地方戏剧等传统文化进行关联研究,认为民俗活动和地方戏曲文化发展对祭祀与演剧空间形态演变具有重要影响,祠庙戏场的演变经历了从酬神到娱人的过程[49]。

(a) 原始巢居　　　　　　　　　　(b) 橧巢　　　　　　　　(c) 干栏

图1-15　原始巢居到干栏的演化
资料来源:张良皋.匠学七说[M].北京:中国建筑工业出版社,2002.

在人口方面,主要涉及对人口流动状况、村民主体、村庄精英的研究。如李伯华等对人口的空间流动状况进行关注,即从农户空间行为变迁的视角探讨了农户空间行为从传统向现代演化的过程与原因,认为农户空间行为变迁是乡村人居环境演化的主要驱动力,而实现乡村人居环境优化目标应该从农户空间行为进行调控[30]。

在社会制度方面,与乡村人居环境息息相关的内容主要包含村庄治理、村规民约。如周怡从习惯和村规民约入手,认为尽管转型发生、分化呈现,但村庄共同体层面上的价值认同及集体经济秩序能够保持不变的重要因素在于村庄制度环境的制约[50]。

在社会关系方面,包含乡村社会的三大关系,即地缘关系、血缘关系、业缘关系。费孝通认为,在我国传统的社会结构中人和人往来所构成的网络中的纲纪就是"差序",在差序格局中,社会关系是逐渐从一个个人推出去的,是私人联系的增加,社会范围是一个个私人关系所构成的网络,无论是血缘关系还是地缘关系都存在这种差序格局[51]。

此外,贺雪峰的《新乡土中国》追随了费孝通《乡土中国》的思路,追求理解当代中国的乡村和农民,以湖北省为基地,在具体乡村调查中探究"市场中国"背景下的农民、乡村及乡村生活,进一步研究农民和乡村对当代中国的意义;从乡土本色、村治格局、制度下乡、村庄秩序、乡村治理、乡村研究方法六个方面反映了转型时期中国乡村社会的方方面面,呈现出一幅乡村社会实景画卷[52]。

3) 地理学视角下长江中游地区地域性人居环境研究

地理和历史是我们认识世界不可或缺的两个重要视角,正如所有现象都在时间中存在而有其历史一样,所有现象也在空间中存在而有其地理[53]。地理学者在人居环境系统综合性、人居环境的自然适宜性、地理信息科学对人居环境的技术支撑三个方面对地域性人居环境进行了解读。

人居环境系统综合性研究在于揭示各要素间的关系,在于认识其整体性。地理学因其学科的综合性通过选择、组合、填补、完善、优化等途径,通过跨学科知识体系、定量方法,按照人居环境发展的需要,变分割研究为综合研究[54]。人居环境系统综合性研究在于充分发挥地理学综合性的特点,从地理学视角探究地域人居环境与经济、人口分布、城市化、安全等各项要素的关系[8]。如马婧婧等以湖北省钟祥市为案例,系统探讨了乡村长寿现象与优越自然生态环境、和谐人文社会环境以及舒适人工居住环境的关系,认为自然生态环境是人居环境宜居性的主要影响因素,经济发展是乡村长寿现象的物质支撑系统,乡村社会创造了和谐家园,文化风俗与现代文明促进了乡村长寿现象的形成和发展[55]。

人居环境的自然适宜性是决定人口分布地理格局和地域人居环境的重要因素,其中关于地域性人居环境的研究成果主要集中在自然地理条件与人口分布关系、自然适宜性分区及评价几个方面。如李捷以湖北省作为研究区域,以自然地理学为基础,从人居环境自然适宜性出发选择影响人居环境最主要的四个因子(地形、气候、水文与地被条件),定量评价湖北省不同地区人居环境的自然适宜性,认为湖北省人居环境指数呈现出由北向南递减趋势[56]。

地理信息科学对人居环境的技术支撑研究是人居环境研究的重要研究方

向,是指在人居环境研究中运用地理信息技术手段建立模型对物质空间环境进行模拟及预测,对自然要素进行分析和评价,对人口、交通等人文要素进行模拟及预测等,在综合数据管理、空间表现与量算、网络等方面的发展为地域人居环境的研究提供了强有力的技术支撑,从而提供科学、有效的地域人居环境优化建议。

4) 建筑学视角下长江中游地区地域性人居环境研究

建筑学领域对长江中游地区地域性人居环境研究的成果最为丰富,在传统村落格局、聚落空间、地方民居、可持续建筑四个方面取得了重大研究进展。

其中,传统村落是地域性人居环境的重要载体,在反映地域性人居环境特征方面具有很强的代表性和典型性,长江中游地区地域性人居环境研究中对传统村落格局的研究主要包括传统村落空间分布、传统村落营建模式、传统村落空间形态。例如,严钧等对湘南地区的传统村落的人居环境进行分析,认为湘南地区传统村落人居环境存在的问题主要表现在:传统村落构筑物破坏严重,村落传统意象逐步消失,村庄处于无规划状态,基础设施欠缺,建筑密度与居住密度大、功能混杂,无法满足现代生活的基本需求。他们指出我国欠发达地区的传统村落的保护应与提升村落的人居环境有机结合[57]。何峰等以湘南地区为地理单元,认为该地传统村落人居环境从选址思想来看,基于安全防御、经济营建和风水观念的考虑,多选址于地域环境相对独立或封闭的丘陵坡地或台地上(图1-16);从营建模式来看,追求"天人合一",布局遵循传统礼制,实行自主互助并秉承经济实用的原则;发展体现区位择优的生长规律[58]。何峰对湘南尚遗存的近百座具有传统风貌和空间格局的村落进行研究(图1-17),分析了湘南汉族传统村落空间形态从古代、近代、现代到当代发展演变的具体形态特征,并从不同历史时期经济、社会文化、政策等方面深入剖析了湘南汉族传统村落空间形态从形成、发展、繁荣到衰落的演变动力机制[59]。

对乡村聚落空间的研究主要包括聚落空间演化、聚落空间结构、聚落空间组织形式等方面。如陈永林等以江南丘陵区的赣南地区为研究区,认为赣南乡村聚落空间分布与演化呈现出以下特点:数量、规模及密度均较小,但有扩大的趋势,集中分布在海拔200~600米之间,坡度<15°的低山盆地、河谷阶

图1-16 永州市江永县上甘棠村(左)、郴州市永兴县板梁村(右)风水意象
资料来源:何峰,陈征,周宏伟.湘南传统村落人居环境的营建模式[J].热带地理,2016,36(4):580-590.

图1-17 永州市江永县上甘棠村总体空间形态
资料来源:何峰.湘南汉族传统村落空间形态演变机制与适应性研究[D].长沙:湖南大学,2012.

地等地区及道路和河流沿线;聚落空间分布与演化的影响因素主要有自然因素和社会人文因素;低地指向、经济指向、中心地指向、交通河流指向、文化指向及功能指向是聚落演化的动力;乡村聚落空间重构的基本思路是初期进行景观要素的重建,中期进行聚落结构上的重组,后期最终实现聚落功能上的重塑[60]。

　　地方民居方面的研究成果主要包括地域建筑文化、地域建筑形式、地方民居适应性、地方民居居住模式等方面。例如,张良皋对西南地区武陵山区吊脚楼这一古老的建筑形式进行研究,认为土家民居建筑的特征是井院式木构吊脚楼,是楚建筑的活化石和巴蜀两大文化直接交融的结晶[61]。李秋香等对江西流坑村居住建筑、江西汪山土库的总体布局、住宅形式、空间特征进行了生动细致的刻画,认为赣南客家民居主要分为"组合式民居"和"围屋民居",江西流坑村住宅形式主要包括单进前后堂式、前后两进式和三进式[62]。张乾、李晓峰通过对湖北省阳新县玉塅村传统民居的热舒适性实验和分析研究(图1-18),发掘鄂东南传统民居解决夏季热舒适性问题的关键方法和技术,探索传统民居气候适应性的根源,揭示了传统民居在解决气候适应性问题方面不同于现代生态建筑的方法和思路[63]。潘莹等以民系为参考系对江西民居进行区系划分,在与周边民系居住模式的比较研究中,从差异性出发总结了湘赣系居住模式,认为江西是形式派风水的发源地,湘赣民系聚落街巷体系属典型的"横巷体系",腹心区域民居皆以天井或天门为平面组合的核心空间(图1-19),民居多为单层住居,普遍使用木构架承重的结构体系[64]。

图1-18　阳新县玉塆村光禄大夫第小环境
资料来源:张乾,李晓峰.鄂东南传统民居的气候适应性研究[J].新建筑,2005(1):25-30.

图1-19　湘赣系民居中的天门(左)和天井(右)
资料来源:潘莹,施瑛.比较视野下的湘赣民系居住模式分析:兼论
江西传统民居的区系划分[J].华中建筑,2014(7):143-148.

对可持续建筑的研究成果主要包括可持续建筑技术、可持续建筑设计等方面。李晓峰认为绿色建筑发展的重点是绿色建筑技术体系逐步完善,要重视使用适宜技术(低成本、无成本、被动式节能技术),结合高效成熟新技术的综合应用,运用先进设计理念进行系统综合优化[65]。余自力在对可持续发展建筑发展和实践介绍的基础上,论述了我国传统地方建筑中的地域性适用技术对当代可持续发展建筑设计的启迪和作用[66]。

综上所述,20世纪90年代以来,国内外有关乡村研究的转向开始引起学界和业界的关注。一是"后生产主义"引发了人们对于乡村多样性和多维价值的重新认识;二是部分学者开始从生态学、地理学、经济学和管理学等多学科交叉的角度聚焦乡村人居环境建设问题,提出了"人居生态单元"、北方传统乡村绿色人居单元、苏南乡村空间转型、西北乡村空间地域模式等概念。随着我国城乡一体化的发展,各个学科领域乡村人居环境的研究逐年增多。这些研究在尺度方面或侧重宏观地理分形,或聚焦微观的村庄建成环境;在内容方面则侧重空间格局、评价体系、演变过程,研究成果多偏于理论与倡导。但将乡村人居环境视为一个功能整体的研究不多,对其定义、内涵及研究内容还没有形成共识,且乡村人居环境的解析理论、分析方法、评价手段仍十分欠缺。

基于长江中游乡村人居环境的地域性特征研究已取得的一定成果,本节从历史学、社会学、地理学和建筑学四个学科视角出发,对长江中游地区地域性人居环境的研究成果进行梳理,发现不同学科视角下的长江中游地区地域性人居环境的研究既有各自的侧重点,又相互借鉴、互为补充。如社会学主要是从人和社会关系为出发点对地域性人居环境进行审视,建筑学是以地方民居及其外延为主要对象进行研究,二者最终的落脚点皆是对长江中游地区地域性人居环境共性与特点的剖析。然而,从城乡规划学的视角,针对该地域人地关系紧张、生态环境敏感的特点,系统性地解析乡村人居环境的研究还属空白。

乡村人居环境的内容、评价既是乡村认知的基础,也是乡村规划和美丽乡村建设的核心内容之一,但目前的研究对乡村多维价值的认识不够,对其他学科相关研究成果的关注、借鉴与跟踪也不够。在已有人居环境理论及地域性特征的研究基础上,对长江中游地区乡村人居环境的现状特征、演变规律、发展趋势进行深入探究,从而对当地乡村人居环境建设提供帮助是本书的写作目标。

1.4　长江中游乡村人居环境调查

1.4.1　研究方法与思路

1) 研究方法与数据来源

本书旨在通过田野调查和数据分析，分析总结我国长江中游地区乡村人居环境的特点、演变及发展趋势；总结长江中游地区乡村人居环境发展存在的突出地域性问题以及乡村人居环境建设面临的主要矛盾和挑战；以解决典型及重点问题为导向，提出改善和提升长江中游地区乡村人居环境建设的对策和路径。依据这一研究目的，本书主要采用了田野调查、历史性研究和地理信息技术分析，运用了质性研究、实证研究与理论推导相结合的方法。

由于田野调查是本书的一个重要方法，也是核心章节数据的来源，因此在此对调查的具体过程进行简单介绍。

本次涉及湖北省 5 个县区、50 个行政村。调查方式与传统的发放问卷调查法有所区别。根据课题组既往的乡村调查经验，村民普遍文化水平较低，阅读和理解能力有限，且地方政府和村委会人员工作繁忙，无暇去发放问卷。因此本次调查要求所有问卷必须由调查团队成员亲自入户，通过访谈的形式由调查人员填写问卷（个别村中文化水平较高的调查对象除外），且调查人员要事前熟悉问卷内容，向调研对象解读各问题的调查目的。

除问卷调查外，课题组还对调查村庄进行了现场踏勘、村干部访谈、乡镇和县政府主管领导访谈以及省住建厅相关领导干部访谈。首先与湖北省住建厅主管部门接洽，除了商定拟调查的村庄外，对主管领导进行专业访谈，从省级层面了解该省的乡村人居环境建设情况。课题组在进入到每个县（市、区）后，先行与县政府主管部门接洽，核实确定拟调查的村庄，并对主管领导进行专业访谈，了解全县的乡村人居环境建设情况。对于有条件的县，由县政府主管领导组织召开部门座谈会，全面探讨县域乡村人居环境建设情况和问题。

课题组由县住建局等相关部门带领入村后，首先对村支书或村主任进行访谈，以形成对村庄情况的整体认识，并拍摄 10 张以上村庄的实景照片。访谈过程进行录音和文字记录,之后按照统一的模板和框架整理访谈内容,形成村庄调研报告并插入实景照片,构成一份完整的村庄调查资料;在对村支书或村主任访谈之后(或同步开展),除极个别的情况外,课题组进行村民的入户调查(访谈+问卷)。原则上每个村庄发放不少于 20 份村民问卷(个别偏远地区和其他特殊情况下有所减少),所有问卷保证"一对一"由工作人员现场提问、解释并填写。为保证调查访谈顺利进行,在部分地区,课题组为村民准备了纪念品。在一些语言沟通有障碍的地区,通过村干部的协助,安排普通话较好的村民做翻译,以保证沟通交流顺畅。

此外,在部分省挑选了一些有代表性的当地企业,调研人员进入工厂对企业经营者、人事经理及员工进行了访谈和问卷的发放,提供了审视乡村人居环境的不同视角,是对乡村调研的重要补充。

2) 研究框架

本书的内容分为 7 章:第 1 章为概述,介绍了本书的研究价值,通过文献研究进行理论基础的构建,界定了地域性人居环境研究的内涵与主要内容,并对本课题的研究方法和调研样本概况进行介绍;第 2 章介绍长江中游乡村人居环境共性特征与历史发展,并对三类典型乡村的历史发展以及制度变迁下的长江中游乡村人居环境演变做了梳理;第 3 章和第 4 章为本书的核心章节——第 3 章以乡村调研数据为基础,对长江中游地区乡村人居环境的三个方面,即自然生态环境、地域空间环境和社会文化环境进行解剖和分析,第 4 章在调查数据的基础上,分析了人口流动和农民城镇化意愿,建立了长江中游地区乡村人居环境的评价指标体系,梳理了乡村人居环境演变的影响因素,最后提出乡村人居环境发展的问题和提升对策;第 5 章为长江中游乡村人居环境微观调研样本,从山地丘陵区、平原湖区、城市近郊区三类乡村中各选取两个典型案例,进行人居环境特征的全面分析和展示;最后两章为全书的理论扩展与转化章节——第 6 章在全面发展视角下探讨了乡村社会发展与治理问题,以及乡村全面发展的实践过程,第 7 章针对长江中游乡村发展的"内卷化"与"原子化"倾向,提出推进长江中游地区乡村人居环境建设对策。

需要说明的是,基于一个省份田野调查的数据显然不能够完全反映湖北、湖南、江西三省乡村人居环境发展的所有问题；但湖北省作为调研区域，具有长江中游地区相关问题的典型性和代表性。在第 2 章、第 3 章中以整体性、区域性视角，描述长江中游地区乡村人居环境发展的总体概况，扩展研究的宽度；第 4 章的内容聚焦湖北省，以大量微观调研数据和实例样本为辅助，增加研究的深度；最后两章又回到长江中游区域整体层面上，结合地域特征展开理论思考，并且希望将长江中游地区的研究成果和湖北省的经验做法推广到其他两个省份。

1.4.2 调研样本

本书选取的调研案例来自湖北省 5 个区县，其中城市近郊型选取黄陂区，平原型选取仙桃市和监利县，山区型选取罗田县和长阳土家族自治县（以下简称"长阳县"）。每个区县选取 10 个左右的行政村，涉及 3～5 个街道、乡镇，总计 48 个行政村，基本能够涵盖湖北省不同地形地貌、不同经济发展水平、不同产业的乡村类型（表 1-5、表 1-6、图 1-20）。

表 1-5 湖北省调研样本

县（区）	涉及街、乡（镇）	村庄数量（个）	区位类型
武汉市黄陂区	武湖街道、祁家湾街道、姚集街道	10	城市近郊型
仙桃市	彭场镇、张沟镇、长埫口镇	10	平原型
荆州市监利县	拓木乡、新沟镇、上车湾镇	10	平原型
黄冈市罗田县	白莲河乡、河铺镇、九资河镇、匡河镇、三里畈镇	10	山区型
宜昌市长阳县	磨市镇、龙舟坪镇、椰坪镇	10	山区型

表 1-6 调研区县主要经济指标

县（区）	地区生产总值（亿元）	人均地区生产总值（元）	固定资产投资（亿元）	社会消费品零售总额（亿元）
黄陂区	563.76	60 747	627.22	223.83
仙桃市	597.61	51 786	445.50	266.17
监利县	229.33	21 341	188.06	132.39

（续表）

县（区）	地区生产总值 （亿元）	人均地区生产总值 （元）	固定资产投资 （亿元）	社会消费品零售总额 （亿元）
罗田县	112.75	20 569	164.66	60.99
长阳县	120.46	31 191	86.24	43.25

资料来源：《湖北省统计年鉴(2016)》。

图 1-20　"我国农村人口流动与安居性研究"课题湖北片区乡村调研样本分布

1) 区县的选取

（1）城市近郊型乡村选择武汉市所辖的黄陂区为调研区域。黄陂区为武汉市市辖区，南邻武汉市东西湖区、江岸区，东联洪山区、新洲区，西北交孝感市，东北交黄冈市。从地形地貌上讲，黄陂区位于长江中游，大别山南麓，地势北高南低，为江汉平原与鄂东北低山丘陵结合部，大体上是"三分半山，一分半水，五分田"。黄陂区面积 2 261 平方千米，辖 19 个街乡镇场、611 个村（队）、45 个社区（图 1-21）。2017 年，黄陂区户籍人口 113.32 万人，非农业人口 22.75 万人，全区完成地区生产总值 702.49 亿元。黄陂置县于北周大象元年（579 年），距今有 1 400 余年的建城史。黄陂人杰地灵，文化璀璨，素有"无陂不成镇"之说。黄陂府河岸边、盘龙湖畔的商代早期城市遗址——盘龙城遗址，是我国长江中游地区首次发现的商代早期城址,是迄今我国发现的同时期保存最好的城址之一。此外,黄陂是巾帼英雄花木兰的故里,是木兰文化一个重要的形成源和传播源(图1-22),同时也是"二程"理学文化的重要发源地和承载地。黄陂是湖北省第一台乡、第二侨乡,旅外华侨、华裔和旅居港澳台同胞超过30万人。目前黄陂是武汉市面积最大、生态环境最好的城区,同时也是近远期城市发展的重要腹地,随着临空经济区和长江经济带建设的推进,黄陂区将日益受到大城市扩张的影响。

图1-21 武汉市黄陂区行政区划图
资料来源:黄陂区人民政府网站 http://www.huangpi.gov.cn/index/

图1-22 武汉市黄陂区木兰湖
资料来源:黄陂区人民政府网站 http://www.huangpi.gov.cn/index/

(2)平原型乡村选择位于江汉平原的仙桃市和监利县为调研区域。仙桃市原名沔阳,北依汉水,南靠长江,是湖北省江汉平原区域中心城市。仙桃市总面积2 538平方千米,2017年户籍人口约154.45万人,城镇化率为57.6%,地区生产总值718.66亿元。仙桃市历史文化悠久,是全国百强县之一、湖北首强县、国家卫生城市,同时也是中国唯一的体操之乡。仙桃全市粮食种植面积100万亩,棉花种植面积40万亩,油菜种植面积100万亩,蔬菜种植面积60万亩,水产面积56万亩,淡水产品养殖面积和产量居全国第二。仙桃市是著名的鱼米之乡,是全国重要的粮、棉、油、鱼、猪、蛋生产基地。年出栏生猪100多万头,出笼家禽8 000多万只,禽蛋产量50万吨。农副产品生产和加工前景十分广阔。毗邻仙桃市的监利县位于江汉平原南端、洞庭湖北面,与湖南岳阳市一桥相连;北临东荆河水,与仙桃、潜江两市接壤;东至洪湖;西望荆州古城,接江陵、石首,距荆州 90 千米。监利县面积 3 460 平方千米,辖 3 个乡、18 个镇、2 个管理区、1 个经济开发区,户籍人口 156 万,2017 年地区生产总值 270.92 亿元。监利县因三国时期东吴"监收鱼稻(抑或鱼盐)之利"而得名,文化灿烂,景观丰富。仙桃和监利都是江汉平原的鱼米之乡。由于交通便捷,2008 年两个县市的部分地区被纳入"仙洪新农村建设试验区";但实施效果不尽如人意。主要原因是小城镇发展缺乏产业基础,政策扶持并没有带来产业集聚,城镇发展动力不足,乡村建设也难以取得理想的效果。

(3) 山区型乡村分别选取位于大别山区的罗田县,及位于武陵山区的长阳土家族自治县。罗田县是湖北省黄冈市下辖的县份,县境位于湖北省东北部、大别山南麓,东邻英山,南连浠水,西与团风、麻城接壤,北与安徽省金寨县交界。罗田是一个"八山一水一分田"的山区、老区县和全国扶贫开发工作重点县,也是中国知名的"板栗之乡""桑蚕之乡""甜柿之乡""茯苓之乡",有丰富的旅游资源。罗田县面积 2 144 平方千米,辖 10 个镇、2 个乡、4 个国有林场、414 个行政村。2017 年,罗田县户籍人口 59.63 万人,城镇化率 42.65%,地区生产总值 133.82 亿元。长阳土家族自治县属于湖北省宜昌市所辖,位于鄂西南山区、清江中下游,是一个集"老、少、山、穷、库"(革命老区、少数民族地区、山区、国家扶贫开发工作重点县、清江移民库区县)于一体的特殊县份(图 1-23)。东邻宜都,南交五峰土家族自治县,西毗恩施土家族苗族自治州的巴东县,傍长江三峡,北接秭归和宜昌市。长阳土家族自治县面积 3 424 平方千米,

图 1-23　长阳土家族自治县郑家榜村

辖 8 镇 3 乡、154 个行政村和 8 个社区，2017 年户籍人口 39.25 万人，地区生产总值 135.34 亿元。境内有土家族、汉族、苗族、满族、蒙古族、侗族、壮族等 23 个民族，其中土家族人口约占 51%。总体而言，这两个山区县的经济发展水平在湖北省处于中下游。罗田县的特色农产品资源比较丰富，目前有些村庄已基于特色农业观光形成了一定的旅游产业；长阳县生态本底更为敏感脆弱，但自然风景奇绝，少数民族给这个县带来了丰富多样的文化。

2) 街道、乡、镇的选取

前文 5 个区县基本涵盖了湖北省经济发展的好、中、差区域，在每个区县中选取 10 个行政村作为调研样本，分布于 3～5 个街道、乡、镇（表 1-7）。调研村庄的选定一方面是基于研究预设，另一方面结合基层村镇工作人员的意见，以典型性、代表性为考量标准。

表 1-7 村镇及企业调研基本信息

县（区）	街乡镇	调研企业	企业问卷数量（份）	行政村	村民问卷数量（份）	村支书或村主任问卷数量（份）
黄陂区	武湖街道	武汉新辰食品有限公司	20	高车畈村	20	1
				下畈村	20	1
				张湾村	20	1
	祁家湾街道	联晨精密电子厂	20	四新村	20	1
				送店村	20	1
				土庙村	20	1
	姚集街道	武汉市黄陂区姚集包装材料厂	8	王棚村	20	1
				姚集村	20	1
				杜堂村	20	1
				茶庙村	20	1
仙桃市	彭场镇	新华塑料有限公司	20	挖沟村	20	1
				中岭村	20	1
				织布湾村	20	1
	张沟镇	金仕达医药有限公司	20	大岭村	20	1
				先锋村	20	1
				庆丰村	20	1
				联潭村	20	1

（续表）

县（区）	街乡镇	调研企业	企业问卷数量（份）	行政村	村民问卷数量（份）	村支书或村主任问卷数量（份）
仙桃市	长埫口镇	新发无纺布厂	20	林湾村	20	1
				太洪村	20	1
				下湖堤村	20	1
监利县	拓木乡	景林木业有限公司	20	桥燕湾村（桥港）	20	1
				姜堤村	20	1
				南昌村	20	1
	新沟镇	福娃集团有限公司	20	向阳村	20	1
				熊马村	20	1
				横台村	20	1
	上车湾镇	荆江蛋业有限公司	20	柳口村	20	1
				任铺村	20	1
				南港村	20	1
				师桥村	20	1
罗田县	白莲河乡	鼎新机械厂	10	土库村	20	1
		十里荷塘	10	香木河村	20	1
	河铺镇	今天超市	17	敢鱼咀村	20	1
				簸形地村	20	1
	九资河镇	——		罗家畈村	20	1
				徐风冲村	20	1
	匡河镇	金丰矿厂	14	汪家桥村	20	1
				雪山河村	20	1
	三里畈镇	丰太投资控股集团有限公司	14	七道河村	20	1
				新铺村	20	1
长阳县	磨市镇	湖北垚美节能建材产业园	6	花桥村	20	1
				马鞍山村	20	1
				乌钵池村	20	1
	龙舟坪镇	清江农机制造有限公司 长阳安品源科技有限公司	20	厚丰溪村	——	1
				两河口村	——	1
				晒谷坪村	20	1
				郑家榜村	20	1
	榔坪镇	天长化工厂 榔坪水电站	19	乐园村	20	1
				关口垭村	20	1
				马坪村	20	1

第 2 章　长江中游乡村人居环境共性特征与历史发展

2.1　制度变迁下长江中游乡村人居环境演变

政策制度的变迁深刻影响着我国乡村的发展。国家政治经济体制的变迁体现在经济、社会、文化等方方面面,深刻影响着农民的空间行为,并作用于乡村地域空间环境、生态环境、社会文化环境,从而引起乡村人居环境的变化。本节从制度变迁的视角对长江中游地区乡村人居环境演变的过程进行梳理,借鉴李伯华在《农户空间行为变迁与乡村人居环境优化研究》中的分类体系,从计划经济体制、双轨经济体制和市场经济体制三个体制阶段进行分析,从而对长江中游地区乡村人居环境的演变过程进行梳理。

2.1.1　计划经济体制时期(1950—1984)

1) 国家政治经济体制的变革

计划经济体制阶段为 1950—1984 年,在这一阶段,国家在一定范围内对国民经济进行直接或间接的计划控制,国家政治经济制度经历了从土地改革、统购统销制度到家庭联产承包责任制的演变过程。高度集中的计划经济体制深刻影响了分散的、自给自足的小农经济,全面地改变了乡村的面貌与农民的生活,同时也改变了千百年来的传统生活方式与乡村人居环境。

新中国成立以后,为彻底消灭封建剥削制度,在新解放区开展的土地改革运动拉开序幕。中央人民政府于 1950 年 6 月颁布《中华人民共和国土地改革法》,规定:废除地主阶级封建剥削的土地所有制,实行农民的土地所有制,借以解放农村生产力,发展农业生产,为新中国的工业化开辟道路。国家从经济基础上削弱地主阶级和富农阶级的实力,将土地和财产分配给贫农和中下农,土地改革运动在全国大部分地区包括长江中游地区广泛开展,使农民获得了95％的土地,促进了农村生产力的发展。

1953 年 10 月,中共中央《关于实行粮食的计划收购与计划供应的决议》确立了统购统销制度,国家计划管理取代了农产品自由市场。统购统销制度的实施在特定情况下有利于保证一定量的供给和物价的稳定,但也阻碍了商品经济的发展。改革开放后,该政策逐步被取消。[①]

20 世纪 80 年代初期,我国开始在农村推行"包产到户、包干到户"的家庭联产承包责任制,将土地的所有权和经营权分离,农民获得土地的经营权和产品分配权,实现了农民和生产资料的结合,农民生产积极性大大提高,逐步实现了农业生产效能的释放与农民个体收入水平的提升。但以家庭为单位的个体经营在产业规模化与现代化方面存在结构性缺陷,个体生产的主观性与盲目性影响了农业经济结构性的转变提升,同时也难以妥善适应市场经济的发展。

2) 乡村人居环境演化特征

计划经济时代政策约束力的刚性影响延伸至农村经济、政治与社会等领域,农业发展、农村建设及农民生活深受影响,乡村人居环境演变由传统的自组织、慢序演变转化为政策力强干预下的被动快速演变,主要体现在以下几个方面。

在乡村地域空间环境方面,主要表现为乡村聚落空间的向外缓慢扩张。计划经济初期,农业水平低下,农民无法解决温饱问题,难以支付空间扩张的成本,对空间扩张的需求较小,因此在土地改革时期和统购统销时期乡村聚落空间形态基本保持不变。改革开放后,家庭联产承包责任制的实行大大提高了农民的积极性,农民有了对产品的经营权,农业生产效率提升促使乡村空间扩展的需求日益增长。集体化农业生产具有劳动密集型的特点,农村人口的迅速增长,使得20 世纪 70 年代中后期成年人口规模庞大,适龄青年带来的分家潮加剧了农民对居住空间扩展的需求,乡村聚落逐渐向外缓慢扩张。这一时期,乡村人居环境发生了较大变化,但主要表现为内部人居环境的改善,散居的村落形态变得井然有

---

① 参见《辞海》(网络版),http://cihai.com.cn/search/word? q＝统购统销。

序,乡村的环境卫生条件得到了有效改善。

在生态环境方面,这一阶段乡村生态环境演化缓慢,其变化主要受农民空间行为的影响。新中国成立后到改革开放之前,对生态环境的影响主要表现在为扩大农业生产规模而拓荒破林、开垦耕地,以及少量与农业相关的工业所造成的环境污染等。在人民公社时期,国家出台了一些相应的政策对生态环境进行修复,整体来讲对生态环境的影响较小。改革开放以后生态环境逐渐异化,随着家庭联产承包责任制的实行,在个人利益驱动下,公共资源尤其是自然资源遭到无节制开发,乡村生产空间不断向山林扩张,生态环境恶化趋势日益明显。此外,化肥的过量使用、生活垃圾的不当处理也对乡村生态环境造成了破坏。

在社会文化方面,城乡居民生活水平、生产方式和文化差异凸显,户籍制度建立,城乡二元结构形成。统购统销时期,工农业产品"剪刀差"为工业化提供了积累,但同时造成了城乡居民生活水平和生产方式差距逐渐拉大。1958 年《中华人民共和国户口登记条例》颁布,将城乡居民区分为"农业户口"和"非农业户口",标志着户籍制度正式确立。农民失去迁徙到城镇的自由,城乡空间趋于封闭固化,乡村地域也逐渐形成了稳定的乡村人居环境。此外,随着对农民空间行为的限制以及城乡差距的拉大,乡村传统文化与城市文明缺乏交流,城乡社会文化差距也逐渐加深。

2.1.2　双轨经济体制时期(1985—1991)

1985—1991 年是由计划经济向市场经济过渡的双轨体制阶段,随着计划经济政策制度弊端的凸显,国家逐渐引入市场机制,采取计划与市场相结合的手段来解决乡村问题。双轨经济体制下,农民的生产生活空间不断向外扩张,极大地促进了乡村人居环境的演变(图 2 - 1)。

1) 国家政治经济体制的变革

1982—1985 年,随着人民公社的逐渐解体,乡村基层自治组织初步建立,至1988 年"乡政村治"体制正式确立,标志着乡村基层组织结构调整正式完成。1982 年我国修订颁布的宪法中指出:"城市和农村按居民居住地区设立的居民委

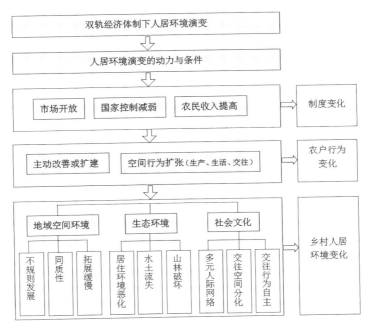

图 2-1　双轨经济体制下乡村人居环境演变

员会或者村民委员会是基层群众性自治组织","县、自治县分为乡、民族乡、镇"。"人民公社"由此开始改为"乡镇",乡村基层自治组织建立。到 1983 年底,全国已有 12 702 个人民公社宣布解体;1984 年底,又有 39 838 个人民公社摘掉牌子;1985 年,人民公社全面解体,取而代之的是 79 306 个乡、3 144 个民族乡和 9 140 个镇。1988 年 6 月,《中华人民共和国村民委员会组织法(试行)》开始试行,于是全国乡村基层普遍建立了村民委员会,"乡政村治"的治理架构最终确立。"乡政村治"体制不仅重新构造了乡村基层的行政组织与管理体系,也重新划定了国家权力与社会权力、乡村基层政府与乡村基层自治组织的权力边界[67]。

　　这一时期国家在农产品流通领域也进行了变革,开始放开统购统销制度,实行合同订购制度和统购统销制度并行的"双轨制度"。主要表现为国家统购统销的商品数量及种类大幅度减少,粮食和棉花由原来的统购转变为合同订购,农民的生产积极性得到大幅提高。同时在生产流通领域,国家对农产品的价格进行调整,农产品的价格逐步放开。1985 年,国家采取"倒三七"比例定价(三成按原统购价,七成按原超购价),允许合同订购以外的粮食自由上市,并在 1986 年进一步提出减少合同订购的数量,扩大市场议价收购的比重。1991

年,在全国实行"购销同价"的改革后,农产品产量大幅度提升,农业基础得到进一步巩固。

2) 乡村人居环境演进

双轨经济体制下,国家强制性控制减弱,农业市场逐渐复苏,农民空间行为呈现出新的发展趋势,乡村人居环境演变特征由国家政策刚性约束下的被动演化转变为主动性与被动性演化相结合,主要体现在以下几个方面。

在乡村地域空间环境方面,表现为聚落空间的不规则发展、空间环境的同质化、空间形态外向缓慢拓展的特征。由于合同订购制度的实行,基于家庭发展和对生活环境改善的追求,农民开始对房屋进行主动修缮或扩建,这一时期农民的空间需求呈现出多样化的特征。一方面,由于农民根据自身需求进行扩建,加上规划不科学、政府管理不到位等因素,乡村空间布局混乱、随意性强,呈现出不规则发展的特点;另一方面,随着农业市场的逐渐开放,农民收入虽有增加,但提升有限,加之这一时期城乡互动交流仍十分有限,乡村建筑风貌、形式等基本一致,表现出较高的同质性。此外,双轨经济体制下,政府对乡村违建行为的约束监管依然较强,同时对农民居住空间选址、建筑面积等进行了控制,有效地控制了乡村聚落空间的扩展,空间扩张行为主要集中在聚落内部,向外扩展缓慢。

在生态环境方面,乡村生态环境恶化趋势明显,表现为山林破坏、水土流失加剧、居住环境恶化。随着乡村种植空间和交易空间的扩大,大量的山林被开辟为农用地,林地不断减少。由于居住空间改造和扩建的需求增加,建造房屋大多为就地取材,农民伐木毁林现象十分严重。农民开荒种地、林地减少以及房屋建造挖掘大量红土,致使水土流失现象日益加剧。再加上这一阶段政府对环境卫生的监管力度下降,致使乡村生活环境日益恶化。

在社会文化方面,随着市场经济发展和农民空间行为扩张,乡村社会文化形态和环境发生改变,表现为人际关系网络逐渐多元化、交往空间地域分化、交往行为自主性增强。农业市场的建立促进了农民贸易空间及生活空间的扩张,在不同市场交易中农民交往网络扩大,人际关系网络由传统的基于血缘关系的网络转变为以业缘为基础的多元化人际关系网络。此外,农民空间行为扩张也具有一定的社会性特征,在一定程度上促进了农民交往空间的地域分化。在人际网络和交往空间分化的背景下,农民的交往对象不再局限于家族内部,交往活动呈现出多样化的特征,农民交往行为的自主性不断增强。

2.1.3　市场经济体制时期(1992 年以后)

1992 年,在中国共产党第十四次全国代表大会上正式确定了我国经济体制改革的目标是建立社会主义市场经济体制,市场开始在资源配置中发挥基础性作用,绝大多数产品和服务的价格转变为由市场调节,统一、开放、有序的市场体系已经建立,我国经济转入由市场主导的阶段。在市场主导下,农民获得了更大的自主权,乡村经济得到进一步发展的同时,城乡差距与地域差距也逐渐拉大,农民对空间扩张的需求急剧膨胀,且扩张范围从乡村蔓延到城市,在此背景下乡村人居环境发生了剧变(图 2-2)。

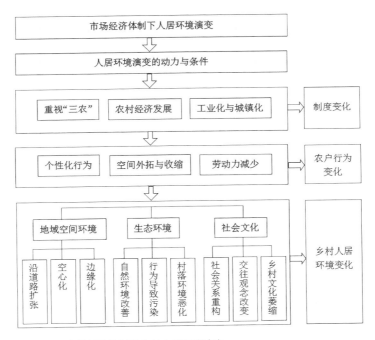

图 2-2　市场经济体制下乡村人居环境演变

1) 国家乡村发展战略的转变

在社会主义市场经济体制下,为适应新的经济体制,国家出台了一系列的政策对农村粮食购销体制进行改革。1993 年,政府颁布《九十年代中国农业发展纲要》和《关于当前农业和农村经济发展的若干政策措施》,意图通过立法的手段来稳定农村粮食经营制度,自此粮食经营和市场价格全面放开,国有粮食企业开始走向市场化经营,新的粮食市场体系逐渐建立。1994 年,国家为稳定粮食市场开始加强宏观调控,通过提高粮食价格、恢复定购、实行农产品收购保护价政策,粮食市场进入双轨经济体制和市场经济体制的徘徊期。1998 年,国务院发布了《关于进一步深化粮食流通体制改革的决定》,鼓励发展市场化的粮食经营企业,企业成为粮食流通的主要渠道,我国基本建立了市场化的粮食购销体制。

为减轻农民税负过重问题,国家从 20 世纪 90 年代开始对农村税费制度进行改革,逐步减免并取消农业税。1994 年,安徽省率先进行农村税费改革试点,将农业税、农业特产税等税合并,折合成上交粮食数量[68]。2000 年以后,国家开始进行农村税费改革试点工作,其主要内容可以概括为"三取消、两调整、一改革"①,2003 年起在全国农村推行。2004 年,政府出台"两减免、三补贴"政策②,计划在五年内全面取消农业税,并提供各种形式的农业补贴。2005 年 12 月 29 日,十届全国人大常委会第十九次会议通过《关于废止〈中华人民共和国农业税条例〉的决定》,农业税条例自 2006 年 1 月 1 日起废止,至此"皇粮国税"彻底退出历史舞台。

在乡村发展与建设方面,受市场经济影响,乡镇企业获得高速发展的同时,东中部区域乡镇企业的发展差距逐渐拉大;同时,新农村建设政策的实行促进了乡村社会的全面发展。1992—1996 年,乡镇企业通过产业结构调整、技术改进、内部管理改革获得快速发展,尤其是江南地区进入了超高速发展阶段。相比江南地区,长江中游地区的乡镇企业发展与国家政策的扶持紧密相关。1998 年以后,随着政府职能的转变,资源配置方式由计划转为市场,政府对乡镇企业的扶持力度降低,在市场竞争机制下长江中游地区一些乡镇企业由于管理体制落后、

---

① "三取消":取消乡统筹费、农村教育集资等专门面向农民征收的行政事业性收费和政府性基金、集资,取消屠宰税,取消统一规定的劳动积累工和义务工;"两调整":调整农业税和农业特产税政策;"一改革":改革村提留征收使用办法。

② "两减免":减免农业税,取消除烟叶外的农业特产税;"三补贴":对种粮农户实行直接补贴、对粮食主产区的农户实行良种补贴、对购买大型农机具的农户给予补贴。

资金不足、技术落后等原因逐渐走向衰落。2006 年出台的《中共中央 国务院关于推进社会主义新农村建设的若干意见》指出,要切实加强"三农"工作,加快改变乡村经济社会发展滞后的局面,扎实稳步推进社会主义新农村建设,国家乡村工作的重点也由农业增产增收转为乡村社会生活等方面的全面改善。

2) 剧变中的乡村人居环境

　　双轨体制逐步向市场经济体制转变,政府计划配置转向由市场配置,粮食流通体制向市场化改革。产业空间的转移、劳动力市场的形成,促进了农户各种空间行为的变迁。农村税费制度改革减轻了农户压力,促进了农户空间行为变迁的可能性。城乡社会经济关系的结构性改善,使乡村地区社会经济结构发生了前所未有的变化。

　　在地域空间环境方面,工业化与城镇化背景下,农民空间需求日趋多样化和个性化,对聚落地域空间环境产生了重要影响,主要表现为居住空间沿道路扩张、村庄空心化和边缘化。一方面,农村居住空间扩张的交通导向性日益增强,居住空间的沿路扩张挤占了大量村落道路空间,使村落内部交通可达性降低;另一方面,在工业化和城镇化的影响下,城乡差距日益拉大,外出务工的人数增多,乡村居民尤其是年轻农民外迁趋势明显,加上村庄内部道路不畅,原有村落逐渐衰落,村庄空心化现象严重。此外,相对于城市而言,乡村在劳动力、资金、技术等方面均处于劣势,乡村的整体实力变弱,在城镇化体系中处于边缘地位,乡村聚落空间的边缘化趋势十分明显。

　　在生态环境方面,逐渐成熟的市场化经济改变了农民的生活行为方式,同时也促进了生态环境的演变。这主要体现在自然环境的整体改善、村落环境质量下降等方面。首先,近年来随着国家退耕还林政策的推进,以及农村人口的持续外流带来的环境冲击降低,农村生产空间呈现出一定程度的萎缩,长江中游地区乡村的"山水湖田"自然环境恶化趋势减弱,自然环境整体得到一定程度的修复、改善。但农民个体自由化的生活生产方式,为村庄带来了公共水源污染与公共环境污染等问题;塑料等一次性用品和不可再生资源(煤炭、柴火等)的大量使用,造成了严重的土地污染和空间污染问题。此外,农户空间行为对村落环境也产生了重大影响,伴随着村落的空心化和边缘化,乡村土地资源浪费严重,大量的房屋和农田用地被闲置;闲置用地因缺乏管理导致村落衰败现象产生,村落整体环境恶化。

在社会文化方面,市场经济条件下,城市文化扭转了农民的思想观念,乡村社会结构也随之发生改变,具体表现为社会关系重构、交往观念改变和乡村文化日渐衰落。随着市场经济的发展,农民与外界的交流日益增加,城乡文化相互交融,新一代农民经济水平和整体素质普遍提高,农民的行为逐渐摆脱传统宗族制度的约束,传统的宗族制度逐渐衰落;"大家庭"日益被"小家庭"所取代,分散的家庭组织模式使农民获得平等的社会地位,私人空间和私人意识加强。在交往观念上,基于血缘关系的社会交往转变为以业缘、地缘和经济关系为基础的社会交往,交往对象更加多元化,交往形式以经济关系为主。随着农户空间行为的不断扩张,城乡交融日益增强,乡村文化结构发生明显的变化,原有的传统乡村文化、传统文化资源和村落特色日渐丧失。

通过对以上三个体制阶段的分析可以发现,制度变迁对乡村人居环境的影响具体表现在:计划经济体制下,制度具有强约束力,个体行为表现带有被动性和有限性,同时乡村人居环境缓慢变化;双轨经济体制下,国家制度的刚性约束力降低,个体空间行为扩张,乡村人居环境随之变化;市场经济体制下,个体理性空间行为更加个性化和多元化,乡村人居环境发生颠覆性变化。

2.2 长江中游三类典型地域乡村人居环境的历史发展

长江中游三省东、南、西三面环山,中部丘陵起伏、水网湖泊密布,为爪形的丘陵型盆地。三省地形有很大的相似性,山地丘陵均占到80%左右,平原湖区占20%左右(表2-1)。基于此,本书将山地丘陵区与平原湖区作为中部地区两种典型乡村人居环境地域类型进行研究。同时,在城镇化背景下,大城市对周边乡村地区的影响作用不容忽视,因此,这里将大城市近郊区作为第三种典型地域类型。前两种地域类型侧重比较地形、水文、气候因素对乡村人居环境的影响,后者强调大城市社会经济发展对乡村的影响作用。

表 2-1　长江中游三省地貌类型比例

省份	山地	丘陵岗地	平原湖区
湖北省	56.00%	24.00%	20.00%
湖南省	51.22%	29.27%	19.51%
江西省	36.00%	42.00%	22.00%

2.2.1　山地丘陵区

1) 长江中游地区山地丘陵区空间分布与环境特征

（1）长江中游地区山地丘陵的空间分布及特征

鄂湘赣三省境内的山脉主要有武陵山脉、秦巴山脉、大别山脉及幕阜山脉，山地丘陵面积占三省总面积约80%[①]（表 2-2）。其中，武陵山脉，位于湘鄂两省西部，是一条东北—西南走向的山脉，也是少数民族聚集、贫困人口分布较广的地区；秦巴山脉，位于湖北省西北部，覆盖十堰市、襄阳市部分区县，山区矿藏较为丰富（图 2-3）。

表 2-2　长江中游三省主要山脉

省份	山　　脉
湖北省	西北部秦岭—大巴山脉，西南部武陵山脉，东北部桐柏山、大别山脉，东南部幕阜山脉
湖南省	西北部武陵山，西南部雪峰山，南部五岭山脉，东面为湘赣交界诸山
江西省	东北部怀玉山，东部武夷山，南部大庾岭和九连山，西部罗霄山脉，西北部幕阜山和九岭山

（2）长江中游三省内山区的共性特征

根据海拔高度特征分析，三省境内存在线性狭窄的河谷盆地、成片连绵的浅山丘陵和海拔较高的高山地区三类地形。三类的共性特征为：开发程

---

① 资料来源：湖北省人民政府网站，http://www.hubei.gov.cn/mlhb/tshb/touzi/lxhbtz/tzhj/tzhj/201207/t20120710_384136.shtml。
湖南省人民政府网站，http://www.hnagri.gov.cn/web/hnagrizw/zwzq/nygk/content_92529.html。
江西省人民政府网站，http://www.jiangxi.gov.cn/lsq/。

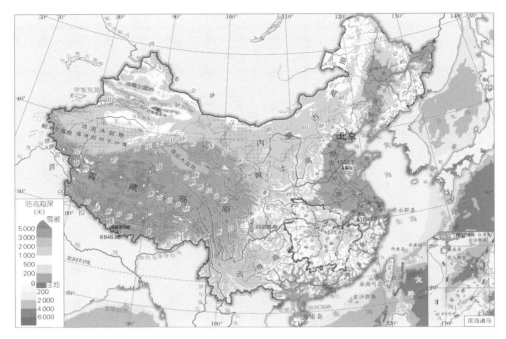

图 2-3　长江中游与中国其他地区主要山脉分布对比图

度低,山区农业特征明显,具有较高的生态敏感性,多为经济欠发达的连片贫困地区。

2）山地丘陵区乡村人居环境的形成与发展

（1）山地利用模式的历史更迭

乡村聚落既是居民的日常生活场所,也是农业生产活动基地,聚居点与生产要素的分布特征具有极强的相关度。随着生产技术的进步及生活需求的进一步丰富,山地丘陵地区土地利用模式经历了由单一到综合的变化。

山地丘陵地区聚落的形成始于人类对山地相关资源的改造利用。距今约 1 万年前,人类以刀耕火种、渔猎为生。随着稻作农业生产方式萌发,人们对山地资源的利用不断强化;农业文明进一步发展后,为增收增产兴修水利,开始了对山间河谷盆地的简单改造。自南宋起,深山地区渐次得到全面开发,对农业种植、山林资源的多种经营,以及对矿冶、手工业的联合利用成为生产的主流,这也提升了山地丘陵地区的土地利用效率,变粗放型生产为综合型利用。

　　山地丘陵地区在历史上的地理特征变化较小,这主要是受人类对山地开发技术水平所限。随着挖山平整开发模式的运用,山区可利用土地增加。随着对山地丘陵地区土地开发的推进,大量流民涌入,对环境容载产生了较大冲击,生态环境遭到破坏,造成了山地河谷盆地、小流域周边过度垦殖,低山地区人工平整痕迹较重的形态。

　　(2) 山地丘陵地区乡村聚落的发展与演变[69]

　　① 农业从起源至清朝时期

　　鲁西奇在有关历史时期长江中游地区山地丘陵区乡村人居环境开发的研究中,认为大致可分为三个发展阶段:第一阶段,自距今 1 万年左右原始稻作农业起源至公元 2 世纪末,经济形态以采集渔猎为主,以原始种植农业为辅,且种植行为局限于局部地区;第二阶段,自六朝至北宋末期,农田垦辟有了一定发展,低山丘陵地区的河谷、山间盆地逐步被开垦成农田,局部地方形成梯田,建设中小型农田水利、采集砍伐林木及种植经济林木逐步成为部分山区重要的开发利用方式;第三阶段,自南宋至明清时期,秦巴山地等渐次得到开发,种植农业、山林资源的多种经营、矿冶、手工业均得到长足发展,明清时期,川陕鄂交界的秦巴山地、湘鄂川黔边的武陵—雪峰山区均成为山区开发的主要对象[14](图 2-4)。

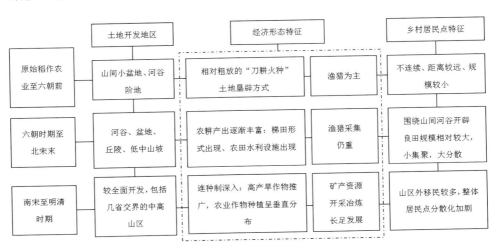

图 2-4　山地丘陵地区乡村历史发展的阶段划分

　　● 原始稻作农业时期,山区乡村始现

迄今为止,已发现原始稻作遗存的湖南道县玉蟾岩、江西万年仙人洞与吊桶

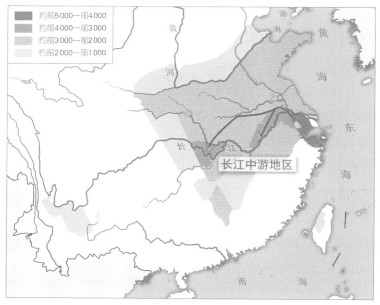

图2-5 栽培稻分布区扩大形势图
资料来源：严文明.中国稻作农业的起源[J].农业考古,1982(1)：23-35＋155。

环等遗址,均位于丘陵山地和山间小盆地、河谷阶地[14,70](图2-5)。原始稻作农业很有可能发源于低山丘陵地带,特别是山间盆地与河谷阶地上,遗址规模相对较小,相互距离较远,封闭及空间分散程度较高,反映出新石器时代山地丘陵地区人口聚集的数量、速度和规模相当有限。

　　● 先秦至六朝期间,乡村聚居点迁移频繁

　　进入阶级社会以后,先秦至六朝期间多代文献记载①表明,山区土地垦辟种植方式为"刀耕火种",主要经济形态以采集渔猎为主。《吴越春秋》卷六《越王无余外传》载"于越,号曰无余……复随陵陆而耕种,或逐禽鹿而给食",说明人们频繁迁徙,以选择更适宜的农耕、渔猎地点,这种经济生产模式导致长江中游地区山区居民点大多不连续,距离较远,呈现出小规模、分散化的特征。

　　● 六朝至北宋末,山间谷地乡村相对聚集

　　六朝时期,长江中游地区的低山丘陵得到较大规模的开垦,居于河谷地带的

---

① 《史记》卷一一九《循吏列传》记楚庄王时楚地山区民众以"山伐"为重要生计方式;《汉书》卷六四《严助传》记载越人(居今江西东北境)居深山竹林之中,食粮不足;据《华阳国志》卷一《巴志》记载推测旱作物植于较平坦之川谷或低矮阜丘上,土地垦辟尚浅等。

人们开始种植桑麻、垦辟水陆良田，据《宋书·州郡志》记载，刘宋中期，汶阳郡（地处今鄂西北山区）有"户九百五十八，口四千九百一十四"，可推知当时荆襄山区土地垦殖已有相当的发展；六朝至唐、北宋时期，山区河谷盆地一些条件适宜的地方，逐步兴修一些农田水利设施[71]；北宋后期至南宋初出现了南方山区开发梯田的明确文字记载[72]，但其开发行为并不普遍，只在部分人口压力较大的低山地区较多一些。秦巴山地、湘鄂川黔边山地与湘中丘陵地区的山地相比，仍处于比较落后的阶段。但总体来说，六朝至北宋末，长江中游地区丘陵山地发展比较平稳，未受到频繁而巨大的战乱破坏，山区开发已由地势较低平的河谷、盆地蔓延向丘陵、低中山地的山坡，农耕产出在民众生计中的重要性逐步增加，而山林砍伐、山区林特产的多种经营、经济作物种植及渔猎采集仍占据民众生计的重要地位。

● 南宋至明清时期，山间谷地乡村密集，山顶平坝乡村散落

南宋时期，湘中丘陵等山区继续发展，同时川东丘陵山地登山区开发逐渐增多。元末明初"江西填湖广"进程中，湘东与赣西之间的幕阜山、九岭山、武功山、万洋山等山脉之间的长廊断陷谷地或斜谷地构成了江西以及广东、福建、浙江等省移民进入湖南的天然交通通道。明清时期移民进入后对山地进一步开发的重点集中于川鄂陕豫交边的秦岭—大巴山地、湘鄂川黔交边的武陵—雪峰山地等。以鄂西秦巴山区为例，其土地开发大致有两个高潮：一是在明中后期秦巴山区东部集中开发[73]；二是在清后期鄂西北等山区开发的全面深入[74]。究其原因，一方面，由于明中期之后在鄂西北秦巴山地引进种植玉米等高产旱作物并推广，使山区的作物种植呈现出典型的垂直分布的特征；另一方面，山地丘陵地区木材采伐、经济林特产品的采集与加工、矿产资源的开采与冶炼也得到长足发展。由于地方偏僻、山高林密，古代官府对这一地区控制较弱，"顽民"得以"潜匿其中"，山区开发的主力以自山外移入的诸种流民、移民为主，广种薄收，通过垦殖空间规模的扩大换取种植效益，耕地的不断扩张加上手工业的乱砍滥伐致使森林消失、植被破坏[75]。

山区河谷、盆地的开发由"原始粗放的垦殖方式"即撂荒游耕或休耕制转变为连种制与轮作复种制，这一时期的村庄聚落规模也逐步扩大，高山村落的出现仍表现出分散化、规模小的原始农作村落的特点。

山林、矿产资源的开发利用与土地垦殖、农业种植的同时进行,逐步打破了山地丘陵地区人地关系的相对平衡与稳定。

② 产业革命后

第二次工业革命之后,生产技术的飞速跃进对居民生产效能提升产生极大影响。在长江中游山地丘陵地区乡村空间扩展方面,由于矿产资源的探测和开采效率提高,邻近该类资源的小乡村据点逐步发展为大型村落或集镇,并逐步在山区主干通道等一些重要的节点处,形成为商贸和居民往来服务的据点村庄[76]。随着居民数量增加(自然增长及山区外迁入)和区域整体的不断发展,低中山坡坪坝地区的居民点增加及规模扩大成为新的发展趋势。

新中国成立后,乡村发生了根本性变化。1949—1956 年,土地仍为私有制,山地丘陵地区的农村耕地种植区域日益扩大,受制于聚落腹地内耕地数量少且高度分散,每户为了最大限度地接近自己的耕地而分散建宅,使得聚落之间彼此形态分散、联系相对较弱,空间要素交流贫乏;1957—1978 年,土地私有制的逐渐消除促使农村走合作化道路,聚落封闭性逐渐被打破,但由于交通条件的闭塞导致的村落空间内向性问题依然实际存在;1978 年开始实施家庭联产承包责任制;1990 年以来,传统社会逐渐向现代社会过渡,传统乡村聚落的发展面临着更新与重构。

3) 山地丘陵区乡村居民点选址的影响因素

纵观传统农业生产时期,长江中游地区山地丘陵区的乡村发展经历了从以渔猎、林木为主,种植为辅的阶段,到三者并重,再到连种制时的种植业为主,辅以矿产开发的经济模式的转变。影响居民点选址的主要因素,也同样经历了不同阶段。首先,选择河谷阶地及盆地,周边环境可以提供丰富的渔猎自然资源,撂耕换种时主要生计来源于河谷,优先选择有较大面积的河谷阶地。其次,选择沿山岭坡麓地带或山地之间的坝子地,这也催生了梯田及引导山间河流灌溉的农田水利设施的出现。居民对自然环境的利用与改造程度更高。此时,在开发中高山区时期,"流民""顽民"避入山区,这是因为河谷阶地、交通方便之地以及耕种条件较好的山岭坡麓、山间坝子地已被占据,"外民"多择地势相对复杂、有零星分散的可耕之地的中高山区居住。后因矿产资源为人重视,围绕矿脉而发展的村落逐渐扩大了规模[60]。

　　总体而言,山地丘陵地区的乡村选址特征可总结为：靠近水源,不仅取水方便,而且有利于开展农业生产活动;位于河流交汇处,交通便利;山间阶地上,不仅有肥沃的耕作土壤,而且能避免受洪水袭击;山坡处分布的聚落多位于阳坡[77],即选择水土资源、气候、地形条件最好或是相对较好的地点作为基址(图 2-6)。

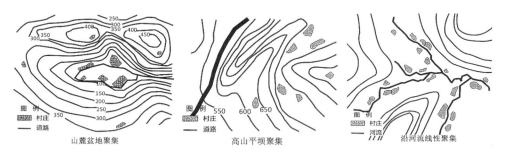

图 2-6　乡村小规模聚集模式示意

　　单个乡村选址主要在山脉两侧的缓坡或者河谷地带,或垂直于等高线分布,或平行于等高线分布。地形相对平坦,且向阳或背风,有利于聚落的形成和发展。

4) 山地丘陵区乡村人居环境历史发展的特征总结

　　山地丘陵区乡村聚落小规模、分散化的总体分布格局,其背后有着深刻的地理环境因素和经济社会发展背景。生产技术的进步使人们能够逐渐由开发河谷盆地向开发浅山区、高山区发展,而地势较高地区可建设民居的土地资源的分散性、渔猎资源的有限性及对降低聚落规模以规避高赋税的生存诉求,使长江中游地区山地丘陵区内的乡村分布呈现小规模、分散化的特征。

　　(1) 以山地开发为主线

　　山地丘陵地区乡村人居生计生活要素多为自然资源,所谓"靠山吃山",形成以山地开发为主线,由河谷、盆地逐渐纵向向山坡发展的主要特征。

　　(2) 以小流域为单元,呈小集聚趋势

　　丘陵地区中河流小流域可建设用地相对较大,早期聚居点选址于此,逐渐扩展形成小规模连片集聚的趋势。村庄之间人居环境特征具有相似性,产业功能特点又不尽相同,沿小流域形成线性聚集的、相对独立的发展单元。

（3）村落发展支撑腹地较大

丘陵地区中乡村聚居点多位于山间平坳,自然资源如山林(林业)、矿产(采矿业)及开垦的梯田(种植业)等成为农民重要的生计来源,因此丘陵地区乡村居民点拥有广袤的腹地。

从宏观的空间分布看,相比平原湖区和大城市近郊乡村,山地丘陵地区乡村分布呈现出逐地而居、分布随机、结构稀疏的特征。随着时间推移,乡村规模相对扩大,但仍呈分散形态。

2.2.2　平原湖区

1) 平原湖区的空间区位与环境特征

长江中游的平原湖区主要指的是江汉平原地区。江汉平原位于长江中游,是长江中下游平原的重要组成部分,中国海拔最低的平原之一。江汉平原西起宜昌枝江,东迄武汉,北抵钟祥,南与洞庭湖平原相连(图2-7)。主要包括荆州、荆门、仙桃、潜江、天门以及汉川、应城、枝江、宜城四个县市的部分地区。

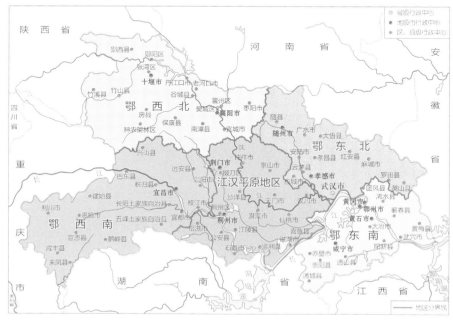

图2-7　江汉平原空间区位

　　江汉平原是长江与汉江冲积而成的平原,在亚热带季风气候影响下,温暖湿润,降雨充沛,土地肥沃。区域内河流众多,形成河网密集、湖泊密布的自然地貌特征。

　　江汉平原的开发较早且开发程度高,区域内农业发达、人口稠密、物产丰富。同时,江汉平原受自然环境的影响较大,具有较高的生态敏感性。同时其乡村空间格局具有较强的历史延续性和较高的可塑性。

2) 平原湖区乡村人居环境的形成与发展

（1）江汉平原地域环境的历史演变简述

　　在春秋战国时期,江汉平原大部分还是未开发的湖泊群,史称"云梦泽"。云梦泽地域广阔,东起今武汉以东长江江岸一带,西至今宜昌、宜都一线,北抵随州市、钟祥、京山一带,南以长江为缘。此时江汉平原地区的城邑聚落大多分布在平原边缘,平原腹地地区的聚落稀少(图 2-8)。

图 2-8　春秋战国时期的云梦泽(江汉平原)地区

　　秦汉魏晋时期,因荆江、汉水的泥沙淤积,荆江冲积扇与汉江冲积扇合并,荆江和汉江两内陆三角洲连为一体,统一的云梦泽开始逐渐解体成许多湖泊,湖泊与湖泊间出现能够步行的沼泽地带(图 2-9)。同一时期江汉堤防开始建立,除了在平原边缘的丘陵低山地带和平原腹地的高冈台地,荆江、汉江堤岸附近逐渐开始形成聚落。

图2-9　南朝时期的江汉平原地区的自然环境

唐宋时期,随着江汉内陆三角洲的进一步扩展,日渐浅平的云梦泽主体已大多填淤成陆,大面积的湖泊水体已被星罗棋布的沼泽所替代。从南宋开始,由于北方的战乱,大量人口南迁,江汉平原湖区被大量围垦,许多湖泊消失,此时"垸田"的聚落模式开始出现在江汉平原地区[78](图2-10)。

明清时期是江汉平原湖群的扩展期,荆江大堤连通后,江水不断上涨。同时,江汉平原人口的暴增导致通过围湖、截流河道进行垦殖的现象增多,使原本就地势低洼的江汉平原排水愈发不畅,洪水呈周期性泛滥(图2-11)。明清时期是江汉平原开垦建设的一个高潮,大量外地移民迁入,加上鼓励垦荒的政策,奠定了江汉平原在全国农业生产中的重要地位。

清末至民国时期,由于前期过度垦殖加上不稳定的政局,人口大量减少,堤垸年久失修,在数次大规模的洪水的侵袭下,大量垸田被荒废还湖。据统计,到新中国成立前,江汉平原有大小湖泊1 066个,面积8 503.7平方千米[79],湖泊呈

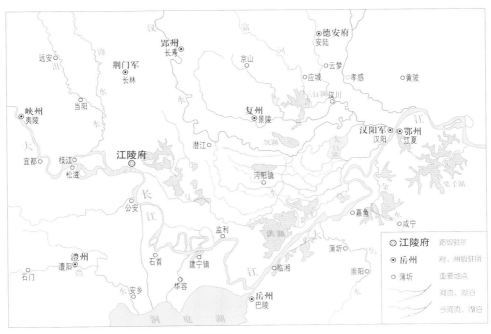

图 2-10　南宋时期的江汉平原地区的自然环境

图 2-11　明清时期的江汉平原地区的自然环境

星罗棋布的态势。

新中国成立后的一段时间,在"以粮为纲"的农业政策要求下,江汉平原迎来了历史上最大规模的围湖垦殖运动,并在大型水利设施工程的帮助下,逐步解决了湖区内的排蓄问题。据统计,至20世纪70年代末期,江汉平原耕地面积增加3 302平方千米,湖泊面积减少到2 946.3平方千米[79]。20世纪80年代后,由于认识到湖泊含蓄水土的重要作用,政府开始禁止围湖垦殖的活动,部分地区还退田还湖,形成了当前江汉平原大湖减少、小湖散布的环境形态(图2-12)。

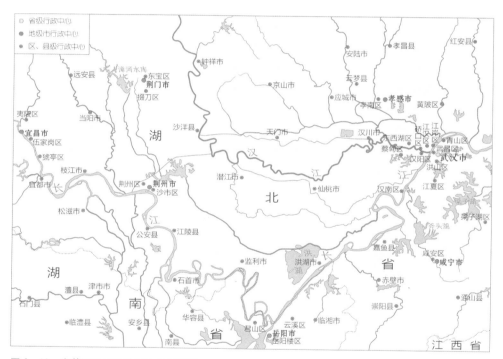

图2-12 当前江汉平原地区的自然环境

(2)江汉平原乡村聚落的发展与演变

江汉平原气候条件良好,土地肥沃。早在5万年前的石器时代,江汉平原就已经有原始人类活动。在天门石家河遗址、京山屈家岭和荆州鸡公山等地都发现了原始人类居住栖息的遗址。以屈家岭文化和石家河文化著称的江汉平原是长江流域乃至中国南方古老文化的发祥地之一,也是中国原始文化发展水平最高的地区之一。此外,江汉平原也是典型的泛滥平原,长江、汉江水系是主要泛滥源。它们与平原内纵横交错的支河港汊连接成水系网络,孕育了星罗棋布的湖泊。一到汛期,大小湖泊连成一气,汪洋弥漫,形成泛滥区。

历史上江汉平原地区的乡村聚落可分为三种类型[45]。

① 以船为居的临时性活动型聚落

以船居为标志的活动型聚落,居民多以水产捕捞为业,以舟船为居所,常年漂泊在江河湖面。如汉阳军"有船居四百只";华容百姓"多以舟为居处,随水上下,渔舟为业者十之四五,所至为市,谓之潭户"[80]。"河湖边还有一种居住形式,即居民随水域的季节性变化或聚或散,搭建临时性住宅,开展生产生活活动。这种形式虽无固定性建筑,时间上也不连贯,但其居民构成、活动方式较稳定,且保持在基本固定的区域范围内,也可视为聚落"[80]。

② 以台、墩为居的早期生存型聚落

由于江汉平原常年受到洪水侵袭的影响,聚落选址多选择地势稍高的自然墩台、长冈营造房屋或建造人工墩台以躲避洪水的侵袭,这是一种趋利避害的原始居住倾向。早期在江汉平原腹地散居的居民,主要利用自然河流两侧的自然堤、平原周边的天然冈阜、平原腹地的残丘建设居民聚落;随着开发的深入,越来越多的民众进入到没有自然冈丘可凭依的平原湖区,靠集体的力量,堆筑墩台以营筑居所。

③ 依堤依垸而居的生产协作型聚落

在江汉平原发展农业经济,开发利用肥沃的土地资源,就必须首先解决防洪问题,控制洪水泛滥的范围,保障农田不受频年洪潦之灾。于是,兴建堤防等水利设施就成为开展生产的前提。为了保障安全,很多村落集镇沿着河堤分布,形成"一"字形格局。较大的聚落会形成两三条与河堤平行的街道。有些房屋会建在堤上,大多数房屋则依堤而建,位于堤防的后面。有的房基所在的台子与堤连成一体;有的房屋基台与堤分离,中间用木板搭桥或填实一道土桥相联系。数家、十数家乃至数十家房屋台基沿着堤防一字排列,从而形成了依堤而居的较大规模的聚落。

新中国成立初期,快速恢复生产成为江汉平原商品粮基地的重要任务,从 20 世纪 50 年代到 70 年代,江汉平原共有三次围湖造田的高潮,分别是 1957—1962 年、1963—1971 年、1971—1976 年。伴随着围湖造田高潮的是江汉平原水利设施的建设与完善,这一期间湖北省加固了荆江、汉江堤坝,开挖、整修了河网沟渠,兴建了一批泵站涵闸,保障围湖造田的顺利进行。与此同时,江汉平原各县不同程度地推行了合并自然村的行动,大量分散在台、墩之上的散村被合并。大量的自然村落搬迁合并,再加上人口的自然增长,使原来散居村落占主导地位的聚落形态发生了根本性的变化,聚居村落逐步增加。20世纪80年代后,由于生态压力的增大,江汉平原围湖造田的行动被逐步叫停,退田还湖在部分地区开始实行。同时伴随着城镇化的快速发展,乡村聚落更加集聚,零散布局的居民点逐渐向中心村、城镇和交通干线集聚。

3) 以垸田为代表的平原湖区传统乡村聚落

垸田是长江中游两湖平原(江汉平原和洞庭湖平原)水乡地区一种四周以堤防环绕,具备排渠等水利设施的高产水利田。垸堤、涵闸、渠是判定垸田的主要特征。一般认为南宋是江汉平原垸田形成与发展的初期,而明清时期则是江汉平原垸田发展兴盛的主要时期。同时,明清垸田的发展也极大提高了江汉平原的经济地位,奠定了江汉平原在国家农业生产中的重要地位。

(1) 垸田的兴建方法与特点

垸田的兴建主要有两种方式:一种是围湖,通过筑堤保护湖滨地区已有的田地,或在枯水季节,趁湖干土现,开沟筑堤;另一种是截留(占水道为田),即人为堵塞荆江和汉江下游两岸的数十个分流穴口,分流河道也因此而废弃,成为不断围垦的对象。此外垸民也围垦逐年淤塞的河港,利用自然堤为堤防,在两头淤积河床上砌筑堤坝,改造成垸。还有一部分在洲滩上进行围垸,阻塞河道。

江汉平原的自然地理环境是垸田赖以兴建发展的基础。无论是哪种兴建方式,人都是把垸堤作为垸田的主要标志。垸田规模大小不一,少者数百亩、千余亩,多者万余亩。垸堤修建因受地理条件制约,形态极不规则。各垸面积大小不一,大垸一般由若干个小垸合并而成,大垸有大堤与隔堤之分,一方面防御垸内湖水倒灌,另一方面也防止堤溃,数垸被淹。

垸内以"场""湾"为称的聚落,大抵形成了连续的房屋建筑区,显示出街巷的雏形;另有以"台"为称的聚落,每家房屋建在各自的台基上,相互之间没有连接起来。造成这种差别的原因可能是:以"场""湾"为称的规模较大的聚落,大抵是由每家分离居于台上的那些"台"逐步发展而来的。

（2）明清时期江汉平原垸田的发展过程

第一阶段,洪武至成化初年(1368—约 1468 年)。由于政局初稳、赋税较轻,在大量移民迁入和恢复生产的大环境下,垸田开始兴盛。

第二阶段,成化初年至正德年间(约 1469—1521 年)。成化至正德这 50 多年间,垸田分布范围迅速扩大,新增耕地数量大大增加,形成了垸田兴建以来的第一个高潮,江汉平原在全国的经济地位因之提高。同时,垸田的盲目扩张,也为水灾的发生埋下了隐患。

第三阶段,嘉靖至崇祯年间(1522—1644 年)。垸田的分布进一步向沼泽化的湖区和淤塞河港扩散。大量的新垸主要兴建在原蓄涝湖区、新淤湖滩和废弃河道,以致老垸排洪困难,从而使生产失去稳定性。明末农民战争爆发,延及江汉平原以后,大批农民迁出逃散,垸堤失修,垸田惨遭破坏,废田还湖现象大量出现,垸田数目锐减,洪水又有了蓄泄之处,水患得以缓解。

第四阶段,康熙至雍正时期(1662—1735 年)。同明初一样,政府对堤垸农田高度重视,兴修水利,促进了垸田生产恢复。经过了长达半个多世纪的休养生息,江汉平原迅速恢复了作为全国商品粮基地的地位。

第五阶段,乾隆至嘉庆时期(1736—1820 年)。这一时期,又一次掀起了围垦垸内外湖区和淤垫河港的高潮。围湖造田范围之广已远超明代。明后期已出现过的老垸排涝困难的问题,此时也更加严重。为了减轻水涝,一批老垸被迫废田还湖。随着湖区垸田的发展,江堤外大片洲滩地也备受关注,"滩垸"开始较大规模地兴建起来。滩垸的初盛不仅增加了耕地面积,同时也标志着湖区垸田已经饱和。

第六阶段,道光至宣统年间(1821—1911 年)。道光以后,全国大面积的围垦造垸引发洪涝灾害频现,环境破坏问题严重,滩垸建设有所放缓。

（3）以垸为主导的社会经济区域的形成

江汉平原的水利区域可区分为四个层级:以台、墩和有人居住的堤段为主体的"居住区域",以"垸"为主体的"生产区域",多个垸联合协作的"协作区域",由干堤环绕的"生存区域"[81]。

这些区域都有较为明确的边界,区内民众有共同的利益与责任。不论台上、垸内还是垸区内,即便是较大范围的"生存区域",民众表现出承担责任的高度一致性。

坑由生产单位向社会经济组织转变。"无堤则无田,无田则无民。"有了坑才使大片低洼湿地免于洪灾而得以利用,正因如此,围坑不仅将生产要素功能区块化,同时也强化了坑内民众间的相互联系,使之逐步发展成为一种拥有共同利益的"生产协作单元"[82]。换言之,正是在坑堤修筑、维护、管理、排出坑内积水,开挖水渠等一系列水利活动中,坑内居民围绕防洪协作活动,形成了一种基于水利的密切社会关联,加强了相互间的联系、协作和认同。这种关系也被称作紧密的"水利关系"。

一个居住区域通过对所在坑的坑堤修防与管理、排水安排、经费分担等坑内事务的参与,成为生产区域的一部分,而坑则在这一过程中逐步发展成为地缘性的社会经济组织。这一过程基本上是自发性的,待其成为乡村基层政治地域单元之后,其行政合法性才为政府所承认。

4）平原湖区乡村人居环境历史发展的总体特征

（1）以自然环境为基础的乡村聚落选址

江汉平原腹地的乡村聚落布局,受到自身自然生态环境的影响,地势低洼、洪水泛滥的地理环境迫使人们选择地势稍高的自然墩台、长冈或建造人工墩台居住。自然墩台和冈丘具有很强的分散性,分散建设人工墩台,有利于耕作与生产的高效展开,这就导致江汉平原腹地的乡村聚落在堤岸、台冈集聚的同时,整体呈现分散布局的态势。

（2）以水利治理为主线的农业发展建设

江汉平原农业发展历史本身就是一部水利治理的历史:从早期围湖垦田,逐渐向平原腹地挺进,到建堤筑坝,保卫开垦的农田,再到在河滩上占河道而修坑田。农业的发展,人口的增加,不合理地开荒垦地,加重了洪涝灾害发生的隐患,也加大了水利设施建设的力度。明清江汉平原堤防系统、农田水利系统建设完善后,人们依堤而居、依坑而耕,促进了农业生产。

（3）以人水关系为核心的社会关系建构

江汉平原人水关系的演变,不仅影响农业的生产与居民的生活,也主导了该区域社会关系的建构。在以农为本的封建社会,农业生产安全处于乡村发展的核心地位,尤其在洪涝灾害频发的江汉平原地区。早期,同一宗族的乡民在平原腹地筑台建堤,躲避水患,形成了一个个以宗族为名的居住高台。到了后期,大量外来移民迁入杂居,共同修筑堤垸、维护堤垸,形成以堤垸空间为基础的社会组织单元、生产单元、税收单元。江汉平原形成以人水关系演变为核心的社会组织关系模式。

2.2.3　城市近郊区

城市近郊区是城市连接乡村的枢纽,是城乡空间交错的关键地带。近郊区乡村在城市带动下发展动力充足,空间发展快速。本节以武汉市近郊区江夏区为例,描述城市近郊区的乡村在城市连片发展的背景下,由乡村逐渐演变为城边村、城中村的过程。

1) 城市近郊区概念内涵及特点

在明确"中心城市近郊区"概念之前,首先应明确"中心城市"的概念。中心城市是指在一定区域内,在社会经济活动中处于重要地位、具有综合功能或多种主导功能并起着枢纽作用的城市,可进一步分为中心城市和特大中心城市。中心城市近郊区是指位于中心城市城乡接合部地区,距离城市中心区相对较近的环状地域,是土地利用由乡村转变为城市的高级阶段区域,是城市要素集中渗透的地带,是城市郊区化和乡村城市化的热点地区。它既包括围绕中心区的城市建成区,也包括一些尚未或正在城市化的地区,可以说是一个城乡要素交错的区域,在概念上与"城市近郊的内缘地带"类似。在特征上,它是中心城市扩张的最前沿,是本地区城市化速度最快、水平较高的地区。在行政意义上,它有较明确的分界,但在空间、土地利用、景观、功能等层面上,分界又不十分明显[83]。

2) 武汉市江夏区乡村区位及环境特征

江夏区位于武汉市南部,是武汉市 6 个远城区之一,辖区面积 2 018 平方千米。江夏区北部与武汉市东湖高新技术开发区和洪山区交界;东面通过梁子湖与鄂州市、大冶市相接;南通嘉鱼县、咸宁市;西与武汉市蔡甸区和汉南区隔江相望。江夏区自然条件优越,素有"楚天首县"的美誉[1],是武汉中心城区周边区位优越的城郊区和实力雄厚的产业区。江夏区本地及周边高校密集,科研资源丰富,创新创业环境好,人才比例高。江夏区耕地、山林、水域面积各约占三分之一,是武汉生态格局的重要组成部分,依托山水资源发展旅游服务的潜力较大。同时江夏区也是武汉市的农业主产区,农业发展整体较好。

武汉市江夏区属江汉平原向鄂南丘陵过渡地段。区域地形特征是中部高,西靠长江,东向湖区缓斜。江夏区属中亚热带过渡的湿润季风气候,温暖湿润,四季鲜明,日照充足,雨量充沛。由于地处武汉市近郊区的地域特殊性,江夏区拥有良好的自然生态格局和城市形态,形成了自然环境—村落—城市的梯度形态,体现了大城市近郊区的典型空间特性。区内农林用地面积占比较大,且以耕地为主;水域面积较大,港湾集中,水塘分散。生态环境保育较好,乡村居民点用地点多面广,均质分布。

3) 江夏区的历史发展

江夏区境内的人居活动可以追溯至新石器时代。东周至春秋期间属鄂王地,战国属楚国,秦时属南郡治地。汉高祖六年(前 201 年)在江夏郡下设沙羡县,县治涂口(今金口街),开始有明确的县制记载。三国时,吴国于黄初二年移武昌郡于蛇山,旋改称江夏郡,沙羡县属之。西晋时,仍袭三国时吴国置县。东晋初侨置汝南郡。东晋太元三年(378 年),改汝南郡为汝南县(含沙羡县)。南北朝时,仍以汝南县袭治。隋开皇元年(581 年),改汝南县为江夏县,开皇九年(589年),县治迁至郢城(今武昌)。从唐朝到清朝的约 1330 年间,江夏县县名和县治未变。1912 年,江夏县改称武昌县。

1949 年 6 月 10 日,武昌县人民民主政府在武昌成立,隶属大冶专区。1952年,改隶孝感专区。1959 年 11 月,划归武汉市辖。1960 年,武昌县、嘉鱼县合并为武昌县。1961 年初,武昌、嘉鱼县分治,武昌县复隶孝感专区。1965 年,改隶咸宁专区。1975 年 11 月,划归武汉市辖。1995 年 3 月 28 日,经国务院批准,撤销武昌县,设立武汉市江夏区。次年 3 月 28 日,武汉市江夏区人民政府成立。

---

① 参考《江夏区简介》,新华网湖北频道(http://www.hb.xinhuanet.com/2013-07/08/c_116446290.htm.),最后访问日期:2017 年 5 月 6 日。

经过改革开放 40 年的发展,江夏区"十三五"时期,全区生产总值连续跨越600 亿元、700 亿元两个台阶,2017 年达到 770.98 亿元,是"十二五"期末的 2.5 倍,年均增长 11.5%,增幅始终高于武汉市平均水平,主要经济指标也在全市新城区中名列前茅,连续七年位列全省县域经济考核第一。

目前江夏区的空间发展还存在许多问题:邻近中心城区的区域呈现出拼贴式布局,主要表现为产业围城、生活分散、廊道切割和交通系统性不足;区域发展呈现出机会主义的模式特征,即可以保证一定时期的经济增长,但难以形成有品质、有特色的城市;区域内的资源特色逐渐消解;"依山傍湖"环境优势发挥不足,不见山、难亲水;城市面貌落后,公共服务水平滞后、各类设施供给不足,乡村发展欠统筹;乡村建设发展路径尚不清晰,村庄空心化现象突出。这也是目前大城市近郊区所普遍面临的问题。

4) 武汉市江夏区乡村人居环境的历史演化

（1）江夏区人居环境的萌芽与形成

自人类诞生以来,冲突对抗、适应协调成为人与自然关系的主旋律。人类为了改善自己的生存环境而不得不最大限度地向自然界索取,与不利于自己生存与发展的自然因素做斗争,并最终与自然环境形成协调的发展关系。总的来说,人类聚落形式产生和演化的主要脉络是:先根据自然地理环境条件选择居住地;而后聚落发展伴随着经济技术的不断提高、社会制度和决策体制的不断完善[14],居住地逐渐由乡村向城市转化。

聚落的产生和演化很大程度上取决于所处区位的特点。从区位看,江夏位于武汉市南部,属江汉平原向鄂南丘陵过渡地段。武汉城市的形成和区域发展都与长江及周边的湖泊有着特别密切的关系。从考古研究中可以发现,江夏区居民选择的居住地均具有临水性的特点,江夏地区发现的古村落遗址大多位于长江沿岸及梁子湖附近的冲积平原地区,而丘陵地区附近遗址分布较少,且空间分布较为分散。

明中叶以后至新中国成立,随着农业的发展和交通工具的改善,洞庭湖、鄱阳湖堤防体系的逐步形成,以及平原湖区经济的高度发展,长江中游平原地区村庄规模扩展迅速。

（2）新中国成立到改革开放之前（1949—1978 年）

新中国成立后，武昌、汉口、汉阳三镇正式合为统一的武汉市，城市建设规模、功能、性质发生了前所未有的巨大变化。

改革开放以前，中国经济的发展大致可分为相互分离的城乡两大区域。一整套城乡分隔制度将城市与乡村、市民与农民分割开来。城市与工业得到一定程度的发展，而乡村经济发展相对停滞。

（3）城市近郊乡村的初步发展（1978—20 世纪 90 年代）

20 世纪 80 年代以后，"城市办工业、乡村搞农业"，以及户籍制度、就业制度、土地流转制度逐步改革。乡镇企业得到蓬勃发展，乡村已不再单纯是工业产品的消费地，城乡间的商品流通由过去的乡村提供原材料、城市提供工业消费品转变为乡村和城市共同为对方提供工业原料和消费品，城乡经济流通日益密切。

① 近郊区乡村社会经济的初步发展

改革开放后，家庭联产承包责任制的实施，激发了农民生产的积极性，农民生活虽有了一定改善，但社会经济整体发展速度较慢。这段时期内新建的武汉经济开发区、东湖高新技术开发区等几个新型的工业园区，带动了原边缘地区的发展。武汉市的江夏区毗邻东湖开发区，是城市中心区的一部分，此地村庄相对活跃，城市近郊区乡村工业化明显。村庄除了具有生活居住、农业生产两大传统农业功能外，还普遍出现了工业生产的新功能。城市近郊村镇临近市区、土地房屋租金低廉，成本较低，新兴的乡镇企业多聚集在此。在此大背景下，凭借着交通枢纽的区位优势，江夏区逐渐吸引了各类专业批发市场。

② 延续传统村落均质同构的分散式空间布局

在这一时期，乡村传统大家庭逐渐解体，家庭结构由过去的多代同堂逐渐向两代人的核心家庭转变。乡村家庭核心化的趋向以及宅基地的无偿分配制度都极大刺激了乡村分户高峰，引发了第一次建房热潮，表现为原宅基地上的改扩建和分户后另择宅基地的新建住宅。总的来说，这一时期城边村出现了以乡镇企业为代表的乡村工业用地和批发市场用地，村庄用地开始向外扩展，并与城市近郊区的部分工业企业产生联系，但整体上仍延续了传统村落均质同构的分散形态，变化不大。1984 年，国家确定武汉市为经济体制综合改革试点城市，实行全面计划单列，赋予省级经济管理权限，武汉市以此为契机，以"两通"（交通运输和商品流通)为突破口,实行城乡开通,城城开通,为城市建设注入了新的活力。在这十几年的城市建设中,城市近郊区开始具有多样性的实体意义,成为城市重要的组成部分和城市扩展的活跃地区。

(4) 城乡混杂阶段(20 世纪 90 年代末—2010 年)

① 社会经济发展特征

20 世纪 90 年代末至 2010 年,我国城乡经济发展进入转型期,这一时期我国经济总量增长速度达到历史最高水平。投资体制呈现主体多元化与乡村投资力度不断加大的格局,乡村地区经济快速增长,乡村城镇化水平快速提高。这一时期我国进入了经济与投资体制、产业结构发展、城乡关系与社会制度的全面转型状态。随着城市规模的不断扩大,工业化成为驱动城市近郊村庄发展的主要因素之一,武汉中心城区的产业和人口不断向外扩散,城边村农业用地向城市用地转化,工业、居住、教育、市场、旅游等城市功能用地在城市近郊区迅速扩展,农民的生活水平大幅度提高,乡村基础设施建设全面加快。

② 地域分布不均衡,呈现明显的空间梯度关系

城边村在城市各个方向上的空间分布并非均衡状态,各方位存在着产业、用地、景观及人口分布等方面的差异。长期以来村庄的自由分散发展带来的村庄空间结构松散问题得到了一定程度的改善,近郊区自然村存在邻近蔓延连接的趋势。在部分经济发展较快的地区,村庄已经开始在地域空间上连为一体。由于受到武汉经济开发区和东湖国家自主创新区的影响,江夏区北部区域城镇化速度明显,逐步形成了实力雄厚的产业区和人才人力的汇集区;而与之相反的是,靠近湖区的自然生态区域仍旧以自然村落为主,过渡区则体现出城乡杂糅的空间形态。

③ 混杂无序的空间特征

近郊区失地农户为获取更多的房屋出租红利而盲目地扩建、加建,城边村的空间形态呈现新旧住宅异构特征,村庄建设处于混乱无序的状态,生态环境遭到一定程度的破坏(图 2 - 13)。同时近郊区农村土地使用较为单一,村庄分布整体较为均质,"一户多宅"现象大量存在,随着村庄剩余劳动力外出打工和迁入城镇,住宅闲置导致村庄空心化现象突出,近郊村庄表现出"内空外散"的布局特征。

图2-13 2006年江夏区城乡空间影像图

资料来源：谷歌卫星图

（5）城乡一体化发展阶段（2010年以后）

① 近郊区乡村发展趋势与机遇

步入经济发展新常态时期，在国家"五位一体"总体布局、建设"美丽中国"的战略构想和湖北省"四化同步"战略的总体要求下，江夏区乡村迎来了新的发展契机。江夏区五里界街道是"四化同步"战略的示范样板，反映出新时期政府主导下的乡村集中社区建设带来的村落空间巨变。同时，城市近郊区空间加速分化与重构，乡村人居环境的价值注重生态、社会和经济三种价值的叠加实现，江夏区乡村人居环境进入蜕变与再生的新阶段。

② 江夏区城乡一体化发展典型：五里界街道

五里界街道位于武汉市江夏区的东部，紧邻江夏中心城区（纸坊），地处"两湖"（汤逊湖、梁子湖）和"两区"（江夏中心城区和东湖高新技术开发区）之间；北靠庙山新技术开发区、藏龙岛经济开发区，南倚梁子湖，东连牛山湖和凤凰山，西接江夏纸坊城区（图2-14）。《江夏区城乡统筹规划》提出将江夏区划分为南北两大空间板块，北部功能定位为滨湖生态新城和滨江智造高地，南部功能定位为南郊休闲田园（图2-15）。从区域的功能的布局看，江夏区体现了近郊区城乡发展的空间过渡性。五里界全域位于江夏区北部休闲板块，规划定位为南部新城组群的集产业和旅游于一体的综合发展区，是江夏区"一主"城镇组群与中国光谷对接的东部综合服务发展区。在南部新城组群的建设引导下，五里界街道未来将成为承接武汉主城人口疏散的重要地区以及武汉周边地区城镇化的重点地带，将会在发展规模与城镇定位上有新的突破。

图 2-14　五里界街道在江夏区的区位图
资料来源：《武汉市江夏区五里界街全域规划 (2013—2030)》。

图 2-15　武汉市江夏区空间功能布局示意图
资料来源：《武汉市江夏区五里界街全域规划 (2013—2030)》。

同时，在新时期东湖国家自主创新示范区和武汉经开区等产业园区建设的影响下，江夏区乡村发展开始向城市发展靠拢。五里界充分承接东湖示范区向南拓展的辐射，利用科教优势，借助产业优势，发展高新技术产业，建立以企业为主体的自主创新体系，提高自主创新能力，积极把握国家的发展趋势和机遇。

③ 近郊区村落空间形态分散，不利于基础设施布局

党的"十七大"以来，在国家宏观政策的指引和地方政府的努力下，江夏区近郊区乡村人居环境得到了一定的整治，但仍存在全域居民点分布较散，土地利用率低下，建筑空间形态细碎，不利于基础设施集中配套等问题。

④ 从发展看改变——保持自身优势，融入城市发展

新时期的近郊区乡村发展以生态保护为基本原则，充分发挥自身优势，积极融入大城市发展圈，促进城乡一体化发展。

这一时期，五里界街道提出：以建设"生态智慧新城镇，田园休闲新农村"为总体发展目标，引导城乡公共服务同步发展，实现农民可持续增收和农村经济可持续发展。环境保护方面，以构建"绿色城乡、生态梁湖"为目标，实施梁子湖地区的生态环境保护，构建城乡可持续性的生态景观系统，将五里界建设成为"低

碳生态新城镇,绿色田园新农村,蔚蓝港湾新梁湖"(图 2 - 16)。从发展定位来看,五里界立足现有区位优势和资源禀赋,遵循湖北省"四化同步"的战略要求,抢抓武汉建设国家中心城市的时代机遇,努力融入武汉大都市整体发展。

| 生态智慧新城镇 | 梁子湖田园休闲旅游区 | 滨水宜居花园城镇 |

图 2 - 16   五里界街道发展定位示意图

五里界立足其发展基础,提出构建"一化引领、三化联动、政企合作、全域统筹"的郊区新城发展模式(图 2 - 17、图 2 - 18)。通过信息化逐步推进城乡公共资源和公共服务的均衡配置,使城乡在利用信息资源和享受信息服务方面实现一体化,利用信息化建设促进城乡区域协调发展。从五里界的发展模式可以看出,城市近郊区乡村正利用新的政策和技术手段与大城市形成良好空间互动关系,在完善自身发展的同时与城市发展形成互补,促进城乡的和谐一体化发展。

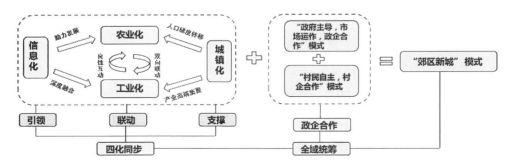

图 2 - 17   五里界街道乡村发展模式示意图
资料来源:《武汉市江夏区五里界街全域规划(2013—2030)》。

5）武汉市江夏区人居环境历史发展特征总结

（1）社会及空间形态的中介性

近郊区作为乡村社区向城市社区转型的前沿，具有亦城亦乡、非城非乡的社会结构特性。作为缩小城乡差别的中间缓冲带，既体现了与城乡不可分割的紧密关联，又体现了自身成长的独特"中介"性质：在空间上表现为靠近城市的地区具有较为明显的城市特征，尤其在社会经济发展、城乡空间结构和基础设施建设等方

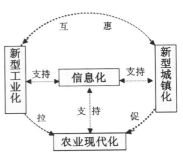

图 2-18　五里界街道"一化引领，
三化联动"

资料来源：《武汉市江夏区五里界街全域规划（2013—2030）》。

面；在社会形态上逐渐形成农业与非农人口分布的空间圈层结构，接近大城市边缘的区域形成非农人口集聚的社会圈层，外围区域形成农业人口集聚的社会圈层。近郊地区的空间形态具有一定的自发性，这也是村庄适应其经济发展的必然结果。武汉同国内其他大城市一样，已经形成基于"环形放射"道路交通骨架的圈层式发展格局。江夏区人居环境历史发展的巨变发生于改革开放后，人居环境呈现出大城市区域与丘陵湖区相结合的形态，受城市影响最明显的区域首先开始异变，其政治、经济、文化多方面都受到大城市的辐射。

（2）近郊区发展与大城市紧密相连

武汉市近郊区目前还不能实现良性的自我发展，需要依托中心城区经济的带动，接受中心城区的各项功能辐射。其与中心城区的经济联系改变了近郊地区的空间拓展方向，与中心城区联系密切的近郊区和中心城区一起形成强有力的人流、物流、资金流、信息流对接，从而促使近郊区在空间上向中心城区靠拢。近郊区对中心城区具有外向依托性，不能像城市一样独立发展，因此交通的通达性也决定着近郊区的发展。武汉市近郊区的空间形态延续了沿重要的交通干线带状展开的发展模式。由于区位上的毗邻优势，近郊区同时也承接着市区职能的疏解，促使部分经济效益低的工业部门及追求住房改善和环境优势的城镇居民选择成本较低且又紧邻中心城区的近郊区。在城市发展的自发性和城乡一体化政策导向的相互作用下，近郊区乡村的发展与城市紧密相连，城市近郊区乡村在保持自身自然禀赋优势的同时，积极融入大城市空间发展圈层。

（3）资源环境保护与城镇发展并行

近郊区的资源环境具有双重的特征，其中既包括山体、水体、农田，也包括建筑、绿地等元素。如何在保护自然环境的条件下实现城乡一体化发展也是近郊区乡村发展所面临的一项重大问题。武汉市近郊区的乡村发展遵循了"低碳环保、生态绿色、文明和谐"的理念，依托得天独厚的自然优势，在保护良好生态环境的同时，大力加强城镇绿色生态建设，全面打造节能、减排、低碳型生态城镇。按照"规划引领、政府主导、群众主体"的新农村建设模式，加强新农村基础设施建设和生态环境保护，从而实现人与自然和谐发展。

2.3 长江中游乡村人居环境共性特征

长江中游地区的地域性共性特征源于其地理环境、气候条件、社会经济发展对这一地域的长期持续影响。本节将从自然地理状况、乡村经济发展水平、乡村社会发展与治理三个方面，详细考察长江中游三个省份乡村人居环境的内部共性特征。

2.3.1 自然地理特点

1）丘陵山区与平原湖区并举的地理格局

长江中游地区拥有丘陵山区与平原湖区并举的地貌格局，自然地理状况决定了乡村人居环境的初始条件。三省皆是三面环山，一面向长江敞开，中部丘陵起伏、水网湖泊密布，丘陵型盆地为爪形，从而构成以长江为轴，相互咬合的关系（图2-19）。长江以南的丘陵统称"江南丘陵"，在行政上涉及湘、鄂、赣、皖四省。其中湘、赣两省的大部分地形相似的盆地，又称"湘中丘陵"和"赣中丘陵"。区域内分布有许多著名山脉，如湘赣交界的幕阜山脉、罗霄山脉，闽赣交界的武夷山脉等。

江南丘陵在巫山以东将长江中下游平原交错分成四部分：两湖平原（江汉平原和洞庭湖平原）、鄱阳湖平原、皖中平原和长江三角洲（图2-20）。长江中游地区的平原主要指两湖平原和鄱阳湖平原；两湖平原历史上是烟波浩渺的云梦泽，

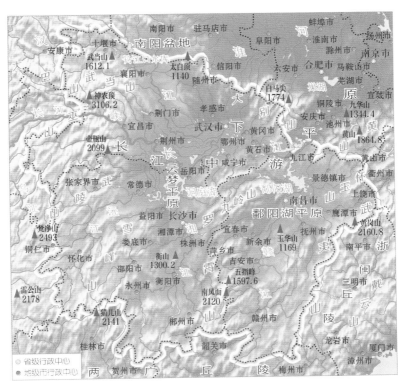

图 2-19　长江中游三省地形地貌与主要水系图

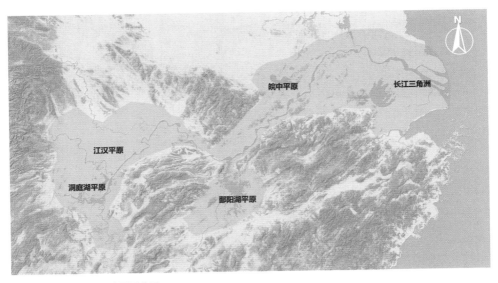

图 2-20　长江中下游平原范围

后来被长江及其支流冲刷的泥沙所填平,面积有 5 万平方千米,以荆江为界,其北称江汉平原、其南为洞庭湖平原;鄱阳湖平原除边缘红土冈丘外,中部的泛滥平原主要由赣、抚、信、鄱、修等河流冲淤而成,其中又以赣江为主,面积约 2 万平方千米,地势低平、水网稠密。受长江水系及纵横交错的人工河渠的影响,该地区成为我国河网密度最大的地区,也是中国淡水湖群分布最集中的地区,其中包括洞庭湖、鄱阳湖、洪湖等。湖北、湖南即是以洞庭湖为界南北划分而来。

长江中游地区的地形、地貌、水系特征使该地区形成了依山而居、临水而筑的传统乡村聚居形式。以湖北省为例,鄂西南山区创造了"吊脚楼"这一独特的传统建筑形态(图 2-21);平原湖区经过大量的水利改造,形成了水网交织、坑堤纵横的季风水田农业景观(图 2-22)。同时产生了围绕房屋、田地等修建的堤坝式防水构筑物——围垸,围垸平时可以抵御一般洪水,水势太大时可以拆除部分围垸进行泄洪。

图 2-21　咸丰县土家吊脚楼

图 2-22　武汉市江夏区小朱湾村航拍图

2）夏热冬冷的气候特征

特定的地理环境形成了长江中游地区"夏热冬冷"的气候特征。在我国气候分区上，湘、鄂、赣三省皆处于亚热带季风气候区。《民用建筑热工设计规范》从建筑热工设计角度将我国分为五个区，分别是：严寒、寒冷、夏热冬冷、夏热冬暖和温和气候区。夏热冬冷地区是指累年日平均温度稳定低于或等于 5℃ 的日数为 60 天至 89 天，或累年日平均温度稳定低于或等于 5℃ 的日数不足 60 天，但累年日平均温度稳定低于或等于 8℃ 的日数大于或等于 75 天。其气候特点是夏季酷热，最热月平均温度为 25℃～30℃，平均相对湿度在 80%；在冬季，长江中游的气温虽然比北方高，但日照率远远低于北方，空气湿度较大，当室外温度在 5℃ 以下时，如没有供暖设施，室内温度低、舒适度差。因此不难发现，该地区大量的水域加剧了夏季酷热与冬季湿冷的特点。这一气候因素对长江中游乡村人居环境的发展与演化提出了极高的要求，它要求乡村聚落与建筑空间应同时满足隔热与防寒的要求。

基于这样的气候特征，湘、鄂、赣的传统民居建筑的形制略有不同。例如湖南传统民居中常见的外庭院内天井、风巷、凹入式大门及漏空窗，都是基于地域气候特点加强住宅遮阳隔热、自然通风的措施[84]（图 2－23、图 2－24）。湖北省的传统民居建筑形制则融合了北方合院的特点，呈现出过渡状态。在空间形态上，湖北传统村镇建筑可分为院落式、天井式、天斗式以及天井院式，以便较好地适应南北交界的、夏热冬冷地区的气候特点；在传统村镇建筑的群体组合上，则采用建筑密集布置方式，互相遮挡夏日强烈的阳光和冬季肆虐的北风[85]。

图 2－23　会同县高椅村

图 2－24　浏阳市大围山镇锦绶堂

2.3.2 乡村经济发展水平

1）乡村经济发展水平居中

　　我国乡村经济发展水平存在着明显的地区差异[6]，并且地区之间的发展差距愈发明显。衡量乡村经济发展水平可以从乡村经济实力、生产力水平和农民生活水平三大方面进行。中部三省的乡村经济发展处于全国中等水平[86]（图2-25、图2-26）。随着东南沿海地区城乡一体化进程推进，东部地区的乡村发展已经产生了质的变化，脱离了传统乡村的增长模式。而中、西部地区乡村经济虽然有所增长，但是仍然保持着低水平均衡的状态，甚至呈现出强烈的"内卷化"倾向。东、中、西的阶梯式差异逐渐转化为东部地区与中、西部地区的二级差异（图2-27）。

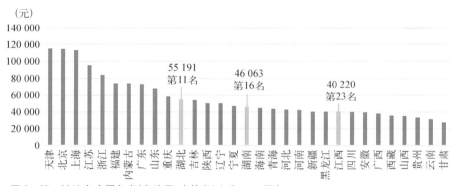

图2-25　2016年全国各省（自治区、直辖市）人均GDP排名
资料来源：中华人民共和国国家统计局网站，data.stats.gov.cn。

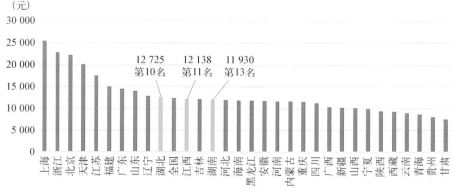

图2-26　2017年全国及各省（自治区、直辖市）农村人均纯收入排名
资料来源：《中国统计年鉴（2017）》。

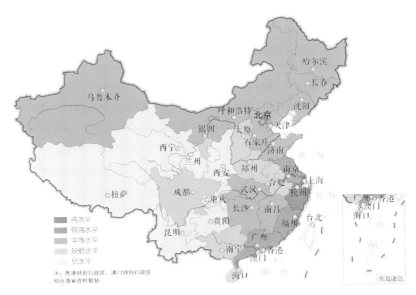

图 2-27　中国农村经济发展水平差异图

2）乡村经济结构层次偏低，农业大而不强

中部地区是我国主要的农业产区，农业生产规模庞大。2016 年，长江中游三省的三产 GDP 比例，湖北省为 10.8%、44.5% 和 44.7%，湖南省为 11.5%、42.2% 和 46.3%，江西省为 10.4%、49.2% 和 40.4%。2015 年，湖南省粮食总产量达到 300 亿公斤，收储粮食总库存达到 1 178 万吨，为历年最高值[①]；2016 年，湖北省粮食总产量为 255 亿公斤，居全国第 11 位。然而，长江中游地区与全国特别是东部地区相比，存在明显的粮食作物"高库存"现象，反映长江中游地区农业产业结构层次较低，农产品供给的数量与质量需要结构性调整。

此外，中部地区农业生产率较低，农业大而不强；缺乏有实力的农业龙头企业，农产品市场体系和社会化服务体系仍不健全[86]。以近几年兴起的小龙虾产业为例，2007 年至 2016 年，全国小龙虾养殖产量由 26.55 万吨增加到 85.23 万吨，增长了 221%。小龙虾主要产于长江中下游地区，湖北、安徽、江苏、湖南、江西等五个主产省产量占全国产量的 95% 左右[②]。其中，湖北省养殖规模最大，

① 红网：湖南首次对粮食产量不设指标 多举措推动粮食去库存，http://news.sina.com.cn/o/2016-03-15/doc-ifxqhfvp1047955.shtml，最后访问时间：2017 年 5 月 6 日。

② 《中国小龙虾产业发展报告（2017）》，http://www.sohu.com/a/148066979_164627，最后访问时间：2017 年 5 月 6 日。

2016 年养殖面积 487 万亩、产量 48.9 万吨,产量占全国近六成(表 2 - 3)。然而,中部省份的小龙虾产量虽然巨大,相比于江苏省仍停留在养殖和初级加工阶段,产品利润率较低、品牌意识薄弱、发展理念滞后。江苏盱眙自 2006 年颁布实施了小龙虾地方标准,盱眙龙虾的养殖、加工、服务通过 ISO9001 国际质量管理体系认证,建立了以"盱眙龙虾"商标为核心的品牌体系。在国家质检总局联合央视发布的 2016 年中国品牌价值评价信息榜中,"盱眙龙虾"品牌价值达到 169.91 亿元,居全国淡水产品品牌价值榜榜首。而在中部地区为人所熟知的"潜江龙虾"并没有打造出这样的知名度。可见,中部省份农业现代化水平总体仍偏低,优质高效农业发展滞后,农业发展的理念和市场化体系还有巨大提升空间。

表 2 - 3 2012—2016 年五个主产省小龙虾养殖面积和产量概况

年份	湖北		江苏		安徽		江西		湖南	
	面积(万亩)	产量(万吨)	面积(万亩)	产量(万吨)	面积(万亩)	产量(万吨)	面积(万亩)	产量(万吨)	面积(万亩)	产量(万吨)
2012	263	30.22	64	8.37	32.6	8.57	23	5.83	3.6	0.2
2013	301	34.75	63.8	8.33	46.5	8.69	23	5.88	4.56	0.27
2014	368.5	39.3	61	8.8	69.6	9.32	24	6.05	7.11	0.35
2015	378.7	43.3	62.3	9	75	9.72	25	6.17	35.08	1.75
2016	487	48.9	62.3	9.65	80.6	11.78	26	6.52	112	5.6

资料来源:《中国小龙虾产业发展报告(2017)》。

3) 县域经济与乡镇经济弱小,对乡村发展的支持度低

县域在国家经济体系中发挥着承接国家宏观经济影响、引领地区村镇发展的重要作用。中部县域是典型的"粮食大县、人口大县、工业小县、财政穷县"[87],县域经济薄弱是制约中部地区乡村经济发展的重要因素。中部地区县域城镇化发展较慢,对农村剩余劳动力的吸纳能力有限,与东部沿海省份相比存在明显的差距。利用全国五普和六普调查数据,通过对中部地区(山西、河南、安徽、湖北、湖南、江西六省)与经济发达的江浙地区城镇化率进行比较发现:2000 年江浙地区城镇化水平高出中部地区约 16 个百分点,其中城市约高出 18 个百分点,县域城镇约高出 15 个百分点;而 2010 年江浙地区城镇化水平高出中部地区约 17 个百分点,其中城市约高出 3 个百分点,县域城镇约高出 20 个百分点(表 2 - 4)。

由于 2000—2010 年间江浙地区有较多的县被划入城市市区,因而实际上 2010
年江浙地区县域城镇化水平会更高[88]。2002—2010 年,长江中游三省县域县均
名义 GDP 从 24.17 亿元增长到 94.42 亿元,增长了约 2.9 倍。然而与江浙两省
相比,分别只占两省县域县均名义 GDP 的 44.1% 和 47.95%。此外,2011 年,长
江中游三省县域 GDP 占省 GDP 的比重只有 6.2%[87]。

表 2-4　江浙和中部地区的城镇化水平

地区	2000 年			2010 年		
	总体	城市	县城	总体	城市	县城
江浙地区	44.73%	87.16%	32.89%	60.80%	74.94%	51.23%
中部地区	28.66%	69.35%	17.46%	43.05%	71.97%	32.68%

资料来源:汪增洋,李刚. 中部地区县域城镇化动力机制研究——基于中介效应模型的分析[J].财贸研
究,2017(4):25-32.

2015 年 4 月国务院批复同意《长江中游城市群发展规划》,将武汉城市圈、环
长株潭城市群和环鄱阳湖城市群组成长江中游城市群(图 2-28),作为中西部新
型城镇化先行区。在县域经济弱小,难以提供足够支撑的背景下,未来区域中心
城市的首位度将会进一步提升,三省内部县域经济差异会进一步拉大。

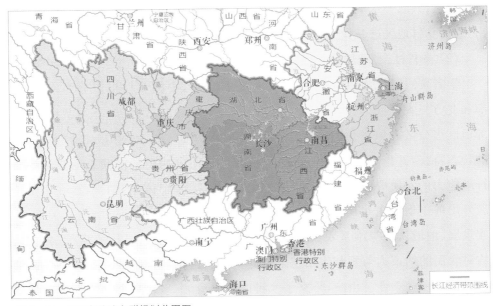

图 2-28　长江中游城市群规划范围图

2.3.3　乡村社会发展与治理

乡村社会的发展及治理方式直接关系着地方乡村人居环境建设和演变的内在趋势。长江中游三省在乡村社会发展上表现出以下共性特征。

（1）农村劳动力高输出

在改革开放后的城镇化进程中,中部地区是我国农村劳动力外流最严重的区域之一。按照"六普"数据推算,我国人口高输出(净迁出人口大于100万人)省份中,长江中游地区的三个省份分别位于第3、第4、第5位(图2-29)。2010年至今,我国人口高输出省份的城镇化开始提速,增速都在1%以上[89]。结合三省的实际情况来看,城镇化率的提高一方面得益于三省产业经济的快速发展,但同时也反映出三省城镇空间的结构性问题,即人口向省内的特大城市集中,而中小城镇的发展相对缓慢。以湖北省为例,近10年来,大中城市一直是接纳人口转移的主体;小城市发展较快,但小城镇发育严重不足,有重数量轻质量的倾向;乡镇数量多,分布密度较低[90]。在本次调查中发现长江中游地区乡村,尤其是山区乡村,劳动力外流现象明显,村庄空心化严重。乡镇工业企业少,乡镇总体基础设施、公共服务水平低,制约了农业人口的就近转移。同时,智力因子大量流出,致使乡村地区进一步工业化的动力不足。

（2）乡村社会发展"原子化"倾向明显

学者贺雪峰认为,从村庄社会结构的视角看,中国乡村可以分为南方、中部和北方三大区域,其中南方地区多团结型村庄,北方地区多分裂型村庄,中部地区多分散的原子化村庄。他以湖北荆门乡村为例,阐述了农民"原子化"的状态特征,并指出造成这一问题的原因是村庄内缺少紧密联系的具有集体行动能力的农民群体[91]。这种"原子化"又可称为"个体化"的现象,在中部地区外出务工型村庄尤其显著[92]。进城务工人员与乡土关系日弛,血缘关系、宗族隶属、地域认同等维系农民关系的纽带日渐松散和解体,传统道德、村规民约对农民的约束力与规范作用越来越低,农民日益以自我和小家庭为中心,强调自主性和独立性。由此,带来了乡村道德的滑坡、乡村社会的有机联系缺失和乡村治理的失序。

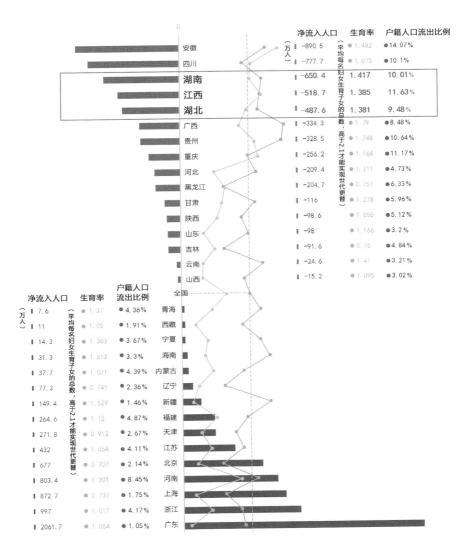

图 2-29　全国各省份人口流入流出统计
资料来源：第六次人口普查，北京大学人口研究所。

　　江西的部分地区表现出一些南方地区团结型村庄的特征。贺雪峰以江西泰和、崇仁等地的实例调查为例，说明宗族组织仍然可以在选举和公共用品供给方面发挥重要作用。江西是我国历史上著名的"移民通道"，村庄往往由同一个始迁祖繁衍生成。血缘与地缘的重合使宗族组织具有相当强大的力量，可以争取村庄的权益。江西境内的居民主体为湘赣民系，但同时也生活着越海民系、闽海民系、客家民系的部分支系，受到移民的历史层叠差异的影响，导致乡村人居模式的发展更为多元[64]。

乡村聚居模式是村庄社会关系在空间上的投影。湘赣系聚落逐渐"原子化",其规整度远低于"团结型"的广府系聚落,新建住房的分布更随机、无序。广府系聚落的空间排布仍然以宗祠、长老为中心,展现出宗族里明确的尊卑、长幼序位逻辑(图2-30)。

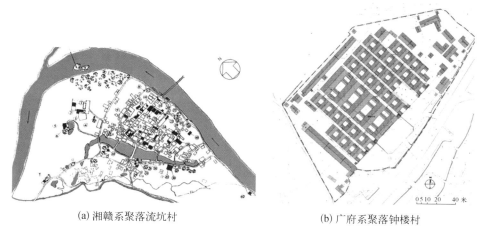

(a)湘赣系聚落流坑村   (b)广府系聚落钟楼村

图2-30 湘赣系和广府系聚落规整度对比
资料来源:潘莹,施瑛.比较视野下的湘赣民系居住模式分析:兼论江西传统民居的区系划分[J].华中建筑,2014(7):143-148.

(3)乡村发展仍主要依赖政策与制度支持

中部地区的乡村发展主要依靠自上而下的政策安排与制度支持。王平等研究发现中部地区农业改革的制度保障能力高于东、西部地区,这可能与中部地区作为传统农业大省的管理和制度积累有关。中部在乡村社区服务、乡村网格化管理、农产品质量监管等方面有较丰富的经验,奠定了农业改革的制度基础[93]。我国自古有"皇权不下乡"之说,乡村基层治理实行"乡政村治"模式。由于中部地区大多为"原子化"村庄,农民群体的力量薄弱,因此在乡村发展和基层治理中更需要建立完善的管理体系。自2012年开始,宜都市在湖北省率先改革乡村治理方式,启动乡村网格化建设试点,逐渐形成了"组织网格化、自治规范化、服务网格化,电子村务、电子学务、电子商务、电子服务"的"三化四务"经验。此外,他们还进行了乡村治理模式从"乡政村治"到"乡村共治",乡村治理力量从"能人治村"到"多元共治",乡村治理理念从"管控"到"服务"的探索[94]。此后,网格化管

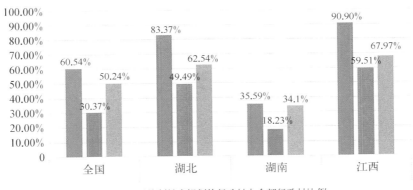

图 2 - 31　2015 年长江中游地区村庄整治情况
资料来源：《中国城乡建设统计年鉴(2015)》。

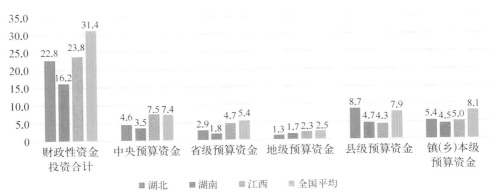

图 2 - 32　2015 年长江中游三省村庄建设财政性资金投入(亿元)
资料来源：《中国城乡建设统计年鉴(2015)》。

理成为我国乡村基层治理的基本模式。

　　长江中游三省除湖南省以外，其他两省的村庄规划编制和村庄整治覆盖率均高于全国水平，江西省的村庄行政村村庄规划编制比例更是达到了 90.9%(图 2 - 31)。但受制于地区整体发展水平与村庄建设财政性资金投入水平的限制，长江中游三省的总体投入均低于全国平均水平，湖南省仅为全国平均水平的 52%，其他两省也都不到全国平均水平的 80%(图 2 - 32)。可以发现，长江中游三省虽然对乡村政策的制定和实施很重视，但在资金保障方面仍有一定的欠缺。

第3章 长江中游乡村人居环境的 "自然—地域—社会"解析

3.1 乡村"自然—地域—社会"解析框架

1) 乡村人居环境"自然—地域—社会"系统构成

已有一些学者提出通过"三元"方法来解析乡村人居环境的内涵：土地科学里用"生活空间、生产空间、生态空间"来概括乡村人居环境。将农业生产空间单列为三大要素之一，强调了乡村人居环境与城市的差异，但在实际的空间分析中，由于上述功能的高度混合，很难将这三者区分开来。刘滨谊将聚居背景、聚居活动、聚居建设作为人居环境三元论的理论框架（表3-1）[95]，但该理念的主要研究对象为物质空间，对非物质的文化空间关注较少。赵万民等将山地人居环境信息图谱的基本理论框架设为三大模块（自然环境、社会环境、人工环境）、三大层次（宏观、中观、微观）、三种类型（征兆图谱、诊断图谱、实施图谱）和三种维度（空间维度、时间维度和时空综合维度）的融贯综合（图3-1），其中自然环境与自然系统对应；社会环境与社会系统、人类系统对应；人工环境与居住系统、支撑网络系统对应[96]。

表3-1 人类聚居环境学的三元要素

聚居建设的三元论	建筑	城市	景观
聚居活动的三元论	聚集	居住	工作
聚居背景的三元要素	自然环境： 山川湖泊、沼泽湿地、自然林与次生林、草原等	农林环境： 农田、人工林地、果园、荒地、养殖湖池	生活环境： 住宅用地、商业用地、办公用地、工业用地、市政公共用地、道路交通用地
	人类： 生存（生活·生产·文化·历史）	生物： 动植物	非生物： 地形、土壤、水、大气、阳光、地质矿藏

资料来源：刘滨谊.三元论——人类聚居环境学的哲学基础[J].规划师,1999(2)：82.

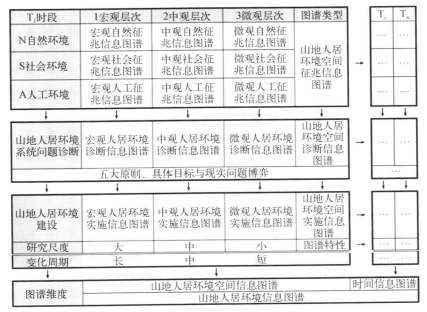

T时段	1宏观层次	2中观层次	3微观层次	图谱类型	T_i	T_n
N自然环境	宏观自然征兆信息图谱	中观自然征兆信息图谱	微观自然征兆信息图谱	山地人居环境空间征兆信息图谱	…	…
S社会环境	宏观社会征兆信息图谱	中观社会征兆信息图谱	微观社会征兆信息图谱			
A人工环境	宏观人工征兆信息图谱	中观人工征兆信息图谱	微观人工征兆信息图谱			
山地人居环境系统问题诊断	宏观人居环境诊断信息图谱	中观人居环境诊断信息图谱	微观人居环境诊断信息图谱	山地人居环境空间诊断信息图谱	…	
五大原则、具体目标与现实问题博弈						
山地人居环境建设	宏观人居环境实施信息图谱	中观人居环境实施信息图谱	微观人居环境实施信息图谱	山地人居环境空间实施信息图谱	…	
研究尺度	大	中	小	图谱特性		
变化周期	长	中	短			
图谱维度	山地人居环境空间信息图谱			时间信息图谱		
	山地人居环境信息图谱					

图 3-1　人居环境信息图谱的理论模块

资料来源：赵万民,汪洋.山地人居环境信息图谱的理论建构与学术意义[J].城市规划,2014(4)：13.

　　总体而言,已有研究从中观和宏观尺度对乡村人居环境进行了划分,对我们从单个方面认识乡村人居环境有很大的益处。本书在已有研究基础上将乡村人居环境归纳为自然、人工自然、社会文化三大部分,从自然生态环境、地域空间环境和社会文化环境三个要素集合入手,讨论广义的乡村人居环境,并且结合长江中游地区的实际情况及本次调研的数据,增加人口流动、人地关系、村庄治理等要素内容。

2) "自然—地域—社会"系统的相互关系

　　在科学研究方法论上,一直存在两种方法论,即还原论和整体论。将乡村人居环境切割成若干子系统,再逐层分解找出影响系统本身的要素,是还原论的研究路径。但在实际中,乡村人居环境是一个动态的复杂巨系统,它的主体具有适应性,它所包含的三个要素集合紧密联系,相互影响。从整体论的角度来看,首先是找到组成复杂系统的要素或子系统,逐渐组装整合,看最后能否得到我们所需要的复杂系统。从物质组成来看,整体和部分形成一对相对立的范畴,整体由部分组成,部分由整体分解而来,既没有无整体的部分,也没有无部分的整体。简单来说,还原论和整体论都是寻求不同层次间的各种因素联系的方法,还原方法是宏观层面的现象,希望找到微观层面的原因,进而从微观层面出发找到宏观层面的结果。

目前,关于乡村人居环境主体如何适应复杂的外部环境,进而调整主体的行为,还没有得出令人满意的研究结论,只有通过定性分析来描述这个过程:农户作为人居环境的活动主体,选择在特定的自然环境中进行生产生活活动,进而形成地表上自然的生产生活资料和人工创造的各项物质空间环境和设施,经年累月逐渐形成由传统习俗、制度文化、价值观念和行为方式所构成的社会文化背景,三者相互关联形成乡村人居环境有机系统。本书采用三元论的研究思路,将乡村人居环境划分为自然生态—地域空间—社会文化三个子系统,并分别对子系统中的要素特征进行描述。需要强调的是,乡村人居环境并不等于三个子系统的简单相加,而是彼此的相互作用和组合,能够产生出原来要素所没有的现象。

3.2　自然生态环境

3.2.1　自然生态环境

人居环境是多维因素影响下的参与主体与物质环境关联作用的客观反映,与城市人居环境的复杂巨系统研究不同,乡村地域的资源禀赋、经济基础、生态状况和政策环境等的差异性影响更为直接,乡村地域功能呈现出单一功能主导发展的趋势,而自然生态环境的空间异质性活化了乡村人居环境建设路径,为乡村人居环境的特色、多样化发展提供了多种可能。自然生态环境是乡村人居环境建设中的基础要素,各类要素整合构建了乡村人居环境的整体空间格局,在此基础上,与乡村活动主体耦合关联,通过参与主体的各类经济、社会活动进一步影响、拓展乡村人居环境的格局形态与结构形式,形成新型乡村人居环境模式。

土地系统是人类社会活动的载体,直接支撑人类社会生产与人们生活。而且,土地利用系统特征是在自然与人类活动共同干预下所表现出的一定时期的发展演化性状[97]。土地利用系统的不同演化特征反映了一定时期内人与自然生态环境的互动方式,是人类社会经济活动在空间上直观的反映。

　　本节从人居环境的自然子系统与生态子系统两个方面对长江中游地区乡村人居环境的自然生态环境部分进行解析(图3-2)。

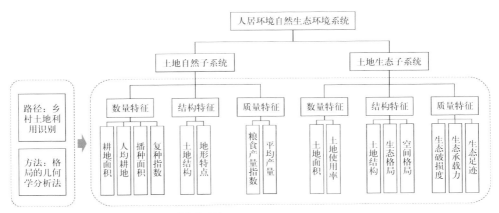

图3-2　人居环境自然生态环境系统解析框架

3.2.2　自然地理环境

1) 宏观层面

　　长江中游地区位于我国地形的第二、三阶梯内,是我国水资源比较丰富的区域之一,拥有长江和我国最大的两个淡水湖——洞庭湖和鄱阳湖。长江天然水系及纵横交错的人工河渠使该区域成为中国河网密度最大的地区。长江中游地区整个区域水体流量大,汛期长且无冰冻期,水能丰富;同时中下游地区土壤主要是黄棕壤或黄褐土,南缘为红壤,平地大部为水稻土,自然植被下的土壤有机质含量每千克可达70~80克,为种植业的发展提供了良好的土壤环境;亚热带季风气候为农作物和渔业发展提供了良好的气候环境。

　　调查范围内涉及湖北省、湖南省以及江西省内的大部分村庄。湖北省、湖南省以及江西省在地形地貌、水文气候方面都具有一定的相似性:主要地形为丘陵和山地,河谷和平原交错;平原区域均为良好的粮食作物产区,水文条件优越,河道相连,且地区内水位落差小,流速不大。

本书对湖北省、湖南省和江西省所有调查村庄的地形数据进行了汇总（表3－2、图3－3），结果显示：在地形地貌方面，三个省份各种地形的村庄均有所分布。在数量方面，湖南省村庄数量众多，且山区村和丘陵村所占比重最大；湖北省内村庄以平原村和丘陵村为主，这主要是由于江汉平原和鄂东沿江平原的存在。

表3－2 长江中游研究省份村庄地形分布数据(个)

村庄类型	湖北	湖南	江西
平原村	6 852	3 290	1 911
丘陵村	8 841	21 029	9 389
山区村	5 250	11 877	3 891

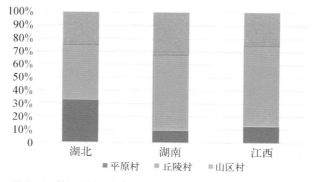

图3－3 长江中游研究省份村庄地形分布比例

湖北省处于中国地势第二级阶梯向第三级阶梯过渡地带，地貌类型多样，山地、丘陵和平原兼备。山地约占全省总面积的55%，丘陵区约占24%，平原湖区约占20%[①]。对湖北省村庄的调查选取了黄陂区、长阳县、监利县、罗田县、仙桃市共5个不同的区域，总计48个不同地形地貌的村庄作为调查样本。

本书对湖北省样本村庄的地形情况进行了汇总和分类：海拔大于500米的村庄为山区村；海拔在200～500米之间的村庄为丘陵村；海拔在200米以下的村庄为平原村；海拔大于500米，但较为平坦的村庄为山区平原村（图3－4）。

分类结果（图3－4）显示，平原村数量最多，共计30个，占调查村庄总数的62.5%；山区村数量次之，共计11个，占调查村庄总数的22.9%；丘陵村和山区

① 数据来源：《湖北省统计年鉴(2016)》。

(a) 山区村(长阳县龙舟坪镇厚丰溪村)

(b) 丘陵村(罗田县白莲河乡香木河村)

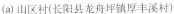

(c) 平原村(黄陂区祁家湾街四新村)

图 3 - 4　典型村庄地形

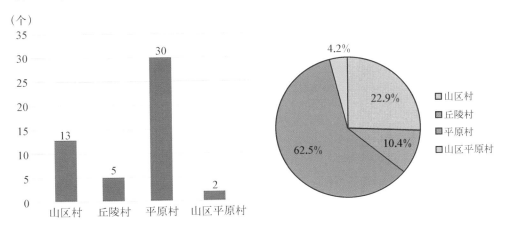

图 3 - 5　湖北省调研村庄的地理环境分析

平原村数量较少,分别为 5 个和 2 个,分别占调查总数的 10.4% 和 4.2%(图 3 - 5)。湖北省样本村庄中,平原村的数量比较多,山区村数量相对较少,这也基本符合湖北省村庄地形的总体分布状况。

　　中观区位上,调查范围内村庄分布广泛,与城镇经济、文化中心的距离各不相同。课题组对村庄与中心城区的距离进行汇总,将与城市地区几乎相连,与城市建成区边界的距离不大于 10 千米的村庄作为城郊村;与城市地区联系较为便捷,与城市建成区边界距离在 10～20 千米之间的村庄为近郊村;与城市建成区边界距离在 20～50 千米之间的村庄为远郊村;与城市建成区边界距离在 50 千米以上的村庄为偏远地区(图 3-6)。

(a) 城郊村(监利县新沟镇向阳村)

(b) 近郊村(仙桃市张沟镇联潭村)

(c) 远郊村(长阳县龙舟坪镇两河口村)

(d) 偏远地区(长阳县榔坪镇关口垭村)

图 3-6　调研村庄中观区位

　　分类结果显示,中观区位上,调查范围内的村庄,城郊村、近郊村、远郊村以及偏远地区均有所涉及,且城郊村数量最多,共计 27 个,占调查村庄总数的56.3%;近郊村数量次之,总计 10 个,占村庄总数的 20.8%;远郊村数量比较少,总计 7 个,占村庄总数的 14.6%;偏远地区村庄最少,共计 4 个,占村庄总数的8.3%(图 3-7)。可以看出,调查选取的样本村庄,村庄数量随着与城市距离的增加而减少。

　　2015 年对国内部分省份乡村人居环境的中观区位调查数据显示(图 3-

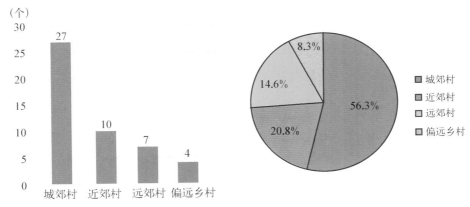

图 3-7　调研村庄中观区位分布情况

8），湖北省乡村的城郊村占比超过 50％，位于调查省份的前列，这种趋势表明：湖北省乡村发展向中心城市靠拢的趋势更加明显，城市规模扩大化，城市化率不断提升。事实上，2014 年，湖北省城市化率为 54.51％，2015 年达到了 56.85％，并在 2016 年突破了 58.10％。城市化的推进必然导致城郊村数量增多，但湖北省在城市化进程上，同上海、广东等省市还有很大的差距。

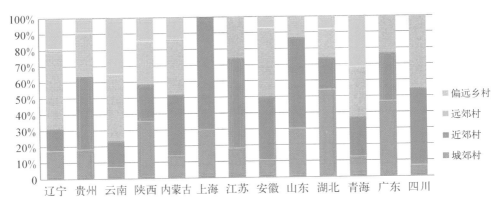

图 3-8　部分调研地区村庄中观区位分布情况

2）中微观层面

　　为了对村庄的用地情况进行分析，结合 2015 年乡村人居环境调查数据，笔者对长江中游地区不同地形的所有村庄的村域面积和村庄建设用地面积进行了分类（图 3-9）。

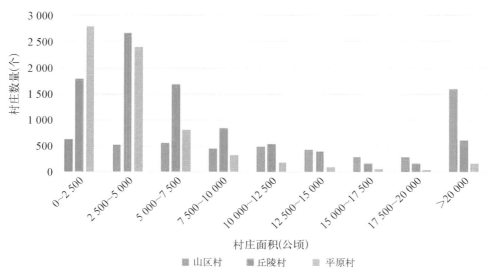

图3-9　长江中游地区山区村、丘陵村、平原村及其面积统计

　　统计结果显示,村域面积大于 20 000 公顷的山区村村庄数量较多,其余面积范围分布均匀。丘陵村村庄面积多在 7 500 公顷以内,平原村村庄面积主要集中在 5 000 公顷以内。大面积的丘陵村、平原村都比较少。为了进一步对村庄用地状况进行探究,笔者统计了调研范围内不同地形对应的村域面积的总和以及村庄建设用地面积总和,分析了村庄建设用地在村庄面积中所占的比重(表3-3)。

表3-3　不同地形村庄的村域面积及建设用地面积统计

地形	村庄总数（个）	村域面积（万平方千米）	村域平均面积（平方千米）	村庄现状建设地面积(万平方千米)	村庄现状建设用地平均面积(平方千米)	建设用地所占比例
丘陵	20 912	74.3	35.5	10.6	5.0	14.21%
山区	17 593	101.5	57.7	8.0	4.5	7.88%
平原	20 951	36.3	17.3	6.4	3.1	17.67%

　　对村庄建设面积的统计表明,长江中游地区的山区村村域面积总计 101.5 万平方千米,接近平原村和丘陵村村域面积的总和,山区村庄的平均面积为 57.7 平方千米,接近平原村平均面积和丘陵村平均面积的总和;但山区村的实际建设用地总面积仅有 8.0 万平方千米,小于丘陵村村庄建设用地总面积,和平原村建设用地面积基本持平。从比例上而言,平原地区村庄建设用地面积总和占平原村村域面积总和达到了 17.67%,在三种地形的村落中比重最大,而山区村村庄

建设用地面积占村域总面积的比重比较小,只有 7.88%。据此可以看出,平原村和丘陵村所处的地理形态比较适合进行村庄的建设,但相对而言,平原地区村庄建设用地规模是影响乡村建设的重要因素。山区由于生态约束和地形的影响,大部分地区不适宜进行耕作和人居环境建设,地形影响成为了限制山区乡村建设的主要因素。不同地理环境影响下,村庄发展差异水平和人居环境建设特征差异明显。

微观层面分析发现:目前湘鄂赣三省仍然处于从工业化初期向工业化中后期转型的阶段,大部分村庄仍以农业种养殖业为主要的发展方向,城乡地域功能差异十分明显。同时,村庄发展不均衡的状况的确存在。城镇近郊村以及条件好的村庄在基础设施建设、村民收入等方面都具有很大的优势,而远郊村和山区村由于其本身的地形因素,在经济发展方面具有很大的局限性。因此,大多数村庄的基础设施急需改善。对于整个长江中游地区的不同形态的村庄而言,村庄的主导功能主要体现在农产品供应、资源供给以及人口承载功能方面,人地关系的和谐发展仍然是摆在目前大多数村庄面前的挑战。

3.2.3　生态资源状况

1) 山区村庄土地使用状况

湘鄂赣三省的山地地区主要集中在武陵山脉、秦巴山脉、大别山脉及幕阜山脉,地域面积约占三省总面积的 80%。

（1）气候资源状况

长江中游地区山地属亚热带季风气候。光照充足,年日照数均在 1 000 小时以上;终年湿润,降雨充沛,年降水量均在 1 000 毫米以上;无霜期长,年均无霜期在 220 天以上;山区地形起伏大,沟壑较多,海拔高度差异比较大,根据地域变化而有所不同,总体海拔高度介于 50~2 000 米之间。由于海拔高度的差异明显,湘鄂赣三省山区村庄气候条件的明显特征是气候呈立体型分布,尤以鄂西、湘西与湘南山地更为显著。在低海拔河谷地区,终年无霜,热量丰富;海拔较高地区,温带气候特征明显;而高山地区,以寒带气候特征为主,气候条件多样。

（2）水资源状况

多山陡峭的地形带来的地势落差、地处长江流域带来的天然水资源条件以及丰厚的降水，使得山区成为长江中游地区水电资源最丰富的地区。目前，湖北省内的山区都有一定程度的水电设施。例如：十堰市年均径流量达到 100 亿立方米，全市水电资源蕴藏量 500 万千瓦以上；恩施州的全州年均径流量达到了233.63 亿立方米，全州水电资源蕴藏量达到 509 万千瓦[①]；与十堰市相邻的长阳县，截至 2002 年就已经建成了大小共计 50 座水电站。

（3）乡村土地资源状况

山区山多田少，森林覆盖率可达 80% 左右。和其他地形的村庄相比，山区村村庄的建设用地所占比例较少，林地面积占村域面积的比例较大。村庄分布基本在海拔 1 500 米以下，土地利用受地形特点影响比较大，居住与农田分布以河流分布为基底集中布置，居民点规模总体偏小，分布零散，依水流顺势而建。

以调查样本中，山区村庄分布较为集中的湖北省长阳县小流域居民点土地情况为例。在平面分布上，居民点在海拔低处分布密集，海拔高处分布零散。一般农田和集中性居住斑块主要沿河流呈集中条状分布，基本农田和散点居住斑块顺应地形特点从主要条状聚居点分散出来形成鱼骨结构，其余地方多为林地。在立体分布上，居民点在坡度平缓处分布密集，坡度较陡处分布零散［图 3 - 10（a）］。居住斑块主要分布在 101～500 米的高程范围内［图 3 - 10（b）］，且随着高程的增加，居住斑块的面积和数量均不断减少；在海拔低于 100 米和海拔高于 1 000 米的区域居住斑块分布很少；海拔高于 1 400 米的区域基本没有居住斑块。居住斑块主要分布在 0～25°的坡度范围内；坡度高于 42°的区域居住斑块分布很少，坡度高于 70°的区域没有居住斑块。耕地大多数分布在居民斑块周围，基本分布在海拔 1 000 米以下，坡度小于 25°的地区。在一些地形条件限制性比较大的地区，基本上是林地。

2）平原区域村庄土地使用情况

长江中游平原地区由江汉平原、鄱阳湖平原、洞庭湖平原以及众多小平原组

---

① 数据来源：《湖北省统计年鉴（2016）》。

成。江汉平原是长江中下游平原的重要组成部分(图 3 - 11)。

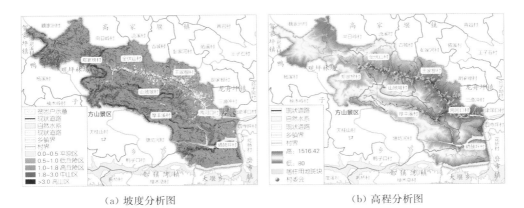

（a）坡度分析图　　　　　　　　　　　　（b）高程分析图

图 3‑10　长阳土家族自治县沿头溪小流域居民点

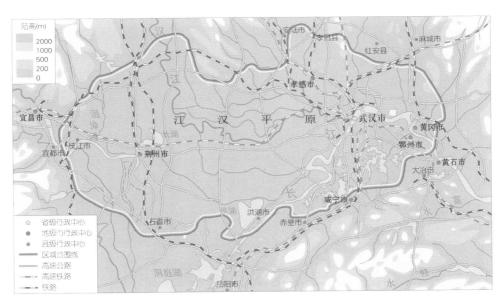

图 3‑11　江汉平原示意图

（1）气候资源状况

江汉平原属于亚热带季风气候,相比于山地区域,平原区的年均日照数更长,达到 2 000 小时以上;地形起伏小,海拔在 50 米左右,因此气候条件比较一致,且地热资源丰富,无霜期更长,年均达到 250 天左右;10℃以上的天数达到了年均230 天以上;年均降水量在 1 100 毫米以上,是我国棉花和水稻的种植密集区域。

（2）水资源状况

江汉平原区的水资源形式和山区水资源形式有很大的不同。由长江和汉江冲积而成的平原区，地势平坦，河流水泊的势能小，水电资源不及山区。但良好的灌溉条件和肥沃的土壤，使得该区域成为我国中部地区的水资源大省。地上湖泊沼泽密布，使得湖北省享有"千湖之省"的美誉；丰富的地下水资源，使得江汉平原又被称为"华中的地下海"，湖北省的"水袋子"。

（3）土地资源状况

平原地区的村庄功能分布受地形因素的限制较少，村庄建设用地所占比例相对较大，且农业用地比重较高，林地分布比例与其他地形相比显著降低。田野广袤，水系分布密集，旱地和水田相间，居住与农田分布较为均匀，居民点规模总体偏小，但数量比较多（图3-12）。

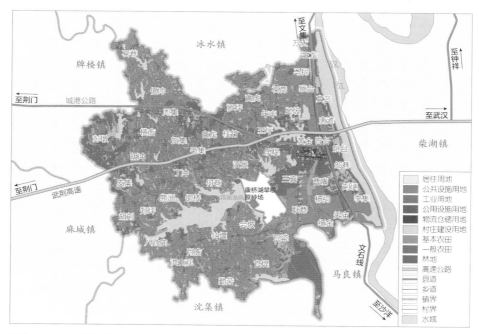

图3-12　江汉平原典型区域用地现状
资料来源：湖北省规划设计研究院。

在平面上看，平原乡村居住组团呈现斑块状，沿着河边聚集状分布，被基本农田包围。基本农田以行政划分界线为基底网格状均匀分布，沿河道两岸分布较多，与居住用地相结合布置。其他地方为一般农田、果园、草地、林地等。在高程上看,由于整体地势比较低,因此居民斑块主要分布在 50～100 米的高程范围内,分布均匀且大都依水而建。平原地区的居民点分布受坡度因素影响较少。相对于山区,林地、草地多依据自然条件存在,分布零散且每个斑块面积较小。

3) 城郊地区村庄生态资源现状

城郊地区村庄多位于平原地带,其生态资源现状与平原地区村庄相似。这里提到的城郊地区村庄,主要是以监利县和仙桃市下属的村庄为主。

（1）气候资源状况

监利县和仙桃市都处在江汉平原的南部,海拔均在 50 米以内,地势起伏很小,因此两地的气候特征具有相似性。两地光照充沛,年均日照 2 000 小时以上,年均气温都在 16℃以上,年均无霜期都在 250 天左右,两地都具有典型的平原区域气候特征。

（2）水资源状况

监利县和仙桃市都属于水资源丰富的区域:监利县年地表径流量达 10.96 亿立方米,仙桃市地表年均水资源总量 9.68 亿立方米,且两地地下水储量都极为丰富;但由于地下水位高,水位埋深 1～1.5 米,汛期均容易发生洪涝灾害。

（3）土地使用情况

监利县土地总面积为 3 238.7 平方千米,内域土地面积 2 933 平方千米,外域水面面积 305 平方千米。2010 年全县粮食播种面积 1 684.6 平方千米,占全县土地总面积的 52.0%,总产 124.93 万吨,位居湖北省第一位,并且连续两年荣获"全国粮食生产先进县标兵"称号,是湖北省特色农作物种植基地、产粮大县。仙桃土地总面积 2 519.9 平方千米,未利用土地 208.2 公顷,占土地总面积的 8.26%,耕地总面积 1 335.5 公顷,占用地总面积的 53.0%,是国家现代农业示范区,也是湖北省粮食产量最多的地区之一。

3.2.4　乡村环境卫生

自然生态环境是目前乡村人居环境调查中的重点问题。良好的自然环境是村庄可持续发展的基础,也一定程度上反映了村庄经济发展状况和生产生活状态。

对村庄自然生态环境的研究,主要集中在村庄环境污染方面。目前,影响长江中游地区乡村村庄卫生环境状况的主要因素包括以下三点。

（1）环卫设施的建设滞后

根据全国 2014 年人居环境调查统计可知,湘鄂赣三省乡村环卫情况堪忧。三省的污水与排水处理设施紧缺,分别有高达 86.5% 和 67.1% 的缺口,均高于全国平均缺口水平;另外,相比于全国,三省村庄的垃圾收集情况也亟待改善,38.8% 的村庄没有集中的收集处理设施,无法满足乡村居民日益增长的排污治污需求(表 3-4)。

表 3-4　长江中游地区与全国乡村环卫状况对比

——	污水收集处理设施缺口	排水处理设施缺口	垃圾收集处理设施缺口
全国	82.4%	62.6%	32.3%
长江中游	86.5%	67.1%	38.8%
湖北省	80.6%	60.1%	29.9%
湖南省	90.3%	74.4%	46.4%
江西省	85.7%	59.3%	32.8%

（2）乡镇工业污染

乡村工业化是目前促进我国乡村经济增长的主要手段之一;但村庄工业发展所带来的环境监测、污染监督、执法等方面的许多问题,短时间内无法得到有效改善。这种低技术、低成本的粗放经营,普遍是以牺牲环境为代价,这也往往导致乡村环境的迅速恶化,尤其是以水资源污染为代表的环境问题。

（3）生产生活方式的现代化负担

由于人口的聚集,村庄内生活垃圾、人畜粪便的随意排放,生活污染物超出村庄环境的承载能力,环境污染加剧。

对样本村庄的调查分析表明(表 3-5),受调查的 48 个村庄中 39 个村拥有垃圾收集装置。其中黄陂区祁家湾街道王棚村,村中生活垃圾按照"户分类、村收集、镇转运、区处理"的流程,每隔 50 米有个垃圾桶(分为可回收垃圾和不可回收垃圾),村中集中的垃圾收集点有两处(图 3-13),每日将垃圾清运到汪家砦的垃圾箱进行处理。黄冈市罗田县三里畈镇七道河村,村中有 1 处集中的垃圾收集点(图 3-14),37 处垃圾桶。每日将全村垃圾集中至村委会对侧垃圾池,随后由镇垃圾车运送至镇区集中处理。据调查,村庄垃圾处理的主要方式多为集中焚烧。黄冈市罗田县三里畈镇新铺村,由于存在旅游农家乐,建筑比较新,垃圾收集较为集中,村中有 30 个左右的垃圾箱(图 3 - 15),4 个垃圾处理池,2 处集中的垃圾收集点,每日将垃圾清运至镇区集中处理。

　　有 9 个村庄有简易的污水处理装置。其中,黄陂区祁家湾街道王棚村有简单的污水处理池,生活用水进入明渠,简单过滤,通过砂石净化,排到附近水体,形成循环利用,对雨水、污水的净化效果明显;监利县新沟镇向阳村,由于邻近镇区,村内污水统一收集至镇区污水处理厂进行处理;罗田县三里畈镇新铺村构建了雨污分流系统,对水资源进行简单处理(图 3 - 16)。

表 3 - 5　村庄环卫状况统计(个)

——	有无污水收集处理	有无垃圾收集	有无污染工业	污水是否经处理排放
有	9	39	4	3
无	39	9	44	45

图 3 - 13　王棚村垃圾收集箱

图 3 - 14　七道河村垃圾处理池

图 3 - 15　新铺村路边垃圾箱

图 3 - 16　新铺村雨污分流系统

有 4 个村庄存在工业水污染。其中，黄陂区武湖街道高车畈村附近 5 千米内建设有一个家具城，家具制造业导致了严重的水污染，曾发生过因处理不及时，村民承包的鱼塘被污染的情况。周边的大堤塆是水污染最严重的地方，居民饮水都存在困难。长阳县龙舟坪镇部分村庄因受到当地矿业开发或者其他电机业厂房生产排污的影响，水质受到较为严重的污染，影响到居民饮水。工业污染的村庄比例相对较低，但是目前这种牺牲村庄自然生态环境的粗放式发展方式，仍然有待改善。

调查范围内的村庄仅有 3 个对污水进行了简单处理，几乎所有的村庄都存在不同程度的生活污水直接排放进水域的状况。其中，监利县上车湾镇任铺村的生活污水及生产废水直接排放至河水中，附近有一处养猪场，养猪场并无污水处理系统，污水直排河道，污染了河水。同时垃圾直接倒在河流两岸，也对河水造成了影响（图 3-17）。仙桃市张沟镇联潭村，虽有污水收集及处理设施，但是由于设施不完善以致没有实际的用处，生活及生产废水直接排放。监利县新沟镇横台村村内有一家养猪场，附近水域由于受到养猪场影响，水域有轻度污染（图 3-18）。此外，调查发现，一些农户自行配有沼气池对自家生活用水进行处理，循环利用，不仅减少了生活污水，还能提供燃气。

图 3-17 任铺村水域卫生环境情况   图 3-18 横台村养猪场边水域卫生环境情况

通过对村庄的环卫设施进行实地的走访、调查和统计，课题组发现大部分村庄在垃圾收集处理方面村民的意识普遍较好，随手扔垃圾的情况较少。此外，拥有垃圾收集设施的大部分村庄，每隔几户人家还拥有小范围的垃圾箱，这更加方便了村域范围内垃圾的集中处理。但是，由于并没有相关的垃圾配套处理设施，大部分的垃圾以焚烧的方式进行处理,没有垃圾的分类回收和再利用。有工厂的村庄比较少,大部分的村庄没有工业污水的相关问题,但是由于缺乏基本的污水处理装置,大部分村庄的生活污水等,均以直排的方式流入相关水域中。部分村庄已经出现了水体污染的情况,问题十分突出。某些村庄配有简易的污水处理装置,但功能有限,形同虚设,并没有真正解决水资源污染的问题。

此外,从地域的角度而言,近郊村靠近城镇,经济发展情况良好,因此基础设施建设能够基本满足人们的正常生活需要。然而,远郊村由于其发展的局限性,配套的环卫基础设施很难到位。同时劳动人口流失、村庄空心化,也导致了乡村建设缓慢、设施落后的局面。这些问题,都大大制约着远郊村的乡村卫生环境的改善。

3.3　地域空间环境

3.3.1　地域空间环境与农户空间行为响应

地域空间环境包括乡村居住环境、基础设施、公共服务设施及乡村景观等建成环境,同时还暗含着一定的区位特征和空间性特征。该部分是乡村人居环境中人为干预最为突出的部分,因此本书重点从农户空间行为与环境的互动关系进行理论探讨。农户的行为角色是生产者、消费者,也是要素所有者。本书将农户视为三种角色的复合体,是具有自主性、适应性和理性的个体。

个体与环境的相互作用一直是交叉学科研究的重点和难点。《道德经》中描述的"人法地,地法天,天法道,道法自然",揭示了我国朴素哲学中个体行为的基本准则:地球上所有生命体都要依从自然,顺应事物本身的规律,如四时行度、气候变化、环境改变等,做出适应和调整。吴良镛先生提出人居环境科学研究有几个基本前提,其中就有:人居环境是人类与自然之间发生联系和作用的中介,人居环境建设本身就是人与自然相作用的一种形式,理想的人居环境是人与自然的和谐统一,或如古语所云"天人合一";人创造人居环境,人居环境又对人的行为产生影响[2]。人类作为聚居环境的主体,对自然环境、农林环境和生活环境等聚居背景进行开发利用,并进行各类建设活动,造就了聚居的客体——建筑、城市、乡村、旷野等。分田到户之后,农户成为我国乡村经济活动的自由主体。李伯华基于农户空间行为是有限理性的假设,将行为地理学有关居民空间行为决策和区位选择的理论作为农户空间行为的理论基础,综合考虑了行为空间所造成的社会结构的转变,以及行为与环境的相互作用原理,认为地域空间环境的形成与演变实质上是农户空间行为作用的外在表现[30]。他的研究很好地解释了地域空间环境形成与演变的微观机制,也为研究农户视角下的乡村人居环境提供了思路。

1) 农户空间行为的决策机制

人的行为建立在对外在环境的认知和反应上,涵盖了"知觉—认知—筛选—决策—行为"的整个过程,其中认知和决策是空间行为的关键。由于环境是复杂的、不确定的,行为与环境的互动越多,不确定性就越大;另外,人对环境的计算能力和认知能力也是有限的。美国学者赫布斯特(S. Herbst)将需求调整作为关键点,建立了农户决策动因的简化模型,认为个人选择区位时主要看区位是否满足自己的需求。如果需求被满足,那么区位选择结束,直到产生新的需求;如果不能被满足,那么个人会继续采取行动[98]。基于此,农户的空间行为可视为在给定条件下和约束范围内适于满足需求和达到目标的行为方式,其决策机制如图 3-19 所示。

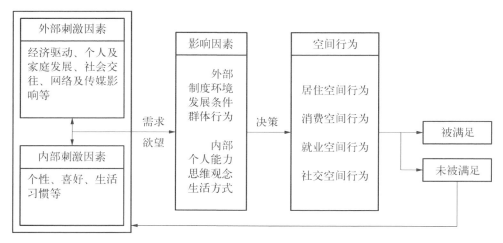

图 3-19 农户空间行为的决策模型

农户在内、外部因素的影响下形成需求和欲望，这些需求和欲望大部分要求通过空间行为得到体验与满足。外部因素来源于制度约束、发展条件和机遇，内部因素受限于个人能力、思维观念与生活方式。这些影响因素有时候是积极的，能够帮助需求的实现；有时候是消极的，会制约需求的实现。农户通过比较和筛选产生了决策，进而发生了居住、消费、就业、社交空间行为中的一种或几种。如果需求和欲望通过空间行为得到了满足，则这一轮的决策结束，直到产生新的需求。如果未被满足，则重新开始这一过程，农户再次调整、权衡需求与约束，做出新的决策和行为，直到之前的需求被满足。农户决策的结果反过来会影响今后的决策行为，尤其是个人生活方式变化及对内、外部制约因素的认识升级。

无论是农户还是个体农民，均呈现出各自独特的生活方式。一个人的生活方式是由有意识和无意识的各种决策或选择所决定的。通常，我们能够意识到我们的决策对自己生活方式所产生的影响，而不太可能意识到现在和欲求的生活方式也会对我们所做的空间决策产生影响。笔者发现，在中部地区，尤其中部欠发达乡村，农户的行为决策并不是完全出于"经济人"的理性分析。因为在自给自足的条件下，农户的生活方式极不利于逻辑运算与抽象概括能力的形式，实物经济中难以形成形式化的价值，阻碍了概念的通约与抽象，社会交往的贫乏阻碍着思维的定量与精确化，支配农民行为的往往不是逻辑而是习惯与本能[99]。同时，由于农民生活方式的道德价值和乡村共同体的强大力量，农户个体的行为很大程度上还与村集体、宗族、社区等乡村团体的群体行为和价值取向密切相关。

此外，地域文化差异会导致思维观念和生活方式的不同。最典型的例子是海洋民族拥有敢于冒险、酷爱自由的精神，而农耕民族更多则体现了勤劳勇敢、安土重迁的个性。我国区域之间存在显著的文化差异，这一点早已被许多学者所证实。地域文化的差异深刻地影响着人们思考和认知世界的方式，甚至对一些基本事实的认知方式都会系统性地受到文化的影响，从而影响人们的空间行为决策[100]。长江中游地区主要受楚文化影响，楚文化中的核心——筚路蓝缕的创业精神，于困境中自强不息的精神，以及重农轻商、注重文教的传统——在该地区的农户行为上有直接的体现。

2）农户空间行为的类型及对人居环境的影响

　　地理学将农户空间行为划分为居住空间行为、消费空间行为、就业空间行为、社会交往空间行为四种，并通过对农户空间行为变迁的整体透视，构建了基于农户空间行为变迁的人居环境研究框架（图 3–20）。本书采用以上的观点，将这四种不同类型的空间行为在地域空间环境方面的效应引向城乡规划学的分析视角。

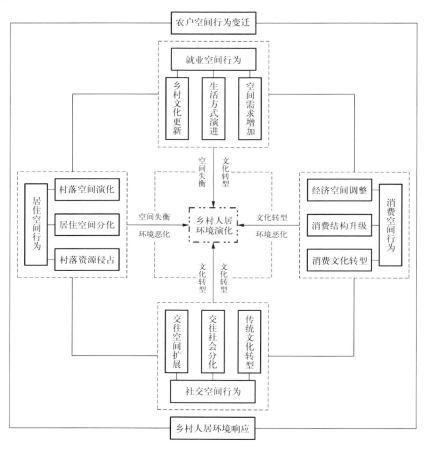

图 3–20　基于农户空间行为变迁的乡村人居环境研究框架
资料来源：李伯华.农户空间行为变迁与乡村人居环境优化研究[M].北京：科学出版社,2014.

　　农户居住空间行为的环境效应首先表现为动迁、拆除、重建、翻新四个方面，改变了乡村聚落的空间结构和传统的建筑风貌。尤其是当交通线路成为乡村发展的命脉时，交通沿线及口子村、口子镇等有利区位总是最先被新建农房抢占。许多富有特色的传统民居也在动迁过程中被拆除，自发形成的传统村落空间秩序被现代化、整齐化的城市住宅所代替。其次，新建房屋的行为常常会通过侵占耕地以获得土地，同时伴随着旧宅基地的废弃、旧村的空心化。因此，土地资源和生态环境在此过程中受到挤压。再次，住房建设的先后次序、建设花费及完工程度体现了村庄内部农户经济实力的高低，导致了贫困空间的相对集聚。乡村景观、居民生活方式也相应改变。总之，居住空间行为是所有行为中对人居环境作用最显著的，并且择居还会对其他三类空间行为产生影响。

农户消费空间行为随着农户经济水平的提升、交通的发展而日益丰富。在自给自足条件下只存在很少量的交易需求，城市生活方式的影响以及"网购"和"物联网"时代的到来，大大刺激了农户的物质消费需求。传统乡村地区的"赶集"和"赶圩"已不能满足当代农户的消费需求。消费空间日益扩展、消费水平日益提高、消费类型日益多样是当前农户消费空间行为的主要特征。

就业空间行为是影响乡村人居环境变化的经济动因。就业类型的扩展、就业时间的多样、就业空间的扩张使得农户有更多元的收入渠道，经历着与以往不同的生产生活方式，感受着城乡的巨大差异。长江中游三省作为外出务工大省，进城务工人员成为传播城市文化和城市生活方式的纽带，这一方面带来了新的理念和更开阔的眼界，另一方面也对传统乡村生活方式产生了冲击。非农收入的增加会使农户重新考虑对农业生产的精力分配，从而影响乡村土地资源的利用和农田景观的形成。

社会交往空间的变化由居住空间和就业空间的变化共同构成。传统乡村社会交往空间为寺庙、戏台、祠堂、集市，甚至水井边、小溪旁、院坝、树脚周围等，人们交流感受、传播消息，维系着熟人社会秩序和交往的连续性。但迁居行为导致了旧的社会关系网络的断裂，容易形成基于居住空间的新社交圈。随着农户到城镇务工和兼业机会的增加，会形成类似于城市中基于地缘、职业和兴趣爱好的社交圈——不同于乡村社会中血缘和亲缘为纽带的社交网络。如此，基于特定生活方式的社交活动逐渐消失。

总体而言，随着经济社会的发展，农户的空间需求、生产生活方式、文化价值观念都发生了新的变化，上述分析试图从农户的视角透析各种行为对乡村空间的直接和间接影响，虽然不能涉及乡村地域空间环境变化的全部，但给我们认知乡村人居环境变化特征和规律提供了一种分析思路。

3.3.2 乡村居住环境

乡村居住环境涉及农村聚居类型的分类。聚居类型划分一方面要考虑乡村聚居地的自然环境与地域文化基底、产业发展结构与水平,另一方面要兼顾乡村聚居空间形态、规模、结构与功能价值,划分出来的类型在一定历史阶段、一定地域范围内具有相对稳定性与典型代表性。按照不同的分类视角划分长江中游地区的村庄(表3-6):譬如基于地形地貌视角可分为山地型、平原型、丘陵型;基于经济发展水平可分为发达村、中等发达村、欠发达村、落后村;基于发展阶段可分为移民村(新建村)、扩展村(发展村)、空心村(衰落村);基于城乡关系视角可分为城中村、城郊村、农地村;基于产业结构特征可分为农业村、工业村、旅游村等[101]。本节重点探讨基于地形地貌、城乡关系、经济发展水平视角的不同聚居类型,依据不同的乡村聚居地域差异影响因素,探讨长江中游地区乡村聚居空间特征。

表3-6　长江中游地区乡村聚居的类型分类

——	聚居类型
地形地貌	山地型、平原型、丘陵型
经济发展水平	发达型、中等发达型、欠发达型、落后型
发展阶段	移民村(新建)型、扩展村(发展)型、空心村(衰落)型
城乡关系	城中村、城郊村、农地村
产业结构	农业型、工业型、工农型、旅游型、综合型

资料来源:曾山山. 我国中部地区农村聚居地域差异与影响因素研究[D]. 长沙:湖南师范大学,2011.

1) 聚居空间特征的地域差异

(1)以自然环境影响为主导的乡村聚居空间形态

地形、气候、水文、地质、土壤等自然生态因子对乡村聚居地域差异性形成的影响是最直接的,其作用也是基础性的。这种影响主要表现在聚落选址、聚居规模与空间形态等方面。根据全国第六次人口普查(2010年)、全国第二次农业普查数据,长江中游(湘鄂赣)乡村地区乡村基本情况如表 3-7 所示,长江中游地区有近 9 万个自然村落,其中平原村、丘陵村、山地村分别占 15%、55%、30%。基于地形地貌对农村聚居类型分类,长江中游地区丘陵型村庄占比最大,其次为山地型、平原型。

表 3-7　长江中游地区与全国乡村基本情况对比

——	农村人口（万人）	村委会数量（个）	自然村数量			
			平原村（个）	丘陵村（个）	山地村（个）	合计（个）
湖北省	3 089	26 051	8 123	10 437	8 192	26 752
湖南省	3 639	47 200	3 335	27 723	13 960	45 018
江西省	2 518	17 227	1 754	11 029	4 647	17 430
合计	9 246	90 478	13 212	49 189	26 799	89 200
全国	71 288	624 630	242 474	197 439	196 785	3 297 189

资料来源：全国第六次人口普查(2010),全国第二次农业普查(2010)。

在典型样本空间分析的基础上,研究者借助谷歌地球(Google Earth)平台,利用样带遥感影像截图以及新乡、武汉、九江、益阳、岳阳、怀化、衡阳等地市的抽样实地调研结果,曾山山梳理了样带区乡村聚居的几种典型平面形态以及特征(表 3-8)[101]。

表 3-8　长江中游地区几种典型的乡村聚居平面空间形态

主要形式		图底关系示意	遥感影像	实景照片	在样带范围内主要分布地区	主要特征
团块型	块状式				豫东、晋南、晋中等地的平原、盆地	聚居规模大、布局紧凑、聚落边界明显,内部分工较明确
	团状式				皖南、赣北的徽州地区以及湘南、赣南丘陵地区	聚居历史长,规模大、布局紧凑、聚落边界明显,内部联系紧密且功能结构明确

（续表）

主要形式		图底关系示意	遥感影像	实景照片	在样带范围内主要分布地区	主要特征
条块型	一字式				长江中游平原以及江淮地区	规模较小、布局紧凑、沿主河道与交通线扩展延伸、联系不便
	井字式（棋盘式）				长江中游平原以及江淮地区	规模较小、布局较紧凑、沿沟渠或河道等扩展延伸
	干枝式				洞庭湖平原以及豫西、晋西、鄂西、湘西等高原与山地麓谷地带	规模较小、布局较分散、沿沟渠或麓谷扩展，内部构成均质化
	弧线式				湘南丘陵以及湘西山地麓谷地带	规模小、沿麓谷扩展延伸，布局松散、内部构成均质化、聚落边界模糊
点簇型	星簇式				湘南丘陵地区	均质化的组团式结构，但布局松散，聚落边界模糊，内部分工不明确
	满天星式				湘西山区以及湘南丘陵地区	密度小、布局高度离散，内部构成均质化、聚落边界模糊

资料来源：曾山山. 我国中部地区农村聚居地域差异与影响因素研究[D]. 长沙：湖南师范大学，2011.

（2）以经济与技术发展影响为主导的乡村聚居空间形态

根据全国人居环境抽样实地调研结果，选取湖北省、湖南省、江西省典型村庄，梳理了长江中游地区乡村聚居的集中典型平面形态以及特征之后，课题组发现，在以地形、地貌等自然生态因子为主要影响因素的前提下，部分乡村聚居空间形态受到经济技术发展的影响。

① 现代乡村经济转型

在社会经济水平较低的发展阶段，农户居住空间分布受自然环境的制约非常明显,通常农户接近农田居住,居住空间分布呈分散趋势,居民点规模小而且分布稀疏。随着生产力的提高,农户对其居住空间位置的选择不再单纯依赖农业土地资源,应用农业新技术和采用机械自动化生产手段,有利于发展集约经营和非农产业,农户生产活动空间扩大,但农户居住空间分布趋于密集。乡村经济产业化与规模化经营,客观要求乡村居住集中化,经济结构的非农化促进聚居功能的多元化与居住群体的异质化[102]。

②综合交通道路

随着乡村经济由单一化向多元化方向发展,居民点之间的相互沟通也成为影响乡村经济和生活质量的重要因素。农村人流、物流在居民点之间顺利、方便流通的要求使农户居住空间逐步表现出沿交通线发展的分布模式(图 3-21)。现代乡村聚居建设与发展的一个重要趋势,便是对交通干道的自主趋向性。居住空间功能也从单纯的居住功能向生产、消费、休闲的综合型、多功能的方向转变。

(a) 武汉市黄陂区祁家湾街道四新村　　　　　(b) 武汉市黄陂区祁家湾街道土庙村

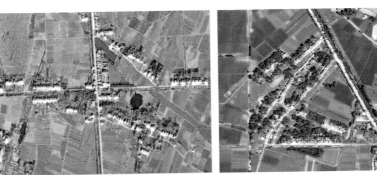

(c) 荆州市监利县上车湾镇师桥村　　　　　(d) 武汉市黄陂区武湖街道张湾村

图 3-21　调研乡村居民点沿交通线发展

③ 城镇化与城乡一体化

城乡一体化与城乡统筹发展的时代背景下,乡村不再被排除在城市之外,城镇化进程中,随着城乡人口、资金、信息、技术、文化等类要素流通的日益频繁,城镇化成为乡村现代化与产业经济转型的重要驱动因素,冲击着传统乡村居住与生活方式[103-104]。在城乡接合部,随着中心城市功能空间的不断扩张,工业、住宅等功能用地从市区向外围转移,城乡交界处的大量土地被征用为产业园区、工业园区等城镇功能用地。在距离城镇越近的区域,乡村居民点用地节约化、集约化发展趋势越明显,居民点扩张的规模与速度也会相应受到限制。在城镇近郊交通便利的地区,乡村居民点的人口流动和经济活动规模处于发展的高峰,表现出了与城镇居民点相融合的发展趋势。在城镇辐射影响较弱的远郊地区,受城乡二元经济体制、现有农村土地利用制度以及传统农户居住观念的影响,居民点的外延粗放式扩张特征仍表现得相对明显(图 3-22)。

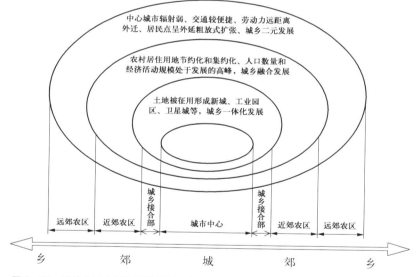

图 3-22 城镇化对乡村聚居地域差异的影响
资料来源:曾山山. 我国中部地区农村聚居地域差异与影响因素研究[D]. 长沙:湖南师范大学,2011.

以湖北省武汉市东西湖区汉宜村(图 3-23)、仙桃市彭场镇中岭村(图 3-24)为例,两个村庄分别距离武汉市市中心 30 千米左右,距离彭场镇 2 千米左右。基于谷歌地球卫星图,可以明显看出村庄内大量土地为厂房建筑,部分居住建筑呈现出城市居住区的行列式布局形态。汉宜村、中岭村受城镇化与城乡一体化的影响都较大。

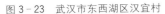

图 3-23　武汉市东西湖区汉宜村　　　　图 3-24　仙桃市彭场镇中岭村

（3）以政策与制度调控影响为主导的乡村聚居空间形态

在城乡统筹发展的大背景下，借助"三农"新政策和新一轮制度创新的动力，新农村规划与建设、农村土地综合整治、土地流转、城乡建设用地增减挂钩、新一轮大规模水利建设等社会制度与政策对乡村聚居的影响日益凸现。政策制度可以通过直接的行政机制作用，影响聚居空间分布格局、公共产品供给，也可以间接作用于农户行为主体，规范其聚居建设行为。乡村聚居的空间形态受社会制度与政策影响显著，其中农村土地利用制度、新农村规划建设原则和标准、水土保持和国土空间整治技术等对乡村聚居环境的影响最为深刻。

以武汉市黄陂区武湖街道下畈中心村庄为例（图 3-25、图 3-26），其占地178 亩，是武湖新农村还建点之一。2008 年，武湖街道按照"政府主导、农户参与、企业运作"的思路，引进武汉中正房地产公司对其进行开发建设，2011 年建成并交付使用。下畈中心村建筑面积 13.2 万平方米，楼层为 4～6 层，白墙青瓦，徽派风格，村内住有 1 112 户，3 610 人。自开展全省"宜居村庄"示范项目创建以来，该村全力推进基础设施建设，建有中心绿化广场、党员群众服务中心、社区服务站、文娱活动中心，入口处建有小学和幼儿园，便民超市、卫生室、计生服务站、警务室、城管物业室、远教剧场等设施已基本配套完善。依托汉口北市场、武湖工业园、台湾农民创业园，积极开展"市场开业、农工就业"。截至 2016 年，下畈中心村已有

90%的农工成为产业工人,2011年人均纯收入为1.4万元,高出全街平均水平700元。全村受到新农村建设的政策影响,其居住形态、村庄功能都发生了巨大的改变。

图3-25　武汉市黄陂区武湖街道下畈中心村湾

图3-26　武汉市黄陂区武湖街道下畈中心村村庄居住建筑

2) 乡村住房的地域差异

　　人均居住面积、住房结构、住宅类型等住房指标能直观体现聚居质量的高低。根据第二次全国农业普查的结果,就户均拥有的住宅面积而言,湖北、湖南、江西三省该指标超过140平方米,高于全国平均水平(127.7平方米)。就人均拥有住宅面积而言,主要呈现出与经济发展水平以及城镇化水平一致的梯度规律:第一梯度为经济发展水平与城镇化水平高的省会及周边地市,如武汉、长沙、株洲、南昌等,人均拥有住宅面积超过50平方米;第二梯度为省会城市周边经济发展水平较高的城市,如岳阳、新余等,人均住宅面积在40~50平方米;第三梯度即距离省会较远、经济发展与城镇化水平较低的地市,如郴州等地级市,人均住宅面积在35平方米以下。地理位置靠北的住宅结构以砖木、砖混为主,造型与立面设计强调厚重、朴实,材料以砖、石为主;而南方地区的住宅强调清新通透,室内多为浅色(图3-27),材料用的多是涂料、木结构、仿木结构、钢结构等。

图 3-27　湖北省乡村住房立面多为浅色

3) 村庄居住建筑形态

（1）单元式、公寓式

单元式及公寓式住宅为近年来新兴的农房类型。部分开展新农村建设的村庄,或有房地产企业投资的村庄,通过集中布局规划,居民建筑风格统一,户型统一,排列整齐,井然有序,在空间上反映出经过规划之后的严谨(图 3-28)。

（2）宅前院落式

宅前院落式为目前村庄中最普遍的建筑形态。大多村民建立的独立楼房与道路留出一定距离,形成前坪,用以停放机动车、晒谷物、休闲等。部分居民点的前坪会用来种植(图 3-29)。

（3）并联式

并联式住房为村内街道旁出现的较为整齐的居住建筑。居住建筑单体形式

（a）长阳县龙舟坪镇龙舟坪村　　　　　　（b）黄陂区武湖街道下畈中心村

图 3-28　单元式、公寓式住房

　　（a）长阳县磨市镇乌钵池村　　　　　　　　（b）长阳县榔坪镇马坪村

图 3-29　宅前院落式住房

相似，联排布置，形成居住组团，多出现在平原村庄内，建筑前对道路有适当退让，供村民使用（图 3-30）。

（4）围合院落式

围合院落式多出现在村中年代久远的建筑单体中，也有部分条件较好的居住建筑单体在场地允许的情况下，与几个建筑围合形成一个半围合院落空间。乡村居住空间中的院落空间有相当多的作用，如停车、晒谷等（图 3-31）。

（5）建筑内部

经济基础较好的家庭，居住建筑内部会有瓷砖铺装、墙面装饰、门窗装饰（铝合金等），较为现代化。条件一般的家庭大多都是水泥铺地，还有木框门窗等简单装饰（图 3-32）。

（a）监利县新沟镇横台村　　　　　　　　（b）监利县新沟镇向阳村

图 3 - 30　并联式住房

（a）长阳县榔坪镇马坪村　　　　　　　　（b）罗田县白莲河乡香木河村

图 3 - 31　围合院落式住房

图 3 - 32　武汉市黄陂区武湖街道张湾村

受地域文化和民俗的影响,同一村庄或地理区位较为接近的村庄,建筑内部装饰趋同,包括装饰风格、布局。例如黄冈市罗田县白莲河乡香木河村,每个家庭的大厅布局十分相似(图3-33)。

图3-33 黄冈市罗田县白莲河乡香木河村不同经济条件的家庭内部装饰

4)总结

我国长江中游地区乡村聚居地域差异包括地域现状差异与地域趋势差异,主要表现为山区—丘陵—平原、发达—中等发达—欠发达—落后、近郊—远郊—偏远农区三种地域差异模式。乡村聚居系统现状与趋势地域差异的形成是自然环境与地域文化基底、经济与技术发展、政策与制度调控三大影响系统综合作用的结果。

我国长江中游地区乡村聚居地域现状差异主要包括以下几个方面:一是乡村聚居空间特征主要呈现山区—丘陵—平原地域差异。山区乡村聚居空间分布离散度高、密度大,形态以点状和点簇、弧线式为主;平原地区乡村聚居聚集度高、密度小,形态以团块、条块状为主;丘陵地区乡村聚居较分散、密度大,形态以干枝式、弧线式为主,分布具有明显的公路、河道以及山麓线指向性。二是乡村聚居住房条件、基础与社会公共服务设施水平主要呈现发达—中等发达—欠发达—落后地区差异,发达农区住房、道路等方面的供给水平均高于欠发达与落后农区。三是聚居群体生活形态与社会结构主要呈现近郊—远郊—偏远农区地域差异。近郊区群体生产生活方式现代化、城市化,家庭结构小型化、人际关系理性化趋势明显;远郊区群体生产生活方式城乡过渡、社会结构流动、分化特征明显;偏远农区群体生产生活方式传统保守,家庭结构规模偏大,人际关系以血缘、姻亲为主。

3.3.3　乡村基础设施

近几年,社会主义新农村建设使我国乡村基础设施得到了完善,但大部分地区基础设施仍然滞后,成为制约"三农"发展的瓶颈。基于此,对长江中游地区的整体及部分调研村庄的基础设施建设现状、农民对现有乡村基础设施的满意度进行分析。

1) 全国基础设施建设概况

据全国村庄调研统计(图 3 - 34),90%以上家庭通电的村庄占比接近100%,90%以上家庭有电话的村庄占比接近 90%。有线电视、垃圾收集和自来水供给达到了 70%以上的覆盖率,污水收集与处理设施是乡村建设的明显短板。

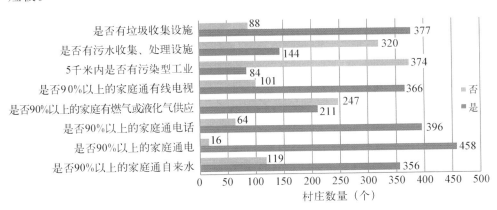

图 3 - 34　全国乡村基础设施建设概况

在调查的 400 多个村庄中,只有 30%左右的村庄有污水收集与处理设施,而其中一半以上无法正常运行。燃气或者液化气的覆盖率不到 50%。还有很大一部分农户主要以柴草、沼气和牛粪等为燃料。调研还发现,尽管有垃圾收集设施的村占比较高,但垃圾收集运输及经费等一系列机制尚待完善,大部分村的环境卫生状况依然不容乐观。

　　从需要加强的基础设施来看,首先是道路交通、环卫设施、污水设施,其次是给水设施和燃气设施(图3-35)。可以发现,建设的覆盖率并不等于需求的满意度。虽然80%以上的村庄都建有环卫设施,但是需求度依然很高。很多村庄虽然有垃圾箱但并不实用,比如城市里常见的道路垃圾箱被置于村庄道路旁,但很多连箱底都已不翼而飞,成为摆设。或者集中收集的垃圾池因离农户较远而导致村民仍选择乱丢乱倒等。同样,给水设施虽然覆盖率很高,但是很多村庄尤其是山区村庄实际使用的是用管道从山上引下的山泉水,夏季水源充足,秋冬季节经常断水,且水质无法保证。本书将从急需加强的基础设施如道路交通、环卫设施、污水设施、排水设施等方面来详细分析长江中游地区乡村的基础设施建设。

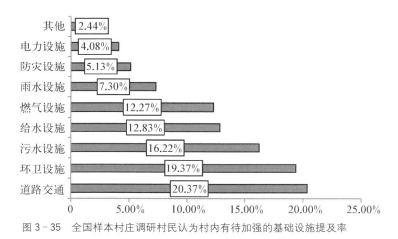

图3-35　全国样本村庄调研村民认为村内有待加强的基础设施提及率

2) 长江中游地区乡村基础设施建设概况

(1) 道路交通概况

　　调查数据显示,长江中游地区整体道路交通建设水平与全国水平相比,呈现出一定的差距。长江中游范围内所有自然村屯通村路硬化整体达到了56.55%,江西、湖南、湖北三省的数据达到了50%以上,而全国范围自然村屯通村路的硬化率为70.89%(图3-36)。乡村村内道路交通设施情况与通村路相似,即全国水平(65.82%)高于长江中游地区(49.62%),江西、湖南的数据低于50%,但湖北省的村内道路水平较高,为56.10%(图3-37)。

　　由于乡村道路建设任务庞杂,国家无法统一安排乡村道路建设的规划,乡

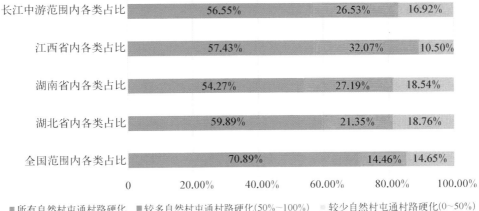

图 3-36　长江中游乡村通村路交通设施情况(2012—2013)

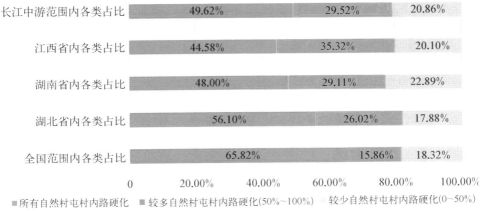

图 3-37　长江中游乡村村内道路交通设施情况(2012—2013)

村道路建设具有一定的随意性。从长江中游乡村地区照明设施方面可以看出(图 3-38),江西、湖南、湖北三省的乡村道路照明设施覆盖率仅为 8% 左右,远低于全国 32.54% 的水平,道路设施建设还处于较为初级的水平。

(2) 环卫设施建设概况

与全国范围环卫设施建设的情况相比(图 3-39),长江中游乡村农民对垃圾污水处理设施的满意度较低。据调查,全国范围内 40.56% 的乡村垃圾主要转运至城镇处理;32.22% 的乡村垃圾无集中收集,各家各户自行解决;14.29% 的垃圾通过村内简易填埋处理(无防渗漏)。长江中游地区中,湖南乡村的垃圾处理

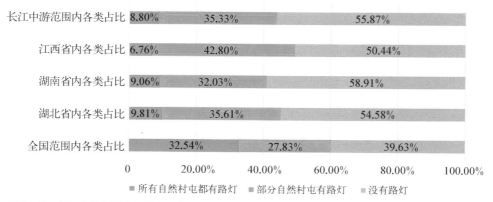

图 3-38　长江中游乡村地区照明设施配备情况(2012—2013)

情况不容乐观,接近一半的垃圾不能得到有效的处理;湖北和江西有 37% 的乡村垃圾可以转运至城镇处理。目前长江中游地区乡村生活垃圾处理面临基础设施建设不够完善,镇域生活垃圾无害化处理覆盖率低,环卫资金短缺,收运及处理体系不够完善等问题。

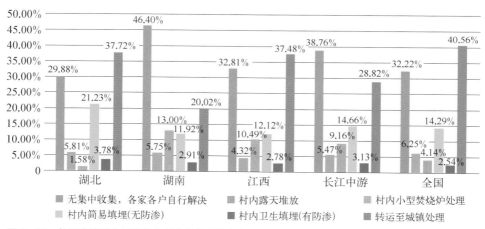

图 3-39　长江中游及全国各类乡村垃圾处理状况(2012—2013)

(3)污水处理概况

乡村污水治理对于改善乡村环境、保障乡村居民身体健康以及乡村经济健康可持续发展有着积极的意义。然而,全国乡村污水问题整体较为严重,工业废水的随意排放以及农民在生产生活中制造污水成为乡村水污染的重要原因。从全国情况来看,没有相关污水处理设施的乡村比例高达 80% 以上。而长江中游地区的污水处理情况几乎与全国水平持平,部分数据有浮动(图 3-40)。排水设施方面(图 3-41),全国无任何排水设施的自然村屯数量达到 62.62%,长江中游地区比例稍大,为 67.11%,其中湖南省的情况最不乐观,为 74.43%,紧接着是湖北省和江西省,比例分别为 60.14% 和 59.30%。乡村污水处理基础设施不足是制约乡村污水治理的重要因素,应完善农村污水处理设施,及时有效地处理乡村污水。

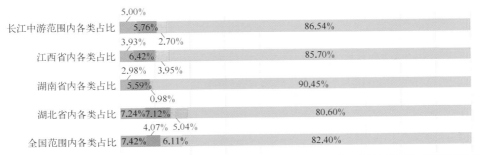

图 3-40　长江中游乡村污水处理情况(2012—2013)

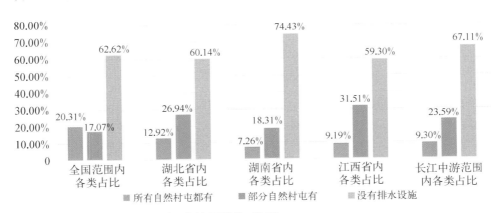

图 3-41　长江中游乡村排水设施配备情况(2012—2013)

3) 湖北省基础设施建设概况

湖北省调研村庄的基础设施建设状况与全国水平几乎持平,整体趋势相似,个别存在细微差距。调研村庄中,90% 以上家庭通电的村庄占比为 100%,90% 以上家庭通自来水的村庄和有垃圾收集设施的村庄占比接近 90%,90% 以上家庭有电话的村庄占比超过 80%,90% 以上的家庭通有线电视的村庄占比超过 65%,污水收集与处理设施、燃气液化气是湖北乡村建设的明显短板(图 3-42)。

虽然调查样本较少,但一定程度上也反映了部分问题。在调查的 47 个村庄中只有 40％左右的村庄有污水收集与处理设施,而其中一半以上无法正常运行。燃气或者液化气的覆盖率不到 50％。有很大一部分农户主要以柴草、沼气和牛粪等为燃料。同时,与全国总体状况相似,尽管有垃圾收集设施的村占比较高,但垃圾收集运输及经费等一系列机制尚待完善,大部分村的环境卫生状况依然不容乐观。

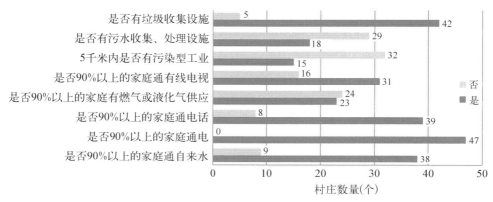

图 3-42　湖北省调研村庄基础设施概况

从湖北省需要加强的基础设施来看(图 3-43),总体而言,湖北省农民对乡村各类基础设施的满意度偏低,比例基本在 20％以下;具体而言,湖北省农民对所调查的九类乡村基础设施的满意度由低到高依次为:道路交通、环卫设施、污

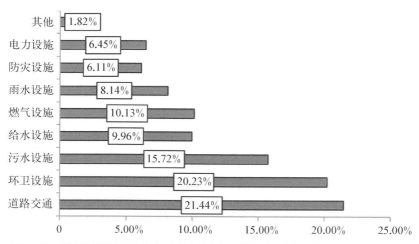

图 3-43　湖北省调研村庄村民认为村里有待加强的基础设施提及率

水设施、燃气设施、给水设施、雨水设施、电力设施、防灾设施、其他。道路交通设施的需求度最高,同时虽然 90％以上的村庄都建有环卫设施,但是需求度依然很高。污水、燃气设施的需求度也相当高,与全国的基本情况类似。

湖北省大部分村庄的道路等级分类及其尺度趋同。部分中心村或原先为中心村的村庄道路尺度、设施会更趋向城市化。村庄道路等级分为省道、县道、乡道、湾道。其道路宽度分别为 14 米、8 米、6 米、4 米左右。省道、县道等会有人行道、道路绿化等设施,但是几乎没有停车设施,车都停在自家院落中。村庄内部道路都为水泥道路,无道路中心线等道路标识设施(图 3－44,图 3－45)。目前乡村道路建设由于未纳入国家统一规划,缺乏具有操作性的政策法规支持,存在等级偏低、修筑不合理等问题,并且大多数的乡村修建公路都使用水泥路面,造价较高、不易维修,道路存在裂痕、变形等问题,乡村道路质量堪忧。

图 3－44 武汉市黄陂区祁家湾街道四新村道路分析

图 3－45 武汉市黄陂区祁家湾街道土庙村道路分析

湖北省调研村庄中,设施较好的村庄生活垃圾按照"户分类、组保洁、村收集、镇转运、区处理"的流程进行垃圾分类处理,每隔 50 米有个垃圾桶

（图 3-46）。虽然 80％以上的村庄都建有环卫设施，但是需求度依然很高，多数村庄虽然有垃圾箱但并不实用且较为脏乱差。

图 3-46 仙桃市彭场镇挖沟村垃圾收集点

近些年随着乡村经济的发展，村镇生活垃圾总量增长较快，垃圾成分也变得复杂，加上城市污染逐步转移向村镇，村镇环境面临着相当大的考验。湖北省村镇普遍存在缺少生活垃圾处理设施，垃圾回收及处理不及时，收运及处理体系不健全的问题，村镇环境及生态安全面临严重威胁。根据调查，湖北省正在推广"户分类、组保洁、村处理"及"户分类、组保洁、村收集、镇转运、集中处理"两种村镇生活垃圾处理模式，希望以此有效地提高村镇生活垃圾处理效率，建立科学的城乡垃圾处理体系，实现改善乡村人居环境，推动生态文明建设的目标。

湖北省调研村庄中，村庄污水大多是随意排放到河流里，没有统一的排放设施。部分村庄会进行简单的污水排放处理，但是依然处于原始阶段。例如，武汉市黄陂区祁家湾街道王棚村中心湾（图 3-47）有简单的污水处理池，生活用水进入明渠，通过砂石净化简单过滤后，排到附近水体。《湖北省"十一五"社会主义

图 3-47 武汉市黄陂区祁家湾街道王棚村简易污水处理设施

新农村建设规划实施纲要》提出，全面展开以"六改五通"（改路、改水、改厕、改厨、改圈、改垃圾堆放，通路、通电、通水、通沼气、通信息）为重点的基础设施建设。以上措施均可有效减少污水的随意排放，对于乡村水环境改善具有积极意义。

3.3.4　乡村公共服务设施

1) 全国乡村公共服务设施建设概况

近年来乡村的公共服务建设呈现加速之势（图 3 - 48）。全国调查村庄中卫生室和图书馆覆盖率达到 90% 以上，娱乐活动设施和公共活动空间的建设也越来越普及，覆盖率达到 70% 以上。老年活动中心和镇村公交建设相比于其他项目显得滞后。从最需要的公共服务设施来看（图 3 - 49），首先是对文化娱乐设施和体育设施的需求，这与乡村日益增长的生活水平、逐步提高的精神生活要求有关；其次是卫生室、养老服务、幼儿园；再次是公园绿化、商业零售和小学。小学对于乡村，尤其是偏远地区或者山区乡村而言具有很重要的作用。调研发现，小学撤并之后，上学距离变远，小学生从一年级开始就要住校，一些偏远地区或者山区乡村的小学生已经有辍学现象。

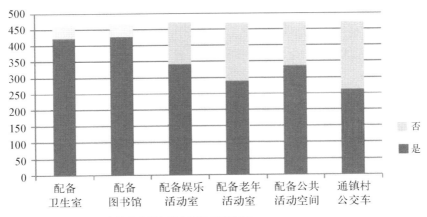

图 3 - 48　全国调研乡村公共服务设施配备概况（个）

2) 长江中游地区乡村公共服务设施建设概况

目前长江中游地区乡村基础设施建设中的乡村交通、电力、通信等方面虽然

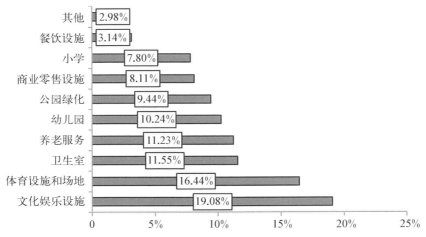

图 3-49　全国调研村庄村民认为村内有待加强的公共设施提及率

取得了很大的成绩,但公共服务设施建设中的文化体育、养老服务等方面供给严
重不足,且供给质量较低。本部分从需要加强的公共设施如文化娱乐设施、体育
设施和场地、卫生室、养老服务设施等方面来详细分析长江中游地区的基础设施
建设。

　　长江中游地区乡村文化娱乐和体育设施的建设起步相对较晚,主要以建
设为主,管理运营上缺乏重视,导致使用率低、设备老化等。长江中游乡村的
公共活动场所配置比例在 60% 左右,稍落后于全国,其中湖南最不乐观,比例
为 57.4%(图 3-50)。通过调研发现:图书馆、娱乐室、老年活动中心、活动广
场等文化娱乐和体育设施,大多配置在村委会,但设施空置,缺乏维护,使用率
非常低(图 3-51、图 3-52)。

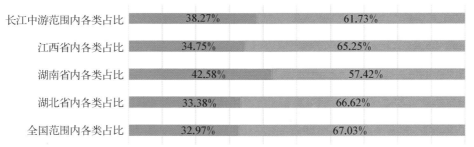

图 3-50　长江中游乡村公共活动场所情况(2012—2013)

图 3-51　武汉市黄陂区祁家湾街道四新村文化体育设施

图 3-52　仙桃市长埫口镇林湾村文化体育设施

近年来,随着乡村基层卫生服务体系的建设和投入得到加强,乡村公共服务设施状况也得到了极大改善。据调查,乡村都配备有卫生室,平均配备 1～2 名医护人员、2 个床位,有适量的药品供应。卫生室的使用率在所有公共服务设施中相对较高,满意度也不错。一些区域的村民反映卫生室的医疗成本比较高,因此与镇区联系方便的村庄居民都会去镇上看病。例如,黄陂区祁家湾街道送店村(图 3-53)设有 1 个卫生室,位于村委,配备 2 名卫生员、1 张床位及简易的医疗设备,储备了基础药物,为全村提供医疗卫生服务。按照村民需要,卫生员可上门提供服务。由于医疗条件简陋,卫生室使用度不高。黄陂区祁家湾街道王棚村(图 3-54)设有 1 个卫生室,位于村委会北楼,配备 2 名卫生员——1 名中医、1 名西医,2 张床位及简易的医疗设备,为全村提供医疗卫生服务。按照村民需要,卫生员可上门提供

图 3-53　武汉市黄陂区祁家湾街道送店村村庄医疗卫生服务设施

服务。卫生室整体条件较好,每天都会有 4～5 名病人来卫生室就医。但是很多村民反映卫生室补贴不到位,医疗成本较高。

图 3-54　武汉市黄陂区祁家湾街道王棚村医疗卫生服务设施

　　湖北省调查村庄中卫生室和图书馆覆盖率达 90%(图 3-55)。娱乐活动设施和公共活动空间覆盖率仅为 50% 左右,其中娱乐活动室情况稍好,接近 60%。相比其他项目,老年活动中心和镇村公交建设显得滞后。湖北省调研村庄公共服务设施配备情况总体趋势与全国情况相同,但是娱乐活动室、老年活动室等公共活动空间的配备情况与全国相比稍显落后。从最需要的公共服务设施来看,湖北省乡村的体育设施和文化娱乐设施需求最高,这与乡村日益提高的生活水平、逐步提高的精神生活要求有关。其次是养老服务、卫生室、小学、幼儿园,再次是公园绿化、商业零售和餐饮设施。湖北省调研村庄对小学、养老服务设施的需求较为突出(图 3-56)。

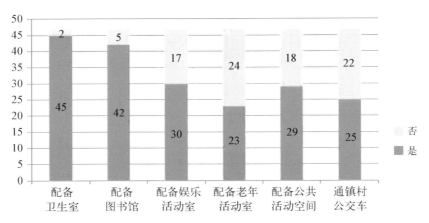

图 3-55　湖北省调研村庄公共服务设施概况(个)

　　湖北省商业设施方面,条件较差的村庄,一般只有一个小卖部,售卖少量零食及生活必需品(图 3-57);部分条件较好的村庄,村中的商业形式丰富,商品供

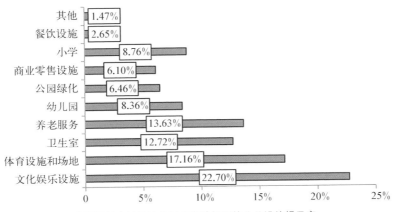

图 3-56　湖北省调研村庄村民认为村内有待加强的公共设施提及率

应多样,且零售商铺规模相对较大。从老年活动中心建设来看,还有相当一部分村庄没有建设老年活动中心。在已建设老年活动中心的村庄,对活动中心满意的人数比例不到一半,各有接近 1/3 的村民不常去或者不知道老年活动中心或者觉得一般,这说明老年活动中心的建设不如人意。从教育设施来看,乡村几乎都不设

图 3-57　仙桃市彭场镇大岭村商业设施

置幼儿园、小学、中学等学校。村民子女都去镇区上学,并且部分有镇区校车接送,非常方便。村民对教育设施满意度也较高,并认为没有必要在村内设置小学等,镇区教育设施好且通行方便。

3.3.5　乡村产业发展

1) 经济状况

国家统计局资料显示,长江中游地区乡村经济发展在全国位于中游水平,其中湖北省农民人均纯收入 12 725 元,名列第 10,高于全国水平;而江西省和湖南省分列第 11 和第 13,低于全国水平,处于相对靠后的位置。

　　为了反映长江中游地区内部不同村庄经济发展水平的差异,笔者基于湖北省内调查数据,对调查范围内的村民收入进行了调查,按照人均 GDP,对村庄的发达程度进行评价,得到以下划分标准:将人均 GDP 大于 12 860 元的村庄作为"发达村庄";将人均 GDP 小于 12 860 元、大于 6 924 元的村庄作为"中等发达村庄";将人均 GDP 小于 6 924 元、大于 4 946 元的村庄作为"欠发达村庄";将人均 GDP 小于 4 946 元的村庄作为"落后村庄"(图 3 - 58)。

(a) 发达村庄(罗田县九资河镇徐凤冲村)

(b) 中等村庄(仙桃市张沟镇联潭村)

(c) 欠发达村庄(监利县新沟镇横台村)

(d) 落后村庄(长阳县榔坪镇乐园村)

图 3 - 58　不同经济发展程度的村庄代表

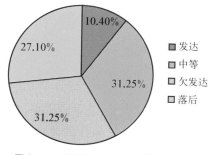

图 3 - 59　调研村庄经济发展状况分布

　　分析结果(图 3 - 59)显示,目前调查范围内处于发达水平的村庄较少,总计 5 个,占村庄总数的 10.4%;中等发达水平村庄和欠发达水平村庄数量均为 15 个,各占村庄总数的 31.25%;另有一大部分村庄处于落后水平,村庄数量为 13 个,占村庄总数的 27.10%。也就是说,所选样本中仍有一大部分村庄急需产业调整以带动经济发展。

结合全国其他省(自治区、直辖市)的数据(图 3-60),同西部的青海省,西南部的云南省、贵州省相比较,湖北省村庄发展水平略高于前三者;湖北省发展程度与辽宁省基本持平,但仍然落后于四川省、广东省和陕西省,更远落后于江苏省、上海市这一类现代化地区的村庄。可以看出,湖北省仍然处在发展阶段,需要不断深化改革促进发展,才能带动省内乡村的发展水平。

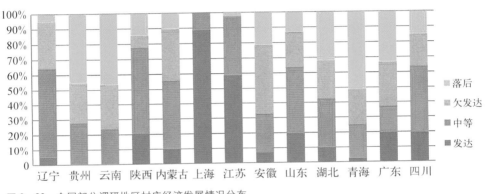

图 3-60　全国部分调研地区村庄经济发展情况分布

2) 产业类型

产业类型方面,笔者汇总了调查范围内所有村庄的农业和非农业产业发展状况。

(1) 农业产业类型

调查范围内大部分村庄的农业类型仍然以种植业为主,部分村庄已经开始发展渔业、养殖业(图 3-61)。与全国水平相比(图 3-62),湖北省渔业、养殖业作为村庄主导产业所占的比重较大,这也是湖北位于长江中游地区,水系密布的天然优势所在,应对其产业发展和产业优化给予一定的重视,在注意保护自然条件的情况下,进一步发挥其优势。

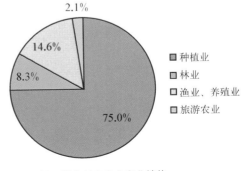

图 3-61　样本村庄农业产业结构

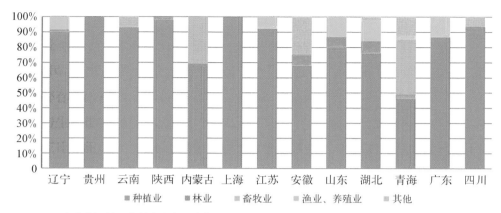

图 3-62　部分调研地区乡村农业产业分布

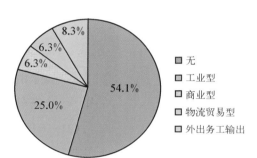

图 3-63　样本村庄非农产业分布情况

（2）非农产业类型

调研区内有约 1/2 的村庄不存在非农业产业（图 3-63），还有约 1/4 的村庄存在以工业为主的非农产业结构（图 3-64），以务工输出为主的村庄也占一部分比例，相对而言所占比重不高。但由于农业机械化、自动化程度不断提高，大部分村庄存在劳动力外流状况，需针对村庄空心化现象探讨对策。

食品加工业

商业

物流贸易

图 3-64　调研村的非农产业

3）产业结构分析

基于以上的数据，笔者对所有调查村庄的三产状况进行了统计。可以看出调查范围内所有村庄均存在第一产业，且大多为主导产业类型；拥有第二产业和第三产业的村庄数量分别为村庄总数的 1/3 和 1/4，部分村庄发展良好，但相比于第一产业,发展比较缓慢。

　　江汉平原水文条件优越,一直是重要的粮食产区。且通过之前的数据可以看出,湖北省内渔业、养殖业发展位于全国前列,总体而言,湖北省第一产业发展情况良好。一部分村庄已经将第二产业作为主导产业进行发展,第二产业的发展对于当地村庄的建设起到了关键作用。一部分村庄存在第三产业,主要以农家乐结合当地旅游资源的形式展开,但受村庄本身环境情况限制,第三产业发展程度普遍不高,急需进行正确的引导和扶持以帮助其形成和发展。

　　结合湖北省的全省产业发展状况来看,2012—2016 年湖北省一直在进行产业结构调整和优化,注重和培养第三产业。2016 年湖北省第一产业实现增加值3 499.3 亿元,增长 3.9%;第二产业实现增加值 14 375.13 亿元,增长 7.8%;第三产业实现增加值 14 423.48 亿元,增长 9.5%[①]。结合这五年的数据(图 3 - 65)来看,第二产业的增速正在逐年下降,而第三产业的增速一直维持在较高水平,出现以第三产业为首的新的经济增长点。旅游服务也将逐渐成为经济发展的重要支撑点。

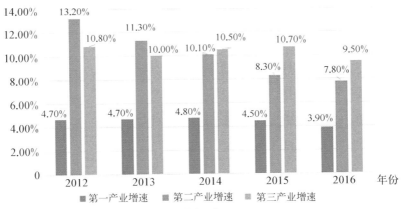

图 3 - 65　2012—2016 年湖北省三产增速示意图

　　同时,湖北省的三产占比,由 2012 年的 12.8∶50.3∶36.9,逐步调整为 2013年的 12.6∶49.3∶38.1,2014 年的 11.6∶46.9∶41.5,2015 年 11.2∶45.7∶43.1,直至 2016 年 10.8∶44.5∶44.7(图 3 - 66)[②]。第一产业、第二产业的占比逐年下

---

①　数据来源:http://www.hb.xinhuanet.com/2017 - 01 - 21/c_1120355874.htm. 2017 - 01 - 21,最后访问时间:2017 - 05 - 06。

②　数据来源:http://news.cnhubei.com/xw/2017zt/hbslh/201701/t3777269.shtml. 2012 - 01 - 20,最后访问时间:2017 - 05 - 06。

降,第三产业占比逐年上升,于 2016 年以 0.2 个百分点的微弱优势"险胜"第二产业。由此可见,第三产业作为湖北省新的产业发展方向,在"新常态"下,具有蓬勃的生命力。

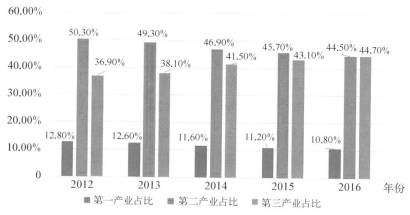

图 3-66　2012—2016 年湖北省三产占比示意图

事实上,长江中游三省,包括湖北省、湖南省以及江西省都在进行产业优化调整,且第三产业的比重都在不断增加。2015 年湖南省第三产业的发展已经超过第二产业,第三产业占全省 GDP 的比重达 43.9%,高出第二产业 3.8 个百分点,以互联网、软件和信息服务业为主的业务量增长均在 30% 以上①。相邻的江西省第一、二、三产业的比例由 2015 年的 10.6:50.3:39.1 调整为 10.4:49.2:40.4(2016 年),其中第三产业增速达到了 11%,位于江西省当年三产之首,高出第二产业 2.5 个百分点②。

就全国范围内而言,2015 年受经济大环境的影响,第二产业的下滑速度大幅增加,相反第三产业的增速不断提高,到 2016 年,全年国内生产总值 744 127 亿元,比上年增长 6.7%。其中,第一产业增加值 63 671 亿元,增长 3.3%;第二产业增加值 296 236 亿元,增长 6.1%;第三产业增加值 384 221 亿元,增长 7.8%。第一产业增加值占国内生产总值的比重为 8.6%,第二产业增加值比重为 39.8%,第三产业增加值比重为 51.6%,比上年提高 1.4 个百分点。由此可以看出湖北省

①　数据来源:http://hunan.voc.com.cn/xhn/article/201602/201602011439561620.html.2016-02-01,最后访问时间:2017 年 5 月 6 日。

②　数据来源:http://www.mnw.cn/news/china/1564531.html.2017-01-24,最后访问时间:2017 年 5 月 6 日。

产业转型是基于目前的经济形势,顺应全国趋势,谋求经济长远发展的必然举措。

3.3.6　乡村景观

乡村景观是世界范围内较早出现并分布最广的一种景观类型。由于乡村以农业生产为主,而农业生产是经济再生产和自然再生产相互交错的过程,因此,乡村景观预示着自然景观向人工景观过渡的不断变化的趋势[105]。从概念上讲,乡村景观是介于自然景观和城镇景观之间的具有独特人地作用方式、依存关系和生产、生活行为特征的景观类型[106]。从构成上来说,乡村景观可分为物质景观和非物质景观,物质景观主要分为自然景观与人文景观,非物质景观主要包括民间风俗与文化等。本节主要探讨物质景观的部分,非物质部分将在 3.4 节的乡村社会文化环境中呈现。物质景观部分的乡村景观是由自然要素和人文要素综合构成的,自然与人类活动之间长期的相互作用形成了独特的乡村景观,也就决定了其是以自然景观为基础,以人文因素为主导的人类文化与自然环境相结合的景观综合体。

1) 长江中游地区乡村景观概况

根据乡村景观的构成,笔者从自然环境要素、人文景观要素两方面出发,对乡村景观进行分析。由于乡村景观是一个持续发展的过程,乡村的人文景观也需要按历时性分为历史景观和现代景观。自然景观和历史景观是体现乡村地域美学的重要资源,自然田园风光是乡村景观最主要的构成[107]。

（1）乡村景观的自然环境要素

乡村景观的自然环境要素主要包括气象、山水、动植物等,它们的有机结合构成了自然环境的综合体。长江中游地区地理大势呈向北开口的 U 形半盆地形态,以平原地貌为主,兼有丘陵、山地特征;水系相当发达,河流纵横,湖泊星罗棋布,如江汉湖群有大小湖泊 600 多个,其中湖面在 100 平方千米以上者就有 21 个。依托区域内盆地东、南、西缘的幕阜山、罗霄山、武陵山、神农架、大洪山等山脉及长江中游洞庭湖、鄱阳湖等河湖水系湿地的乡村,拥有良好的山水景观基底,且自然资源丰富。例如宜昌市长阳县的部分村庄、荆州市监利县的部分村庄（图 3 - 67）。

(a) 宜昌市长阳县
龙舟坪镇两河口村

(b) 宜昌市长阳县
榔坪镇关口垭村

(c) 宜昌市长阳县
榔坪镇关口垭村

(d) 荆州市监利县
上车湾镇任铺村

图 3-67　自然景观丰富的村庄

（2）乡村景观的人文景观要素

乡村景观的人文景观要素主要是指人类在改造自然过程中，为满足自身的需要，通过改造自然景观要素所产生的半自然半人工景观，或在自然景观基础上建造的人工景观。人文景观主要包括乡村聚落景观和生产性景观，按照功能可划分为建筑、交通道路、农业景观、水利灌溉设施等。

乡村拥有丰富的历史人文景观。首先，长江中游乡村聚落景观体系大致可分为三大区系：徽赣村居文化体系、湖湘村居文化体系、荆楚村居文化体系。其中，徽赣村居文化体系包括徽派村居和客家围龙屋两大类；湖湘村居文化体系包括洞湘村居和湘西村居（吊脚楼）两大类；荆楚村居文化体系包括荆沙村居（合院）和鄂西村居两大类[108]。以宜昌市长阳县榔坪镇乐园村为例，其历史人文景观非常丰富，村庄风貌保护完好，村内居民建筑较为传统，村庄保持了一种较为原始的生活方式及状态。民居建筑风貌良好，村内环境整洁，农田呈梯田状分布,极具乡村特色。同时村内有一栋保存较为完好的历史建筑(祠堂),属于村内的公共景观资源(图 3 - 68)。

(a) 宜昌市长阳县
榔坪镇关口垭村

(b) 宜昌市长阳县
榔坪镇乐园村

(c) 宜昌市长阳县
榔坪镇乐园村

(d) 宜昌市长阳县
榔坪镇乐园村

图 3 - 68 人工景观丰富的村庄

其次,从生产性景观来看,长江中游创造了丰富的农田水利景观,如两湖平原和鄱阳湖平原的垸田围垦景观、堤坝景观。这些堤坝和良田是前人为我们留下的宝贵财富,展现了各个历史时期人文景观建设成果,例如汉江堤防、荆江大堤等[108](图 3 - 69)。

图 3 - 69 汉江仙桃段农田水利景观

2）长江中游地区乡村景观的问题

（1）自然景观的现存问题

长江中游地区乡村的自然景观主要面临着雾霾、动物减少、水系污染和山体毁坏等问题，这与乡村建设紊乱密不可分。

首先，区位靠近城市的乡村受城市建设或自建工厂产生污染的影响，逐渐出现了雾霾天气。其次，调研访谈的乡村老人表示部分动植物的生存环境遭到了破坏，小时候常见的动物都已销声匿迹。再次，由于村庄污水和垃圾等的基础处理设施不足，村民的生活及生产废水、生活垃圾多直接排放到水体里，使水体混浊并充斥着河藻和垃圾，甚至发出恶臭，水体受到严重的污染（图3-70）。最后，由于规划建设紊乱，矿体开采活动形成矿坑、废弃地和裸地，隧道、高架桥和铁路穿越山体，致使山体景观遭到不同程度的破坏。

图3-70　自然景观遭到破坏、污染的村庄

（2）人文景观的现存问题

乡村人文景观面临着现代建筑景观日趋城镇化，历史景观风貌衰败消失，乡

村农田景观风貌同质化、破碎化等问题。这些问题导致乡村风貌丧失和乡村地域美学特点不够突出。

首先,乡村现代建筑景观日趋城镇化。由于规划控制不足,工厂建筑尺度过大、建筑高度逐渐攀升和建筑风格欧美化。同时,现代化农村建设无法得到有效控制,衍生出居民私搭乱建严重、卫生环境脏乱差和硬质化铺装泛滥等乱象(图 3 - 71)。其次,历史景观风貌衰败。曾经的祠堂、庙宇等祭祀性活动消失,历史建筑和场所缺乏维护,逐渐破败,甚至被破坏。最后,乡村农田景观风貌同质化和破碎化。农田种植庄稼种类的减少和无差别化使得乡村农田景观既无地域性特色也无标志性。并且,部分农田用地过于破碎化,没有得到有机整合,使得农田景观不具规模、不成系统。

长江中游地区乡村若要形成具有特色的乡村景观,上述问题亟待解决。

(a) 工厂建筑

(b) 不协调的洋房建筑

(c) 居民私搭乱建

(d) 卫生环境脏乱差

图 3 - 71　乡村现代建筑景观日趋城镇化

3.4 社会文化环境

3.4.1 乡村关系与社会资本

改革开放 40 多年,我国乡村的物质生活环境、传统农业生产生活方式发生了巨大变化,乡村原有的社会结构、社会秩序、价值观念也正在发生转变。基于传统宗族社会,以亲情、血缘、地缘、业缘关系为纽带的乡村社会正在向一种基于人与人之间的信任、网络、规范、互惠的乡村社会关系转变。然而,40 多年的市场经济发展让新的价值观念渗透到乡村的每个角落,农民从过去被土地捆绑转而走向市场;农业从过去的自然耕作走向现代农业的产业化、规模化;乡村的生产、生活日趋网络化、契约化和规范化。新时期,我们需要一个新的理论认知框架,它不再是费孝通先生在《江村经济》里描述的乡村,也有别于贺雪峰[52]在《新乡土中国》里描述的 20 世纪末的中国乡村。新时期,乡村工作者需要了解 21 世纪中国乡村社会的场域特征、价值面向和行为逻辑特征,以更好地实现我国乡村认识和建设工作的知行合一。

关系代表中国社会几千年以来一直存在的价值面向,它是基于血缘、亲情、地缘关系基础,受传统儒家伦理文化的影响深刻。人们可以通过这种"关系"进行互惠交换,交换中涉及中国社会的亲情、人情和感情,是中国人获取帮助和支持的重要资源形式(表 3-9)。

表 3-9 中国社会关系的几种分类

分类依据	类 型
按出生和血缘分	家庭关系:父母、兄弟姐妹、堂亲、表亲
	血缘关系:同宗、同族、同房
按实际属性分	同乡、同学、师生、同事、邻居、同行
按自制获得分	熟人、朋友、结义兄弟

社会资本是 20 世纪八九十年代在西方兴起的一个多学科交叉的概念和研究范式。社会资本的研究基础是公民社会,描述个体或团体之间的关联——社会网络、互惠性规范和由此产生的信任,是人们在社会结构中所处的位置给他们

带来的资源。当前国内学术界从经济、政治、文化各个社会领域对本土化的社会资本理论提出了一些探讨,虽然对于该理论在相关领域的介入是否适宜存在很多争议,但不可否认,社会资本理论所讨论的核心内涵——通过人际互动以获取收益的合作精神,追求人际和谐的最高境界,正是我国建设社会主义和谐社会的最终目标和要求(表 3 - 10)。

表 3 - 10　社会资本的定义

作　者	定　义
布尔迪厄(P. Bourdieu)	群体成员之间相联系的各种资源的总和,这种资源能帮助到群体的每个成员。(1986)
科尔曼(Coleman)	是一种规范以及有效的约束,能够制约一些行为的发生,它有助于目标的实现。(1988)
帕特南(Putnam)	是一种社会组织的特征,有助于个体或者集体间的利益协调及相互合作。它具有网络、规范以及信任等特征以及在此基础上形成的价值认同。(2000)
林南(Nan Lin)	是一种嵌入社会网络的资源,处于该网络中的个体或群体能够获取这些资源推进集体行动,这种资源必须是在网络中发挥作用,从单个个人出发形成。(2001)

不管是关系还是社会资本,其核心是研究社会纽带的联系方式。从关系到社会资本的转变,本质上讨论的是社会资源配置方式的变化,关于两者的差别,学术界一直争论不息,究其原因,两者反映的是不同场域特征下社会发展的内在运作逻辑和价值面向。这一点恰好能反映我国广大乡村新旧交替的社会发展状态(图 3 - 72)。

关于中国乡村社会资本的研究并不久远,在传统中国农业社会,关系扮演着重要角色,这也是中国学者研究社会资本的起点。费孝通先生指出,中国乡土社会以宗法群体为本位,人与人之间的关系,是以亲属关系为主轴的网络关系,是一种差序格局。国内乡村社会资本的研究虽然没使用"乡村社会资本"的概念,但对其分析发现,相关研究通过对社会资本理论框架的各个方面的研究,共同构成了我国乡村社会资本理论研究的整体。郭于华提出,传统亲情血缘关系构成了人际关系网络的基础;肖唐镖、王铭铭等在对乡村治理中权力的分配和运作的影响分析中提出了人情、互助、人缘、民间权威等研究成果,这些内容也涉及乡村社会资本的内容(图 3 - 73)。

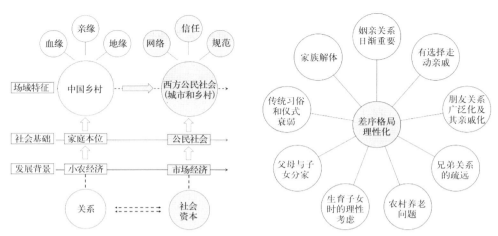

图 3-72　关系与社会资本的解释范畴与特征　　　　图 3-73　新世纪初"差序格局"的理性化特征

目前社会资本理论的研究和应用在西方社会学界已经很成熟,安尼如德(Anirud)和诺曼(Norman)通过设计相关社会指标来评价印度西部拉贾斯坦邦古老村镇地区的村庄社会资本的发展情况,这些评价指标包括处理农业种植中的虫害、解决村庄公共墓地问题、解决村庄的争端、管教误入歧途的孩子、村庄的团结感和邻里间的信任程度六个指标。在艾沙姆(Isham)和卡科宁(Kahkonen)的社会资本评价设计中,社区定位、社区成员的密集程度、公众参与程度、集体行动的频率等以及邻里交往程度和邻里信任都包括在其中。国内关于社会资本与我国乡村发展的影响性研究日趋成熟,高虹等认为借助血缘、亲缘、地缘以及新兴的业缘关系网络有利于获取更多就业信息,获取多样就业机会,同时能提升进城务工人员城市生活互助性,节省生活成本。吴森认为,对于社会关系复杂的基层乡村,各种熟人关系、半熟人关系交错,欲实现政府、基层村庄共同体、村民个体,包括乡村经济精英共同合作供给,借用乡村社会资本的社会结构资源优势有着重要实践意义。谢治菊指出,转型期的乡村治理是在传统的权威、伦理文化、传统规范与现代乡村社会的信任、规范、网络、合作的基础上共同完成的。同时相关学者也发现,社会资本的信任基础有利于群众对公共事务的参与热情,以及形成共同体内的团结合作关系,促进乡村治理。

国内相关学者也从多个方面对社会资本进行过划分。笔者以对本土乡村社会关系特征的认识为基础,将乡村社会资本从行动主体、资源结构性质、实施效果以及表现形式等方面进行简要划分,并总结不同类型所代表的内容(表 3-11)。

表 3-11　新时期乡村社会资本的划分维度、类型

划分维度	类　型	内　　容
行动主体	个人社会资本	主要表现为私人关系以及个人对乡村生活中正式制度(如法律)和非正式规范(如乡规民约)以及风俗习惯的认同与遵从
	组织(社区)社会资本	主要包括组织关系网络和社区风俗习惯
社会资源性质	先赋性社会资本	生来就有的家族宗族关系
	自制性社会资本	后天结成的朋友关系等
客观效果	正功效社会资本	运作的结果对行动主体有积极效应
	负功效社会资本	运作的结果对行动主体有消极效应
	零功效社会资本	运作的结果对行动主体没有影响
表现形式	与他人结成私人关系	同乡、同学、战友等关系
	认同和运用社区风俗	地缘关系
	拥有组织成员资格	上下级关系、同事
	运用正式制度	干群关系、同志关系

3.4.2　乡村家庭与人口构成

改革开放以来,中国乡村的人口结构在城镇化过程中发生了巨大变化。

根据全国第六次人口普查(2010 年)数据,长江中游(湘鄂赣)乡村地区的人口结构呈现出老龄化的趋势(图 3-74),60 岁以上人口占总人口的 14.94%,而同期全国老龄化人口仅占 12.78%。由此可见,该区乡村地区的老龄化现象更为严重。2015 年湖北省乡村人居环境调查数据显示,湖北省 3 191 名受访村民及家属中,60 岁以上人口达 679 人,占总人口的 21.28%(图 3-75)。

与此同时,伴随着乡村劳动力的迁移,乡村人口流失十分严重。2014 年住建

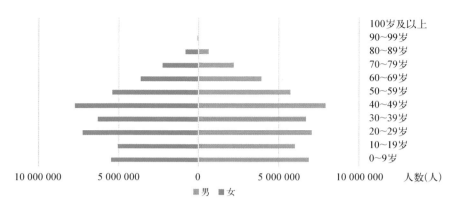

图 3-74 长江中游乡村地区人口结构
数据来源：根据全国"六普"数据绘制。

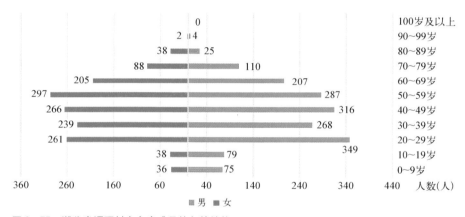

图 3-75 湖北省调研村庄家庭成员的年龄结构

部乡村人居环境调查数据显示,湖南省、江西省乡村常住人口分别占户籍人口的
86.5％和86.2％,湖北省相对较好,为90.5％(图3-76)。那些流失的人口去了
哪里？是就近迁移至当地的乡镇,还是集聚到地市一级的城市了呢？笔者根据
"六普"数据,统计得到湘鄂赣三省城市暂住人口占城市总人口的比例都在三成
以上。就算去除户籍在外省的暂住人口,仅本省迁移至城市的暂住人口依旧达
32.7％、33.1％和28.1％(图3-77),答案毋庸置疑。在城镇化率以每年1％的
增长速度上升的中国,乡村地区的人口流失未来仍将持续。

　　另外,由于长江中游地区的自然环境与地理条件的特殊性与复杂性,其内部
不同地域类型乡村人口结构呈现较大差异。通过对长江中游地区不同地形地貌
的乡村进行人口结构的比对发现,居住在山区与丘陵地区的乡村,其人口流失现

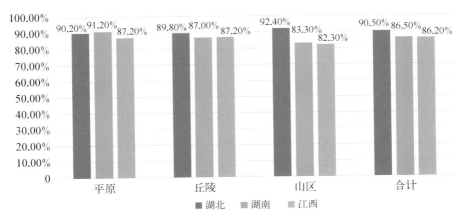

图 3-76　长江中游地区乡村常住人口占户籍人口的比例

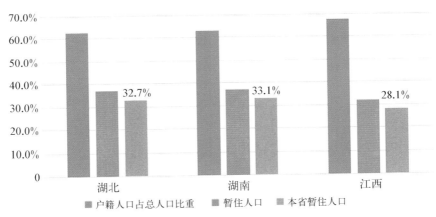

图 3-77　长江中游地区城市暂住人口占比
资料来源：根据全国"六普"数据绘制。

象较平原地区的乡村更为严重。位于平原地区的乡村距离城市较近，甚至就处于城市近郊区，村民可以实现原地城镇化，人口迁移不明显；位于山区和丘陵地区的乡村，距离城市较远，大量农村劳动力的迁出造成了当地人口的锐减。

　　乡村的空心化、老龄化是城市化和经济发展带来的必然结果，长江中游地区乡村人口结构的变化依旧无法摆脱这一规律。如果说仅仅是乡村地区的人口向城市迁移，这符合经济发展的规律，无可厚非，然而，当前的户籍和土地制度阻碍着农村劳动力的自由流动，中国的城镇化呈现出明显的"半城镇化"现象。在这种情况下，随着乡村外出务工人员的增加，乡村的养老与留守妇女、儿童成为突出问题。更为深刻的是，乡村社会的乡土性基础也随之动摇。

根据 2015 年湖北省乡村人居环境调查,常年居住在家中的受访者中,60 岁以上的人口占总人口的 32.2%,未成年人占 13.2%(图 3 - 78)。外出务工的年龄分布则完全相反,20~50 岁的外出打工人口占比高达 91%(图 3 - 79)。这种趋势表明,长江中游地区乡村的衰退正在加速,留守在乡村的人口大多为老人和未成年人。家庭青壮年的外出,导致乡村家庭"逆反哺模式"的产生。照料和抚养小孩的责任落到了老人的身上,为了生计,老人还要进行农业生产,这给老人体力和心理都带来了很大的负担。另外,由于要照料老人和小孩,乡村家庭的妇女被迫留在家中,使乡村地区出现大量的夫妻分离的家庭。调查发现,20~69 岁这一年龄段中女性的比例远高于男性(图 3 - 80)。

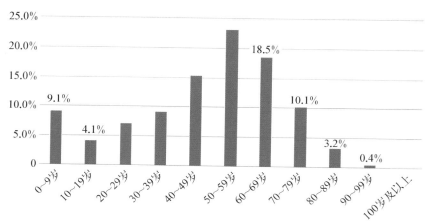

图 3 - 78　湖北省调研村庄留守人口中各年龄段占比

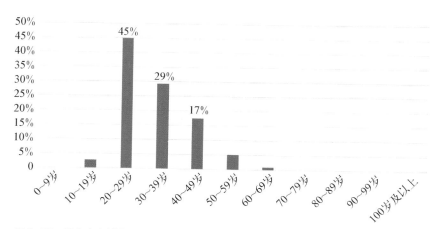

图 3 - 79　湖北省乡村常年在外务工人口的年龄分布

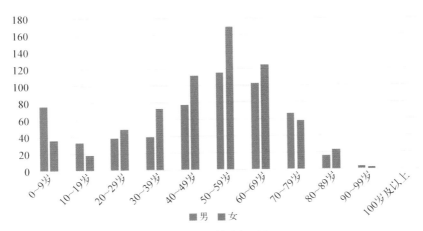

图 3-80　湖北省调研村庄乡村留守人口年龄分布(人)

　　家庭是中国乡村社会的基本构成单位。作为乡村人口的基本核算单位,家庭(户)的结构类型和人口规模受乡村人口变迁的深刻影响。新中国成立后,特别是改革开放以来,随着市场经济的发展,乡村人口大量外流,家庭规模和结构剧烈变化,家庭的功能和类型也在发生着深刻改变。

　　改革开放至今,长江中游乡村地区呈现出家庭规模不断缩小,家庭结构逐渐简单化的趋势。根据 2015 年湖北省统计年鉴,乡村平均每户常住人口由 1981 年的 5.76 人下降至 2014 年的 2.87 人。同样是根据"六普"的数据,湘鄂赣三省的乡村家庭中,2~4 人的家庭户数占到六成以上(图 3-81);从家庭结构上来看,二代户占到了将近 50%,而三代户仅占 25% 左右(图 3-82)。

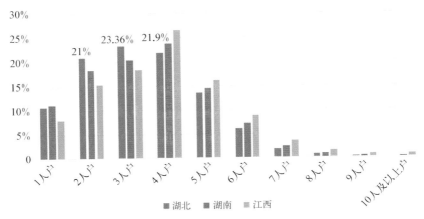

图 3-81　长江中游地区乡村家庭规模分布
资料来源:根据《湖北省统计年鉴(2015)》绘制。

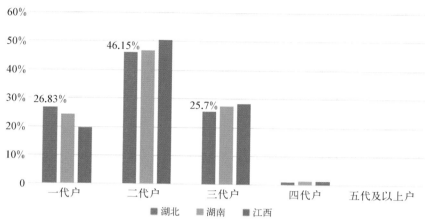

图 3-82 长江中游地区乡村家庭类别
资料来源：根据《湖北省统计年鉴(2015)》绘制。

正如 3.4.1 所言，目前的乡村社会的联系方式正处于从"关系"向社会资本转变的过程，在这种新旧交替的过程中，乡村地区家庭规模不断缩小，家庭结构简单化是必然趋势。

改革开放以来，由于以家庭联产承包责任制为主体的农村生产经营方式的确立，中国乡村家庭由"主干式家庭"变为"分户式家庭"[104]。家长对土地这一核心家产的掌握权被限制，子女对家长的生存依赖程度降低，家长难以抑制已婚子女的分家要求。因此，在家庭联产承包责任制的背景下，主干家庭比例大大降低，核心家庭比例大增。除此之外，1980 年《婚姻法》第二条第三款规定"实行计划生育"，随着生育率的下降，乡村家庭规模开始缩小。

随着乡村社会的联系方式由"关系"向社会资本转变，血缘纽带对个体的约束下降，配偶间情感满足功能则大大加强。改革开放 40 年以来，我国的乡村地区的社会、经济、环境水平发展迅速，依附于传统自然经济的社会关系日趋瓦解，市场经济的侵入打破了旧有乡村社会格局。基于此背景，乡村社会从"总体性社会"向"个体化社会"变迁，联系方式由各种"关系"向社会资本转变；乡村家庭也进一步简单化、原子化。德国社会学家滕尼斯认为，后现代社会生活的主要倾向之一就是个体化，个体对家庭和集体的依附以及相应的家庭和集体对个体的庇护都已经不复存在了。在市场经济体制之下，随着农村劳动力外流，建立在血缘、亲情、地缘基础上的亲戚往来和相互帮助逐步减少，而配偶间的义务却相应得到加强[109]。在家庭内部关系中,由于家庭规模的变化以及夫妻收入及资源占有格局的转变,大多数家庭的夫妻关系将更加平等。这种新型家庭关系下的家庭生活更加注重追求夫妻双方的个人幸福和情感满足,夫妻之间将更加亲密,配偶双方享有平等的地位及决策权,夫妻之间的情感依恋是原子式家庭得以维持的首要因素。

　　在乡村空心化、人口老龄化的背景下,乡村家庭的生产组织功能逐渐减弱,养老、教育功能面临挑战。乡村家庭作为一个生产组织单位的作用正在减弱甚至消失。2015 年 6 月华中科技大学组织学生参加联合设计,在湖北省长阳县龙舟坪镇郑家榜村调研时发现,村中家庭大多采取代际分工的"半耕半工"的模式(图 3-83)。随着乡村青壮年进城务工,村中劳动力人口大量流失,农活只能由留守老人代替,这显然无法弥补劳动力流失带来的乡村地区生产功能的下降。广袤的山间土地,"抛荒田"随处可见。随之同来的,还有人口老龄化、空心化的问题。郑家榜村全村总人口 2 266 人,老人与儿童共 761 人,占到 1/3。为了生计和子女的教育,老人承担了更重的生活负担。村里的一户人家的老夫妻建起了农家乐,除了维持日常开销,还担负着孙辈的学费。

图 3-83　郑家榜村的代际分工现象

3.4.3　乡村社会组织与结构

　　乡村一直以来是我国的基层治理的基本单元,从新中国成立之前的"皇权不下乡"到计划经济体制下的"三级所有,队为基础",再到改革开放后的"乡政村治",中国乡村治理对象经历了由血缘关系、宗法关系、政治关系向社会成员具有独立意识、参与意识、发展意识和群体自觉意识的社会关系的转型。目前,我国的乡村治理具有明显的"乡政村治"特征。乡镇机构代表国家行使政治、行政、经济等管理权力;乡镇以下的村内事务则由广大群众通过自治组织依法实行自治(表3-12)。

表3-12 我国乡村社会组织与结构

结构	类型	组织主体
乡村治理主体	乡镇基层政权组织	乡镇党委
		乡镇政府
		乡镇人大
	村民自治组织	村民委员会
		村基层党委会
		村民会议
		村民小组
民间组织		传统宗族组织
		乡村精英群体
	经济合作类	农民专业协会
		农民专业合作社
	社会服务与文化公益类	社团组织
		救济组织
	精神信仰类	宗族组织

资料来源:洪亮平,乔杰.规划视角下乡村认知的逻辑与框架[J].城市发展研究,2016(1):4-12.

在我国乡村治理过程中,村民自治组织实际负责管理村内事务,主导着乡村社会发展建设,然而长江中游乡村地区的情况则有所不同。长江中游地区乡村集体经济基础薄弱,具有明显的"打工经济"和"个体经营"特征。这种村庄集体经济的欠缺,使得以村委会、村党委等为代表的村民自治组织举步维艰。由于集体经济薄弱,村两委为代表的村民自治组织运行和管理能力屡弱。2015年,笔者在湖北省黄冈市蕲春县横车镇翁墤村调研时发现,村庄没有集体经济,但有个体经营,除了农户自持的一定数量的承包地外,传统的种养和加工业,如养鸡场、米粉加工厂等是个体经营的主要内容。翁墤村集体经济状况及村民生计选择一定程度上反映了鄂东大别山区普通村庄的基本面(图3-84)。调查显示,在2006年国家农业税改革以后,村庄治理和组织问题变得日趋严峻。虽然国家政策开始反哺农村,但对于基层治理而言,村委在村庄的事权削弱,责任增加。这是中西部地区乡村普遍存在的问题,村集体经济水平极其薄弱,村民自治组织无力经营农村,村庄治理缺乏手段和依托,进一步加剧一些村干部的"不负责任",公共意识的缺失。

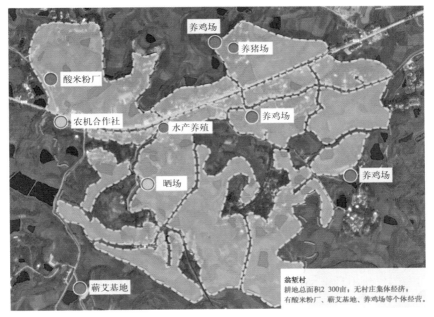

图 3-84　黄冈市翁堑村产业现状

因此,长江中游地区的村庄政治,最大的功能不是发展经济,而是为农民保证基本的生产生活秩序[110],换言之,就是提供基本的乡村公共品,如村卫生院、学校等(图 3-85)。另外,"打工经济"造成村庄人口流失,导致缺乏有能力的带头人。村民人际关系走向"原子化",村庄的关系资本、团结资本相对屠弱[111]。

图 3-85　蕲春县横车镇翁堑村卫生院

长江中游地区受市场经济发展和宗族社会遗存的影响,一些地区形成了中国乡土特色的能人治村、好人治村、富人治村等现象,在"乡政村治"的中国乡村现代治理结构下,形成了村民自治经验的地方模式。翁堑村村委会办公室的墙上挂着村中能人的照片,他们是村里的"发展顾问"。这些"发展顾问"中既有村中主治医师,也有房地产开发商等,他们分别担任村中不同的职务,并肩负村中的帮扶指标。从村委会领导班子成员看,翁堑村的乡村治理也受到一定的宗族社会遗存的影响,村书记、主任和副主任均来自村中的翁姓家族,且村中正在筹备建造翁氏祠堂。

"能人""富人"对乡村的发展建设效用不可忽视,尤其是当其与村庄政治相结合时。湖北省钟祥市彭墩村就是一个典型的富人治村的成功案例。荆门著名的"苏州府"餐饮大王张德华,原是钟祥市彭墩村村民。为改变家乡的落后面貌,2001 年,张德华回乡成立了钟祥华科农业发展有限公司,采用"公司 + 农户"的模式,带动当地村民致富。2008 年,被选为村党支部书记之后,张德华又带领村民迁村腾地,将土地入股,发展规模农业,成立了湖北青龙湖农业发展有限公司。经过几年的不断发展,彭墩村形成种植、养殖、加工、培训、酒店服务、观光旅游等八大支柱产业。在张德华的带领下,彭墩村以企带村,走出了一条"全民参与、共同富裕"的农业发展之路,成为"现代农业改革开发示范区"。

在中国乡村治理结构中,以村委会为代表的村民自治组织和以"能人"为代表的乡村精英,共同构成了中国乡村社会治理的主体力量。而对于长江中游的乡村地区来说,非正式精英对于乡村发展致富起到关键性作用,对乡村治理的作用或许更大。且不论是正式精英还是非正式精英,其个人的道德品质和社会资源至关重要,而农民本身作为乡村建设的主体,对乡村治理的影响力和参与度则较小,这一点值得深思。

3.4.4　民间风俗与乡村文化

费孝通先生在《土地里长出的文化》中指出,中国文化是土地里长出的文化。乡村文化活动,主要包括农村民风习俗、宗教与民间信仰,其中优秀的乡村文化活动还留下了珍贵的物质或非物质文化遗产,这一切共同构成了我国农村居民的精神空间。

民俗又称民间文化,是指一个民族或一个社会群体在长期的生产实践和社会生活中逐渐形成并世代相传、较为稳定的文化事项,可以简单概括为民间流行的风尚、习俗。中国的传统民俗,以农业文化为底色;农业文化也以传统民俗为

载体,在乡村地区发展并传承下来。经过历史的沉淀,许多乡村文化活动以民间
风俗的形式流传至今,它起源于人类社会群体生活的需要,为民众的日常生活服
务,不仅时间上代代相传,而且空间上存在扩展,并发生民俗的变异。俗话说"十
里不同风,百里不同俗",每个地区乡村的民风习俗都具有其独特性。民俗涉及
内容众多,结合今日民俗学界公认的范畴,对乡村民俗活动内容进行分类,如表
3-13 所示。

表 3-13　乡村民俗文化活动类型与内容

民俗类型		内　容
自然周期与 农业生产制度	农业时令、历法	二十四节气
	节气习俗	岁时节日(春节、元宵、清明、端午……)
	农业民俗	农业耕作时序(春耕、夏锄、秋收、冬藏)
		农业禁忌习俗
农事祭祀与 农耕文化信仰	人生礼仪民俗	生育、成年、婚姻、丧葬等习俗
	社会组织民俗	血缘、地缘、姻缘、社会等民俗
	民间观念民俗	禁忌、俗信、崇拜
	民间文学	传说、神话、史诗、谚语、民间说唱、戏曲
	游艺民俗	游戏、竞技(棋艺)、民间杂艺
生态环境 与经济类型	三大主要 生态文化区习俗	北方和西北草原兼事渔猎
		黄河流域以粟、黍为代表的旱地农业
		长江流域及其以南的水田稻作农业
日常生活习俗	服饰、饮食、居住、交通与 行旅等民俗	日常生活民俗

资料来源:洪亮平,乔杰.规划视角下乡村认知的逻辑与框架[J].城市发展研究,2016(1):4-12.

　　在中国古代的礼仪制度中,有感念大自然恩赐和敬仰宗族祖先两大祭祀传
统,表现在民间社会为庙会和祭祖两类集体仪式活动[112],这在长江中游地区的
乡村十分常见。湖北省黄冈市罗田县的錾字石村,至今仍保留着宗族祭祀的传
统。村民姓氏由熊、雷、邱、蔡、朱 5 个姓氏构成,其中熊姓为村中大姓。熊氏宗
祠是全村熊姓家族最强的凝聚纽带,重修宗祠、续宗谱在村公共事务中被放在了
首要位置(图 3-86)。熊氏宗族文化素来崇尚光宗耀祖、遵纪守法、恤贫助学、和
睦相处,无形之中也约束着熊氏村民的行为与生活习惯,成为了当地村民的集体
思想意识与自治基础,起到了积极的作用。

图 3-86 錾字石村熊氏宗谱、公共事业捐献榜单

乡村民风习俗文化内涵丰富,且带有独特的地域性特征。长江中游乡村地区,经过长期的历史发展与演变,也形成了独具特色、适应当地民众生活方式的民俗文化活动。江西省南丰县是"中国民间艺术之乡",南丰县三溪乡的石邮村,是南丰傩文化的代表地,是"中国古代舞蹈活化石"的原生地。石邮傩舞,自汉迄今,世代相传,由古代祈福、禳灾、祭祀性仪式逐渐演变成含娱人、娱神成分的民间舞蹈。村中有座远近闻名的傩神庙,每年从正月初一至十六为期半个月的"跳傩"就从这里开始。傩班由氏族管理,至今仍保留着"起傩""跳傩""搜傩""圆傩",以及请神、辞神、沿门逐除等古老仪式。随着经济全球化以及信息技术的传播,一大批中外旅游爱好者前来石邮村以一睹这古老的艺术,而南丰傩舞这一传统的民间风俗文化活动,也成为了国家级非物质文化遗产,保持了原汁原味。当地还成立了石邮傩班,代表江西出访过法国、日本、韩国等国家。

除了民间风俗,宗教与民间信仰也是乡村文化重要的组成部分。宗教文化是中国传统文化的有机组成部分;民间信仰是当地居民自发产生的一套神灵崇拜观念,具有典型的民族性和地域特征。两者相互交融,共同影响着乡村民众的精神生活。湖北省长阳土家族自治县的清江沿头溪流域,乡村的文化活动民族性、地域性特色浓厚,兼具浓厚的道教文化色彩。长阳自古是荆楚通巴蜀的要津,迄今仍是江汉平原通达鄂西山区的主要通道之一。据相关历史考究,长阳县龙舟坪地区曾为巴国第四代国都,沿头溪小流域紧邻龙舟坪地,早期受巴文化的影响较为深厚。另外,沿头溪流域也是土汉民族聚集区,随着汉族人的不断涌入,汉文化与当地土家文化在历史长河中相互冲击与交融,构成了当地独具特色的文化活动(图 3 - 87)。沿头溪历史地名传奇、古老建筑和原生态山水自然资源形成了深厚的龙源文化,与汉族人带来的道教文化相结合,产生了丰富独特、兼具土家风情的民俗活动。在"精准扶贫"的背景下,这些丰富的历史文化资源被重新挖掘,与特色旅游、村庄建设相结合,重新展现在人们的面前。

图 3 - 87　沿头溪小流域民间特色文化活动
资料来源:《长阳土家族自治县清江龙源(沿头溪)流域综合发展规划(2015—2030)》。

3.4.5　乡规民约与乡村治理

乡规民约是中国传统社会维护社会秩序的重要内容,包括民族习俗、地方习惯以及家族宗法,调整的主要是民事关系。从清末新政到民国时期推行的保甲制度,国家政权开始渗透到基层民间社会。但这一时期国家权力对乡村社会的渗入和控制相当有限,乡规民约在乡村基本上仍能同以往一样发挥作用。1958年 8 月中央政治局会议通过了《关于在农村建立人民公社的问题的决议》,人民公社取代了乡政权成为农村基层行政建制,我国乡村治理模式进入人民公社"政社合一"的时期。此时,自上而下的国家行政力量占据主导作用,传统的乡规民约的作用几乎丧失。

直至改革开放,随着农村联产承包责任制的实行,人民公社由新的乡镇制度所取代,村民委员会成为村民自治的主体。而乡规民约作为村民自治的主要制度形式,其维持乡村社会秩序的作用重新凸显,成为乡村自下而上治理的重要组成部分(图 3 - 88)。

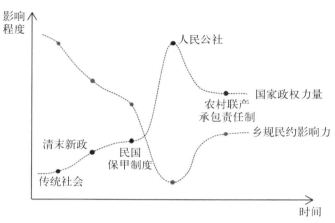

图 3 - 88　近代乡村乡规民约与国家政权演进历程

新时期的乡规民约与传统的乡规民约相比,其内涵与作用发生了重大变化。传统社会的乡规民约,由家族首领、宗教团体或行业组织制定,具有浓厚的"人治"色彩;而如今的村民自治,受现有的法律规范、多元文化的影响,将民主与法治作为维护农村社会秩序的武器,依法治村、以章治村的观念渐入人心。村委会由村民民主选举产生,乡规民约也由村民集体讨论通过,并形成书面的规章制度,用以维护乡村社会秩序,约束村民行为。

除此之外,新的乡规民约还时常以"口号"的方式,传播社会主义新风尚以及新时代价值观。如湖北省钟祥市旧口镇温岭村,村委会门口张贴着"八荣八耻"和温岭村文明公约(图 3 - 89)。由此可见,新的乡规民约是贯彻国家政策法规的一种重要手段,引导着村民的日常生活。

当然,不可否认的是,乡规民约依旧带有旧社会的影子,不可避免地会有与国家政策法规相抵触的内容。例如,在一些从夫居的传统观念较为严重的乡村地区,"外嫁女""离婚女"的户籍、征地补偿等权益得不到有效保障。在江西广昌

图 3 - 89　钟祥市旧口镇温岭村村委会

县尖峰乡营前村,出于自身利益的考虑,村集体不愿意接受乡村离异妇女的户口分户及落户,这对当地离异妇女的合法权益造成了严重侵犯,显然违背了《婚姻法》规定的男女平等的原则。

　　总的来说,乡规民约作为维系乡村秩序的准则,在国家政策和法律秩序的影响下,被赋予了民主法制的内涵,并以书面规章或口号发展下来。与国家政策法规相抵触的内容,应当逐渐为法治社会所摒弃。

第4章 长江中游乡村人居环境调查：以湖北省数据为例

4.1 人口流动及农民城镇化意愿

人口是推动新型城镇化健康发展的基本因素，是构建新型城镇化、工业化、信息化与农业现代化协调发展的重要支撑。乡村人口的流动为新型城镇化提供动力来源的同时，也加剧了乡村地区发展的不确定性，农民城镇化意愿问题成为支撑国家新型城镇化战略推进与重塑乡村和谐人居环境必须解决的核心问题。

乡村地区人口流动主要分为省际流动和省内流动两种，自 2000 年以来，我国人口流动主要以省际流动为主，同时呈现出空间集聚的态势。省际迁移人口的流向表现出显著的向海性特征，向东部沿海地区的集中化趋势明显[113]。人口迁移流向继续向东部地带"集中"的同时，迁移吸引中心也正发生着量的变化——多极化和质的持续提高——强势化。因为地区发展的不平衡性在短期内难以改变，加上更加自由的流动环境和不断改善的交通条件，省际人口流动的集中趋势将会进一步强化[114]。

解析和评价乡村人居环境的变化趋势须从根本上了解农民对于城镇化的意愿，梳理乡村人口流动性的现实状态与未来趋势，掌握乡村人地关系的新形势，进而从乡村人的变动性视角理清乡村人居环境的多样性发展趋势。

4.1.1 人口流动概况

我国乡村人口的流动具有显著的阶段特征。20 世纪 80 年代国家工业化兴起，带动城市经济特别是城市制造业的快速发展，短期内产生巨大的劳动力缺口。而当时我国乡村地区依然维持着传统的耕作农业生活方式，随着农业与工业、服务业价值比较劣势的进一步放大，以及农民生活支出的不断增加，迫于生计，农民离开乡村，进入城市地区，从事劳动密集型工业活动。2008 年全球金融危机出现，城市经济结构面临转型升级的需要，劳动密集型工业向技术与资本密集型工业转变，由此带来劳动力需求的结构性变化。这一方面，导致进城务工人员不再适应城市经济快速发展的需要；另一方面，部分沿海城市的产业向内陆转移，给中部地区带来发展机会，农民足不出省就可以获得与沿海地区打工相差无几的收入，因此出现了进城务工人员返乡、就地城镇化的现象。

1) 全国人口流动概况

　　自然变动和机械变动是人口变动的两种主要形式，与人口的自然变动相比，机械变动更能反映人口的跨区域流动格局以及各级城镇的吸引力。基于 2010 年第六次全国人口普查数据，以地级市为单位分析全国人口流动情况(图 4 - 1)发现，全国 62% 的城市属于人口的流出地，中部地区与南部、西南地区成为全国

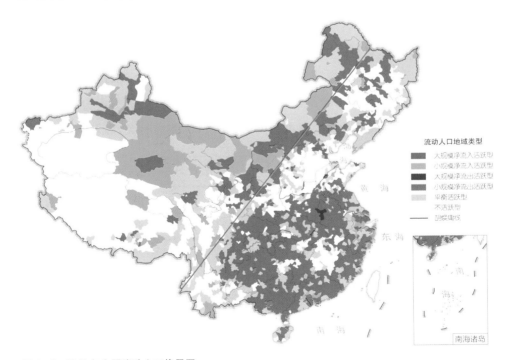

图 4 - 1　2010 年全国流动人口格局图
资料来源：戚伟，赵美风，刘盛和. 1982—2010 年中国县市尺度流动人口核算及地域类型演化[J]. 地理学报，2017(12)：2140.

主要人口流出地。人口流入地大多为北京、天津和东部沿海等经济较为发达的地区。且人口流入地大多被人口流出地包围,由此推测,这些人口流入地城市的发展离不开周边地区在人力资源上的供给,同时,这一现象也有可能加剧区域之间发展的不均衡。受制于区位条件以及产业经济发展状况的制约,长期以来长江中游地区是我国人口外流的重要区域。

2) 长江中游地区人口流动概况

（1）常住人口流动概况

近年来,随着中部崛起战略、长江中游地区城市群(武汉城市圈、长株潭城市群、皖江城市带)的加快建设,国家新型城镇化战略的深化推进,长江中游各省结合各自实际情况,在优化省域各类资源配置,稳步推进新型城镇化的同时,在涉及农业、农村、农民的多个领域做出了诸多优化调整,也使得近些年来长江中游地区的发展格局出现了新的变化。

基于 2016 年全国人口统计数据,分析自 2009 年以来长江中游地区三省的常住人口的变化情况可知(图 4‑2),常住人口总体上呈现缓慢增长的态势,但增长幅度不大。三省之中江西省每年常住人口净增长量最小,维持在 20 万人左右,湖北省与湖南省每年新增常住人口量大约为 40 万～50 万人。分析其原因,这与地区经济发展状况以及产业可吸纳劳动人口的能力有关,江西省在经济总

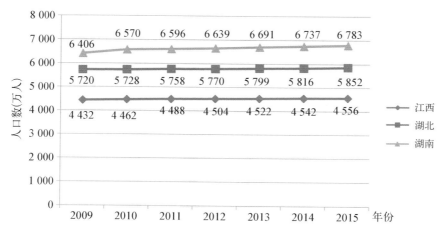

图 4‑2　2009—2015 年长江中游三省常住人口变化图

资料来源:《江西省统计年鉴(2016)》《湖北省统计年鉴(2016)》《湖南省统计年鉴(2016)》。

量以及经济增速上与湖北省、湖南省差距较大(图 4-3)，产业经济对人口的吸纳能力有限，导致其常住人口增量最小。

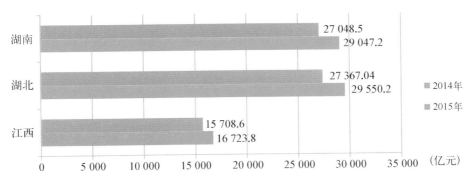

图 4-3　2014 年、2015 年长江中游三省地区生产总值比较
资料来源：《江西省统计年鉴(2016)》《湖北省统计年鉴(2016)》《湖南省统计年鉴(2016)》。

　　同时，对比全国流动人口分级图可以看出，近些年长江中游地区的经济发展在中心大城市的带动下有了明显好转，产业吸纳乡村就业人口转移的能力有所提升，与沿海地区的产业结构升级收窄了就业人口结构选择面相比，长江中游地区与东部沿海地区的劳动收入比较差异在逐渐缩小，同时农民普遍存在重土轻迁的乡土情结作用，二者共同影响了长江中游地区人口流动的趋势。

　　与三省常住人口的缓慢增长不同的是，长江中游三省的乡村常住人口在逐步减少(图 4-4)，这与地区经济发展和城镇化进程一致，表明城镇化发展对乡村

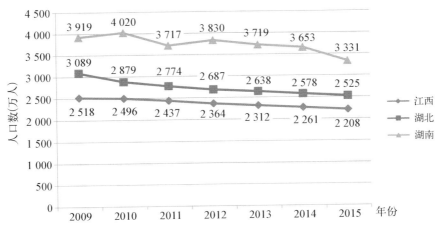

图 4-4　长江中游三省农村常住人口变化图
资料来源：《江西省统计年鉴(2016)》《湖北省统计年鉴(2016)》《湖南省统计年鉴(2016)》。

人口流动具有不可逆的吸纳性。同时可以看到,自 2009 年以来,三省的农村常住人口的减少速率基本保持匀速,江西省约为 2.3%,湖北省约为 2.1%,湖南省约为 2.5%,整体上人口减少的波动性不大(湖南省波动性稍大),反映了当前城镇化发展对乡村人口吸引力具有稳定且持续性的作用。

对比三省 2015 年乡村常住人口减少的数量可知,2015 年湖北省和江西省乡村常住人口减少量保持一致,均为 53 万人;湖南省乡村常住人口的净减少量最多,为 322 万人(不排除统计数据误差的可能)。究其原因,当前长株潭城镇群连同周边城镇产业发展迅速,县级和乡镇两级产业经济实力较之湖北、江西两省优势较大;湖南省的特色小镇与美丽乡村建设为部分乡镇空间拓展提供了平台支持,部分乡村人口就地转化为了城镇人口。可以预见,乡村人口的就地城镇化将成为湖南省城镇化推进工作的重要方式。

(2) 人口跨区域流动概况

通过对省域乡村地区常住人口变化的分析,可以直观地观测长江中游地区乡村人口流动的数据变化,从中掌握其人口流动的规律,但对于其乡村人口流动的去向、省际流动和省内流动的变化趋势,以及流动的目的地选择等问题并不能得到真切反映。户籍人口与常住人口的对比变化是衡量人口的跨区域流动的重要手段,因此,选取 1990—2014 年长江中游三省的户籍人口与常住人口的统计数据进行比较,可以清晰掌握长江中游地区乡村人口的跨区域流动状况。受限于三省人口统计口径和统计方式的不同,江西省与湖南省对省域人口的统计中不涉及户籍人口的相关数据,故此处选取湖北省作为样本,分析其变动情况(图 4-5)。

湖北省近 20 多年的人口变动情况,大致可以分为三个阶段:第一阶段,1990—1999 年,常住人口多于户籍人口阶段,这一时期,常住人口与户籍人口共同增长,但户籍人口增长速度较快,并在 1999 年与常住人口总数基本持平;第二阶段,2000—2010 年,户籍人口与常住人口协调增长阶段,常住人口与户籍人口维持 300 万~450 万人的差距,但整体上户籍人口增速快于常住人口增速,2010 年,户籍人口与常住人口数差距上升至最大值 452.2 万;第三阶段,2011 年至今,户籍人口开始保持平衡,总量呈减少的趋势,但常住人口增速加快。

整体来看,湖北省人口变化的趋势符合库兹涅佐夫曲线的变化趋势,户籍人

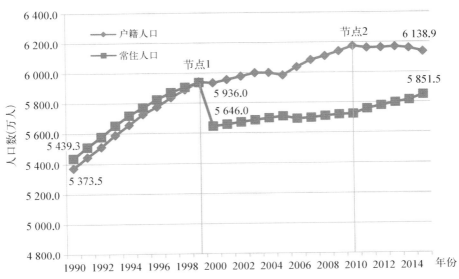

图 4 - 5　湖北省户籍人口与常住人口变化图

资料来源：《湖北省统计年鉴》(2016)。

口变化曲线在 1999 年以前属于快速增长时期。2000—2010 年,增长曲线曲率减小,人口增长速度放缓,进入缓慢增长阶段,2010 年户籍人口到达增长曲线最高点后,曲线进入均衡或下行减少的轨道(具体趋势有待未来的持续观察)。与户籍人口增长曲线不同的是,1999 年以前为常住人口多于户籍人口阶段,常住人口缓慢增长,1999 年到达曲线最高点的 5 938 万人。2000 年采用全国第五次人口普查数据,常住人口出现波动,与户籍人口的差距显现,人口省际外流现象明显,究其原因,沿海地区以及大城市主导的快速工业化与城镇化成为引导乡村人口转移流动的主要推手,人口长距离省际迁移成为流动的主要方式。

需要指出的是,2000 年以后常住人口开始进入缓慢增长期,特别是 2010 年以后,增长曲线进入快速拉升阶段,与户籍人口的差距逐渐缩小,人口回流的趋势愈发明显,这表明中部地区对于外流人口的吸引能力在持续增强。

(3) 人口流动目的地选择

通过对农村劳动力转移地点的统计分析(图 4 - 6),可以判别不同地区对农村人口的吸引能力,直观反映农村人口流动方向。2015 年,湖北省乡村外出劳动力总人数为 1 118.63 万人,其中以到省外务工为主,外出劳动力数量为 624.67

万人,占总量的 55.8%;省内外出劳动力总数为 487.3 万人,其中,选择在省内县外务工人员数量为 295.5 万人。反映出省外发达地区依然是吸引长江中游地区农村人口转移的主要区域,但以武汉、长沙、南昌等省会城市为核心的城市群的快速发展,带动了该区域农村人口的省内流动。结合湖北省常住人口的变化情况,可以推断,这一现象有进一步强化的趋势。

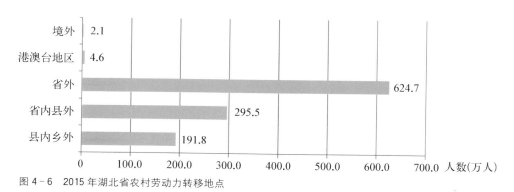

图 4-6   2015 年湖北省农村劳动力转移地点

4.1.2   农民的城镇化意愿

农民城镇化是农民主观意愿与城镇化带来的产业吸纳力共同作用的结果。从内在意愿上讲,农民有提升生活质量与改善生存环境的需求,而城市快速工业化与城镇化带来的外在吸引,加快了农民城镇化的脚步,城镇化成为农民摆脱贫困,提升生活质量的主要途径。因此,评价农民城镇化意愿,一方面需要对留守农民的现有乡村生活满意程度进行客观评价,另一方面,需要对农村劳动力转移后的生活状况进行比较研究。

本节以湖北省为典型案例,依据《湖北农村统计年鉴(2016)》的部分数据,对长江中游地区省域人口城镇化意愿进行总体评价,结合住建部对长江中游地区乡村人居环境的基础调研样本数据,进行典型微观样本的校核。

1)留守农民的从业结构与城镇化意愿

(1)留守农民从业结构与意愿

通过对湖北省留守农民的从业状况调研发现(图 4-7),乡村留守农民务农、务工与兼业人数基本一致，呈现 1∶1∶1 的结构，兼业人数稍多，占比 37%，表明留守农民也不再从事单一的农业生产活动，离村不离乡、离村不离县的近距离兼业或直接从事务工生产成为留守农民的普遍选择，同时对于留守农民中超过 1/3 的专门务工的农民来讲，未来脱离农业生产，实现就地城镇化成为可能。

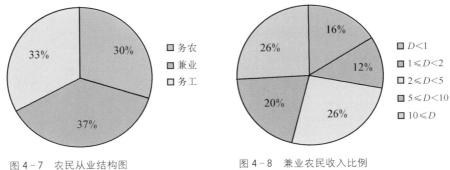

图 4-7　农民从业结构图　　　　　　图 4-8　兼业农民收入比例

　　从图 4-8 兼业农民的收入状况可以看出，兼业农民中务工收入与务农收入相比，整体差距较大，仅有 16% 的农民务工收入少于务农收入水平，在这部分家庭中，务工收入仅作为其家庭生活支出的有效补充，并不作为消费主体；存在兼业现象的受访家庭中，逾 70% 的家庭务工收入超过务农收入的 1 倍以上，46% 的家庭务工收入是务农收入的 5 倍以上，由此可见，在务工收入与务农收入的比较差距下，传统的务农活动已不再是农民生活的必需，务工活动成为其改变家庭生活状况、提升生活水平的重要选择。同时由于农产品的高度市场化，部分传统意义上必需的"口粮田"成为流转或抛荒的对象，土地与农民的关系不再紧密，农民对于未来从业的意愿更多地向务工倾斜，乡村城镇化成为必然的选择。

　　(2) 留守农民生活满意度评价

　　通过住建部"全国农村人口流动与安居性调查"课题对长江中游乡村人居环境基础调研的微观村庄统计数据展开分析，对留守农民现状生活满意度进行的评价，从样本数据来看(图 4-9)，留守农民中有 64.6% 的人对生活现状表示满意或非常满意，仅 11.9% 的人表示不满意。结合调研对象的年龄结构和受教育水平可以看出，留守农村劳动力年龄结构具有典型的老龄化特征，样本人群中青年或中年劳动力选择留守从业的现象较少。受访对象以从事农业生产为主，少量样本人群具有从事农业生产与外出务工的兼业现象，但一般选择就近到镇区或县城务工，收入除维持其日常生活所需外，或有少量节余。

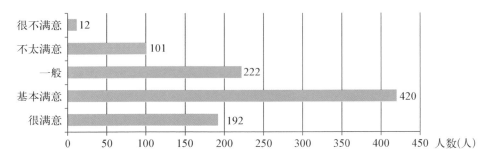

图4-9　2015年湖北省农民生活满意度

2）外出从业农民的从业结构与城镇化意愿

（1）外出从业农民的从业目的与产业选择

从湖北省乡村劳动力外出从业目的统计图表（图4-10）中可以看出，进城务工总人数达到838.5万人，占外出劳动力总数的75％，进厂务工是其从业的第一选择；同时，从事经商活动的人数为183.9万人，经商是湖北省外出劳动力从业的第二选择。在外出劳动力从事行业结构中（图4-11），外出从事第一产业人数较少，第二产业与第三产业成为农村外出劳动力从业的主要选择，总人数达到1 054.4万人，其中又以第二产业从业人数为最多，达到602.2万人。

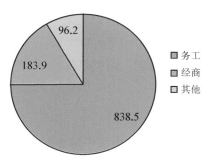

图4-10　湖北省农村劳动力外出从业目的统计（万人）

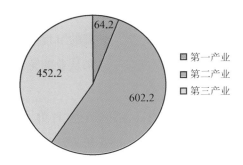

图4-11　湖北省农村劳动力外出从事行业（万人）

由此可见，在省际跨区域的比较差异中，区域经济发展水平以及劳动收入水平的差距是影响长江中游地区乡村劳动力省际流动及其城镇化的主要因素，而农业与工业、服务业的价值差距决定了劳动力在城镇化过程中对产业部门的选择意愿。

（2）外出从业农民的从业时间

从从业时间上看，外出务工 1～3 个月的人数较少，仅为 95.9 万人，外出务工 4～6 个月的人数为 215.9 万人，占总人口的 19.3%（图 4 - 12）。这表明，湖北省乡村地区外出人口中仍然以从事传统农业生产为主，以兼业为辅的现象并不显著；外出务工 6 个月以上的从业人数达到了 806.8 万人，由此可见在城镇地区从业与生活已经取代农业生产生活成为外出劳动力的第一选择。

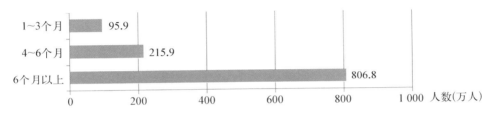

图 4 - 12　湖北省农村劳动力外出从业时间
资料来源：《湖北农村统计年鉴（2016）》。

（3）外出从业农民年龄与受教育水平结构

从外出从业人员年龄构成图（图 4 - 13）可知，2015 年，湖北省 20 岁以下的外出从业农民人数为 166.9 万，21～49 岁之间的人数为 785 万人，50 岁以上人数与 20 岁以下基本一致，总量为 166.69 万。湖北省外出从业农民的年龄结构呈现出中间年龄段多，两头年龄段少的"纺锤型"结构，中年与青年成为外出从业的主体。结合外出从业人员的从业目的以及从业产业选择可以看出，第二产业与第三产业对于农村劳动力的吸纳作用具有明显的年龄选择门槛，同时也从侧面反映了不同年龄段乡村外出从业劳动力城镇化意愿的不同，年龄越小越容易接受城镇生活，异地城镇化的可能性越高；年龄越大，对于异地城镇化的接纳能力减弱，就地城镇化的可能性越强。

从外出从业人员受教育水平构成图（图 4 - 14）中可以看出，初中及高中以上文化水平的从业人口数占外出从业农民总数的 88.6%，小学及以下文化水平的从业人数占比较低，为 11.4%。与年龄结构类似，外出从业农民的受教育水平结构同样呈现出"纺锤形"结构特征。从业产业对于劳动力的需求以及异地从业收入水平的高低对异地从业农民的受教育水平具有正向需求，受教育水平越高，从业岗位以及从业收入越好,对于外出目的地城镇的满意程度越高,进而接纳城镇化的意愿越强烈。

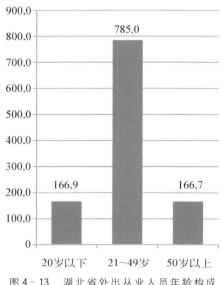

图 4 - 13　湖北省外出从业人员年龄构成（万人）
资料来源:《湖北农村统计年鉴(2016)》。

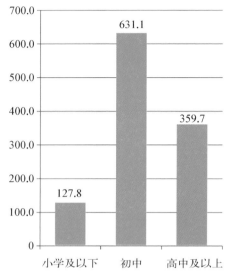

图 4 - 14　湖北省外出从业人员受教育水平构成（万人）
资料来源:《湖北农村统计年鉴(2016)》。

4.1.3　农民城镇化意愿的影响因素

农民城镇化转型是城镇经济发展对劳动力的客观需求,同时也是农民提升生活质量与改善生存环境的主要途径。因此,对于农民城镇化转型的影响因素的分析,需从内外两个方面进行。本节首先对样本村庄受访农民的迁居意愿进行统计分析,其次对影响农民迁居或不迁居的原因进行分类解析,从内外两方面归纳提炼影响农民城镇化的因素。

1) 农民迁居意愿

在基础调研的受访人群中有 759 人表示无明确的迁居意愿,同时有 132 名村民表示有迁出乡村的意愿,另外还有 55 名受访者对迁居问题选择"说不清楚"（图 4 - 15）。下面将通过对有迁居意愿和无迁居意愿人群的分类原因作解析,梳理出影响农民城镇化的主要因素。

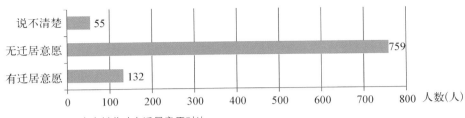

图 4 - 15 湖北省农村劳动力迁居意愿对比

2）影响农民迁居意愿的因素分析

（1）农民不迁居原因解析

① 经济制约

在 759 人选择不迁居的样本对象中，选择"城市消费水平高"与"买不起房子"原因的分别有 297 和 270 人（图 4 - 16）。可见城市生活带来的高成本支出是制约农民城镇化的一道门槛，经济制约成为影响乡村人口城镇化转移的第一要素。

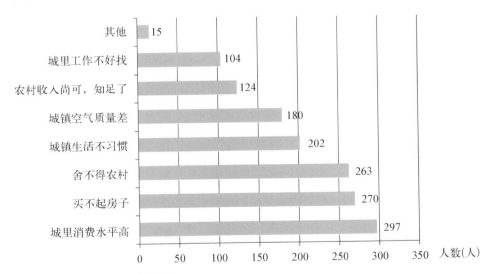

图 4 - 16 湖北省农民不迁居原因

② 乡土情结

由于"舍不得乡村"而放弃迁居的有 263 人。在传统的乡村"安土重迁"以及"叶落归根"的乡土情结影响下，农民并不向往丰富多彩的城市生活。对乡村固有的情感是影响农民城镇化意愿的重要因素，这一现象在 50 岁以上的受访对象中尤为显著。

③ 城市生活的不确定性

认为"城镇生活不习惯""城镇空气质量差"和"城里工作不好找"的分别有 202、180、104 人。选择迁居对农民意味着远离乡村熟人社会的生活关系网络，城镇生活带来的生活不适应性以及对城镇就业环境的未知性，影响了农民的城镇化意愿，对城市环境问题的担忧，成为影响农民迁居意愿的另一重要因素。

（2）农民迁居原因解析

① 城乡教育资源的差异

在有迁居意愿的受访者中，由于子女教育问题选择迁居的为 117 人（图 4-17）。城乡教育资源的差距，城市优质的教育资源成为吸纳部分农民向城镇转移迁居的主要原因，县内乡外的子女受教育水平提升性迁居带来的就地城镇化成为长江中游地区农民城镇化转型的主要方式。

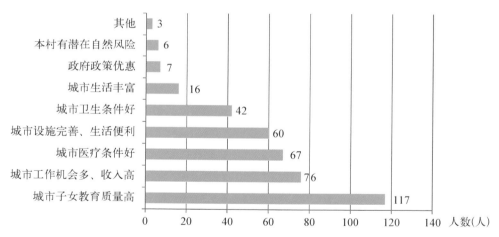

图 4-17 湖北省农民迁居原因

② 城市服务设施体系的完善

由于城市"医疗条件好""设施完善、生活便利""卫生条件好"等因素而选择迁居的均占到受访者的 1/3 以上。可见城市完善的公共服务设施与基础设施体系依旧对农民具有吸引力，在城市与乡村经济收入差距巨大的背景下，追求城市生活的便利成为一部分农民的选择。

③ 城乡从业收入差异

受城市"工作机会多、收入水平高"这一因素影响而迁居的达76人，该因素成为影响农民迁居的第二大因素。通过对兼业农民务工收入与务农收入的比较可以发现，在相同时间成本的基础上，进城务工可以获得更丰厚的收入，由此带来的生活质量的提升与生活环境的改善对农民的吸引力较大。

3）其他影响因素

（1）家庭跟随性迁居行为

调研发现，长江中游地区乡村空心化现象日益突出，村庄房屋普遍存在空置现象。通过对留守农民的访谈了解到，农民除外出务工外，跟随子女进城，或举家进城定居的现象同样较为普遍。相比第一代农民，以"80后""90后"为主体的第二代农民在受教育水平以及对城市生活的适应性上有了显著提升，愈来愈多的第二代农民选择在城市定居，加上受部分不再从事农业生产、已经城镇化的第一代农民子女的引领，乡村第一代农民的跟随性迁居现象开始出现，这在长江中游地区乡村相当普遍，且这种城镇化进程中的代际跟随性迁移现象越发显著。

（2）农民的社会分层

经济制约因素是多数农民不迁居的首要原因，其在影响农民迁居的诸多因素中则滑落至第二选择，究其原因，可以发现一个乡村地区普遍存在的社会现象，即长期的劳动力外出从业带来的收入水平与生活方式、价值观的差异，导致乡村地区农民的社会分层，不同层次的农民对于城镇化的意愿并不一致。相对于多数不迁居的农民，选择迁居的农民已经具备了一定的经济基础，经济因素已经不再是制约其转移城镇化考量的主要标准，自身的全面发展以及生活环境的再提升在其迁居过程中扮演了重要角色。

（3）乡村人地关系的松散化趋势

乡村人地关系是指农民在长期的居住生活以及农业生产过程中与土地产生的密切联系，在一定程度上反映了乡村生活生产的状态特征。长久以来，长江中游地区乡村处于欠发达状态，持续的贫困与人口的外流导致乡村生产关系与社会结构转变。农民外出务工所致的乡村从业劳动力的减少，特别是农村青年、中年劳动力的减少突显了农村留守劳动力老龄化现象,原本可耕作土地资源的紧缺转变为从事农业耕作人口的紧缺,可耕作土地与劳动人口的倒挂关系加上年龄结构的失衡,致使乡村原有的紧密的人地关系解体,人地关系紧张化趋势凸现。

随着国家对农产品市场化改革的推进,长江中游地区农业种植结构与其他片区高度同构,农民生活必需品可较为容易地通过市场进行购买,原本与农民关系最为紧密的"口粮田"也成为了非必需的选择,土地流转、抛荒现象普遍存在。同时由于长江中游地区山多、地形条件复杂对耕作条件的客观限制,农民对土地的依赖性持续降低,乡村人地关系呈现松散化的特征。因此,农民不再将农业生产作为生存与发展的唯一出路,在城市务工与乡村务农巨大收入差距的推动下,外出务工代替农业生产成为长江中游地区乡村农民从业的主要选择,农民可以自主、自由地选择留守乡村或迁居城镇。

4.2　乡村宜居性评价

4.2.1　乡村宜居性评价的核心要素

本节的乡村宜居性评价指标体系是在全国乡村人居环境评价指标体系的基础上根据湖北省的实际情况做了具体修正。全国指标体系源于同济大学张立所主持的"我国农村人口流动与安居性"课题,通过运用德尔菲法,参考了20多名相关研究人员的意见,具有一定的准确性与科学性。因此,可以认为指标体系中权重较大的指标是乡村人居环境评价的核心要素。

通过对各项指标的权重分析(图4-18),排名前7的指标(权重大于4%)可以划分为三类:村庄经济水平(包括行政村集体收入、村庄发达程度、休闲农业和服务业开发进展),生活满意度及信心(包括目前生活状态满意度、村民对村庄发展的信心)以及村民对宏观政策及当地政府的满意度(包括对近年乡村建设是否满意、对政府实施的政策项目的总体评价)。观察这几项核心要素可以发现,住房条件、公共设施等物质环境建设指标并没有占较大比重,表明乡村人居生活环境的完善并不仅仅是靠硬件设施的投入,更重要的是村民实际生活水平的提高以及对目前生活的满意度和评价。

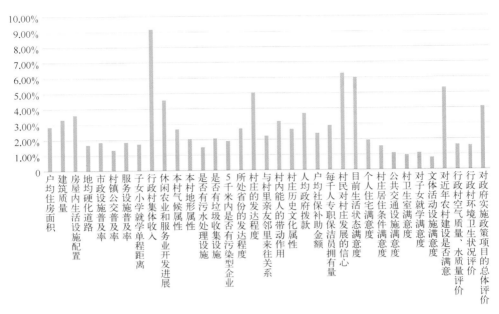

图 4 - 18　乡村宜居性各项评价指标权重排名

　　首先，村庄经济发展水平是提升乡村人居环境的根本动力，也是乡村能够留住人口的重要因素，同时与提升乡村人居环境的其他因素息息相关。村庄集体收入代表了村庄的生产力水平和生产方式的改进，生产方式的改进使大量劳动力从农业中解放出来寻找新的发展路径，发展新的乡村产业（图 4 - 19），不仅带动了休闲农业和服务业的发展，反过来又促进了村庄集体收入和村民生活水平的提高。村庄的发达程度则是对村庄经济发展水平的总体描述，经济发达的村庄才有更多的资金保障基础设施建设，促进各项经济建设活动的开展。

(a) 关口垭村　　　　　　　　(b) 向阳村　　　　　　　　(c) 横台村

图 4 - 19　乡村产业发展风貌

　　其次，生活满意度及信心是村民对于乡村人居环境状况的最直接反应，从主观层面反映了乡村人居环境状况。乡村人居环境改善的根本目的是提升村民的生活满意度，从村民角度出发思考和解决问题，才能事半功倍，真正惠及广大村民，实现乡村人居环境的改善。但同时个体对环境的感知具有差异性，往往会产生客观状况与主观意愿相悖的状况。从图4-20可以看出，选取的村庄中客观供给、社会环境、主观意愿三个层面基本与宜居性高低保持一致，但是从单一样本来看，多数村庄的客观供给状况与村民主观意愿相悖，即湖北省村民对村庄建设的主观满意度往往不符合实际建设水平，较低的主观预期促进了村民对人居环境的自我完善意识。

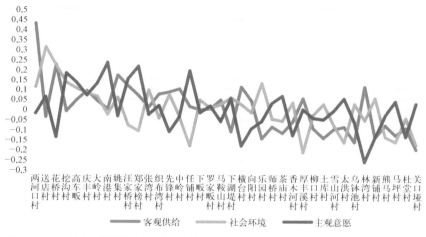

图4-20　各村庄三类指标比较(按宜居性高低)

　　此外，宏观政策及相关政策项目对乡村人居环境的影响也不容忽视。近年来湖北省在农村建设方面实施了"新农村建设""城乡一体化试验区"等一系列政策，对乡村人居环境的改善起到了重要作用。宜居性越好的村庄，政策方面评价越高，但是政策方面满意度值普遍低于客观政策方面的数值（图4-21），这说明乡村建设的政策还需不断完善，并落到实处，不仅要注重村庄客观建设，更要注重提升乡村居民的生活水平和生活满意度。此外，村庄的生产功能、生态环境、生活质量也有着潜移默化的影响，村庄建设要树立长远眼光，注重产业的可持续发展和生态环境保护，促进村庄健康发展。

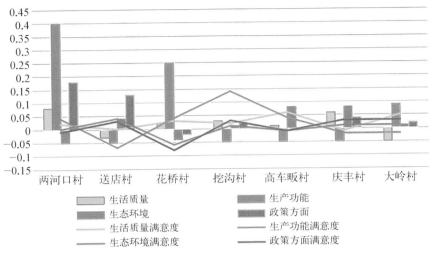

图 4-21　宜居性好的村庄客观供给与主观意愿比较

4.2.2　指标体系构建

本指标体系在全国指标体系的基础上，结合湖北省的调研数据和实际情况进行修正。本节从村庄的客观供给层面（由村庄调查数据和村支书或村主任访谈得出）、潜在的社会环境（村庄客观的区域环境、人文环境、政策方面、村庄潜力）、村民的主观意愿层面（村民的相关满意程度）三方面进行相关的分析评价，统筹考虑客观因素与主观因素，从而使研究结果更接近实际。

根据 2015 年湖北省的调研数据，并结合长江中游地区乡村发展的整体情况，以及住建部全国乡村人居环境信息系统的基础数据，最终选择乡村人居环境指标体系，如表 4-1。同时采用德尔菲法对指标体系进行优化，并对各个指标的权重进行赋值。这一指标体系以反映长江中游地区乡村人居环境为目的，进一步分解为客观供给、社会环境、主观意愿三个层面的 35 个具体的评价指标。

表 4-1　乡村人居环境指标体系表

——	指标层 1	指标层 2	指 标	指标计算方法	数据来源
客观供给 （42.6%）	生活质量 （18.45%）	住房条件 （9.92%）	户均住房面积 （2.89%）	总住房面积/村庄户数	村支书或村主任 问卷
			建筑质量（3.37%）	质量较好农房的套数/户 籍农户住房套数	住房和城乡建设部

（续表）

——	指标层 1	指标层 2	指　标	指标计算方法	数据来源
客观供给 （42.6%）	生活质量 （18.45%）	住房条件 （9.92%）	房屋内生活设施配置（3.66%）	是否有空调、是否有网络	村民问卷
		公共设施 （8.53%）	地均硬化道路（1.70%）	已硬化的村内道路长度/村域面积	住房和城乡建设部
			市政设施普及率（1.87%）	供水普及率是否达到90%；供电普及率是否达到90%；供气普及率是否达到90%；电话普及率是否达到90%	村支书或村主任问卷
			村镇公交普及率（1.36%）	是否有村镇公交	村支书或村主任问卷
			服务设施普及率（1.86%）	行政村是否有卫生室；是否知道本村有养老服务；行政村是否有文体设施；行政村是否有图书室；行政村是否有公共空间	村支书或村主任问卷
			子女小学就学单程距离（1.74%）	——	村民问卷
	生产功能 （13.79%）	经济属性 （13.79%）	行政村集体收入（9.20%）	——	村支书或村主任问卷
			村中休闲农业和服务业开发进展（4.59%）	正在建设：40%；进展顺利：100%；初具规模：60%；进展一般：40%；经营困难：0%；准备开始：20%；没有：0%	村支书或村主任问卷
	生态环境 （10.36%）	自然环境 （4.79%）	本村气候属性（2.72%）	热带：50%；亚热带：100%；暖温带：80%；中温带：50%；寒温带：30%；青藏高原区：30%	村庄属性
			本村地形属性（2.07%）	平原：100%；丘陵：90%；山区平原：70%；山区：50%	村庄属性
		人工环境 （5.57%）	是否有污水处理设施（1.55%）		村支书或村主任问卷
			是否有垃圾收集设施（2.11%）		村支书或村主任问卷
			五千米内是否有污染型企业（1.91%）	——	村支书或村主任问卷

（续表）

——	指标层 1	指标层 2	指　标	指标计算方法	数据来源
社会环境 （31.2%）	区域环境 （7.78%）	宏观区位 （2.73%）	所处省份的发达程度 （2.73%）	根据 2014 年全国各省份农民人均纯收入而定的分级指标	村庄属性
		微观区位 （5.05%）	村庄的发达程度 （5.05%）	根据 2014 年全国人均GDP 而定的分级指标	村庄属性
	人文环境 （8.12%）	社会关系 （5.45%）	与村里亲友邻里来往关系（2.26%）	往来密切：100%；往来一般：50%；偶有往来：0%	村支书或村主任问卷
			村内能人的带动作用（3.19%）	有能人发挥作用：100%；有能人未发挥作用：50%；无能人：0%	村支书或村主任问卷
		文化属性 （2.67%）	村庄历史文化属性 （2.67%）	中国传统村落名录：100%；省级历史文化名村：70%；一般传统村落：50%；非传统村落：0%	村庄属性
	政策方面 （9.01%）	资金支持 （6.11%）	人均政府拨款 （3.70%）	政府当年拨款金额/常住人口	村支书或村主任问卷
			户均社保补助金额 （2.41%）	社保补助金额平均值	村民问卷
		其他支持 （2.90%）	每千人专职村庄保洁员拥有量 （2.90%）	村庄专职村庄保洁员数量/常住人口	住房和城乡建设部
	村庄潜力 （6.30%）	村庄潜力 （6.30%）	村民对村庄未来发展的信心（6.30%）	发展更好：100%；发展一般/说不清：50%；发展恶化：0%	村支书或村主任问卷
主观意愿 （26.2%）	总体满意度 （6.01%）	总体意愿 （6.01%）	目前生活状态满意度（6.01%）	满意度评分×20%	村民问卷
	生活质量 （7.50%）	住房条件 （3.52%）	个人住宅满意度 （1.95%）	满意度评分×20%	村民问卷
			村庄居住条件满意度（1.57%）	满意度评分×20%	村民问卷
		公共设施 （3.98%）	公共交通设施满意度（1.10%）	满意度评分×20%	村民问卷
			村卫生室满意度 （0.99%）	满意度评分×20%	村民问卷
			对子女就学满意度 （1.10%）	满意度评分×20%	村民问卷
			文体活动设施满意度（0.79%）	满意度评分×20%	村民问卷
	生产功能 （5.34%）	建设属性 （5.34%）	对近年农村建设是否满意（5.34%）	满意度评分×20%	村民问卷

（续表）

——	指标层 1	指标层 2	指　标	指标计算方法	数据来源
主观意愿（26.2%）	生态环境（3.23%）	自然环境（1.65%）	本行政村空气质量、水质量评价(1.65%)	(空气环境质量 + 水环境质量)评分×10%	村支书或村主任问卷
		人工环境（1.58%）	本行政村环境卫生状况评价(1.58%)	环境卫生状况评分×20%	村支书或村主任问卷
	政策方面（4.11%）	政策保障（4.11%）	村民对政府实施的政策项目的总体评价(4.11%)	满意度评分×20%	村民问卷

4.2.3　数据收集与处理

1）数据收集

经过数据收集与整理形成了湖北省村庄的最终数据库，涵盖了 50 个村庄的 970 个农户样本，包括村民问卷统计信息、村庄属性统计信息、村支书或村主任问卷统计信息、各层次的访谈记录、村庄调查报告等。最后形成了由照片、录音、文字、表格等构成的生动的村庄基础数据库。其中，村民问卷从微观个体和家庭的层面，对各项要素的实际使用和满意程度进行调查，并充分反映了村民在各方面的意愿与想法；村庄属性是对村庄空间属性、地理属性、经济属性、社会属性和历史文化属性的反映；村支书或村主任问卷则弥补了相关统计数据在村庄层面的严重不足，为后期定量和定性研究分析奠定了坚实的基础。

2）数据筛选与处理

汇总数据经过多次校对、审核，并在剔除了部分低质量数据后，将数据按照指标体系（表 4 - 1）中各指标的计算方式进行校验和核算，生成同指标体系一致的变量。

由于分别计算长江中游地区的人居环境评价指标工作量大、耗费时间长，考虑到同一地区村落的生态环境、人文肌理与产业结构具有一定的相似性，选取湖北省乡村调查数据，在村民问卷的村庄排序中以 5 千米为距离单位进行分析，初步确定将 50 个行政村 196 个样本作为分析对象，同时与 43 份村支书或村主任问卷数据以及住房和城乡建设部乡村人居环境数据进行对照，以找到三类数据中所包含的共同对象，最终舍弃掉 12 个数据不符合要求的行政村，确定以表 4-2 中的 38 个行政村作为本章的分析对象。

在对所选乡村的相应指标数据筛选后，导入 SPSS 软件，对各指标数据利用 Pearson 相关系数进行两侧检验，逐一进行一致性检验，以确保选择的指标没有线性关系。

表 4-2　行政村数据分析一览表

编号	县（区）	村名	地形属性	区域发达程度	村庄发达程度	农业类型	居住类型	文化属性	人口流动
1		送店村	平原	落后	落后	种植业	散点居住	非传统村落	平衡
2		下畈村	平原	中等	中等	种植业	集中居住	非传统村落	平衡
3		高车畈村	平原	欠发达	欠发达	种植业	混合型	非传统村落	流入
4	黄陂区	张湾村	平原	发达	欠发达	种植业	散点居住	非传统村落	流出
5		茶庙村	平原	欠发达	欠发达	林业	散点居住	非传统村落	流出
6		杜堂村	丘陵	欠发达	中等	种植业	混合型	非传统村落	流出
7		姚集村	平原	发达	中等	种植业	散点居住	非传统村落	平衡
8		南港村	平原	中等	中等	种植业	散点居住	非传统村落	流出
9		任铺村	平原	欠发达	欠发达	渔业	散点居住	非传统村落	流出
10		师桥村	平原	中等	中等	种植业	散点居住	非传统村落	流出
11	监利县	横台村	平原	中等	欠发达	种植业	集中居住	非传统村落	平衡
12		柳口村	平原	中等	欠发达	种植业	集中居住	非传统村落	流出
13		向阳村	平原	落后	发达	种植业	集中居住	非传统村落	平衡
14		熊马村	平原	落后	欠发达	种植业	混合型	非传统村落	流出
15		香木河村	丘陵	欠发达	落后	种植业	散点居住	一般传统村落	流出
16		土库村	山区	欠发达	落后	种植业	散点居住	一般传统村落	流出
17	罗田县	罗家畈村	山区平原	欠发达	欠发达	林业	散点居住	一般传统村落	平衡
18		汪家桥村	丘陵	欠发达	发达	种植业	散点居住	非传统村落	流出
19		雪山河村	山区	落后	发达	种植业	散点居住	非传统村落	流出
20		新铺村	丘陵	欠发达	欠发达	种植业	散点居住	一般传统村落	平衡
21	仙桃市	大岭村	平原	欠发达	欠发达	渔业	散点居住	非传统村落	流出
22		挖沟村	平原	落后	落后	种植业	散点居住	非传统村落	平衡

（续表）

编号	县（区）	村名	地形属性	区域发达程度	村庄发达程度	农业类型	居住类型	文化属性	人口流动
23		织布湾村	平原	中等	中等	渔业	散点居住	非传统村落	流出
24		中岭村	平原	中等	中等	渔业	散点居住	非传统村落	流出
25		庆丰村	平原	欠发达	欠发达	渔业	集中居住	非传统村落	流出
26	仙桃市	先锋村	平原	欠发达	中等	渔业	集中居住	非传统村落	流出
27		林湾村	平原	中等	中等	种植业	混合型	非传统村落	流出
28		太洪村	平原	落后	中等	种植业	混合型	非传统村落	流出
29		下湖堤村	平原	中等	落后	种植业	混合型	非传统村落	流出
30		乐园村	山区	中等	落后	种植业	散点居住	一般传统村落	流出
31		关口垭村	山区	落后	落后	种植业	散点居住	一般传统村落	流出
32		马坪村	山区	欠发达	落后	种植业	散点居住	一般传统村落	流出
33		厚丰溪村	山区	欠发达	落后	种植业	散点居住	一般传统村落	流出
34	长阳县	两河口村	山区	中等	落后	种植业	散点居住	非传统村落	流出
35		郑家榜村	山区	中等	落后	种植业	散点居住	非传统村落	流出
36		马鞍山村	山区	落后	落后	种植业	混合型	非传统村落	流出
37		乌钵池村	山区	落后	落后	种植业	混合型	非传统村落	流出
38		花桥村	山区	落后	落后	种植业	混合型	非传统村落	流出

3）无量纲化处理

　　数据无量纲化处理是数据标准化（Normalization）的一种方法，通过无量纲化处理，原始数据均转换为无量纲化指标测评值，即各指标值都处于同一个数量级别上，主要解决数据可比性问题。因此，为方便数据的比较和分析，本章在将数据与指标体系变量对照的基础上，对数据进行无量纲化处理。通过 SPSS 对数据进行无量纲化处理，将所有指标量化到 0～1 之间，保证指标处在同一比较量级，利用标准化后的数据进行数据分析，根据各指标所占的比重进行计算后，最后得出各村庄的评分与排名（图 4 - 22）。

4.2.4　数据分析与结论

　　本节将表 4 - 1 中指标体系的 12 项分项指标数值通过雷达图的形式呈现出

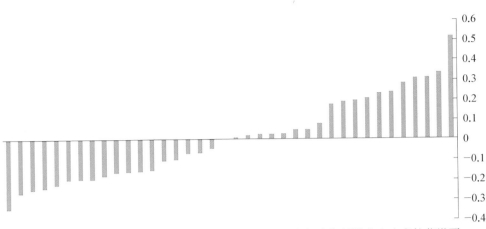

图 4 - 22　湖北省样本村庄宜居性排名

来，形成湖北省各村分项雷达评价图，以显示 38 个样本村庄在各类宜居性指标
上的强弱。并将所选村庄划分为五个层次（表 4 - 3），同时与各村的村庄属性进
行对应，更加全面客观地描述各类村庄的宜居性特征与分布规律，进而寻找提升
乡村人居环境的途径。

表 4 - 3　村庄宜居性分类

类　别	村　庄
宜居性好的村庄	两河口村、送店村、花桥村、挖沟村、高车畈村、庆丰村、大岭村
宜居性较好的村庄	南港村、姚集村、汪家桥村、郑家榜村、张湾村、织布湾村、先锋村、中岭村
宜居性一般的村庄	任铺村、下畈村、罗家畈村、马鞍山村、下湖堤村、横台村、向阳村、乐园村
宜居性较差的村庄	师桥村、茶庙村、香木河村、厚丰溪村、柳口村、土库村、雪山河村、太洪村
宜居性差的村庄	乌钵池村、林湾村、新铺村、熊马村、马坪村、杜堂村、关口垭村

　　由雷达图可以看出，所选取的各个村庄的宜居性既有共性又有差异，各类
指标对宜居性的影响强弱也各不相同。比如，发现绝大多数村庄的生态环境
没有得到有效保护，其评分较低；部分村庄的生产功能突出，显著提高了村庄
的宜居性；相反，部分村庄的生产功能较差，在客观供给层面导致宜居性减弱
（图 4 - 23～图 4 - 27）。

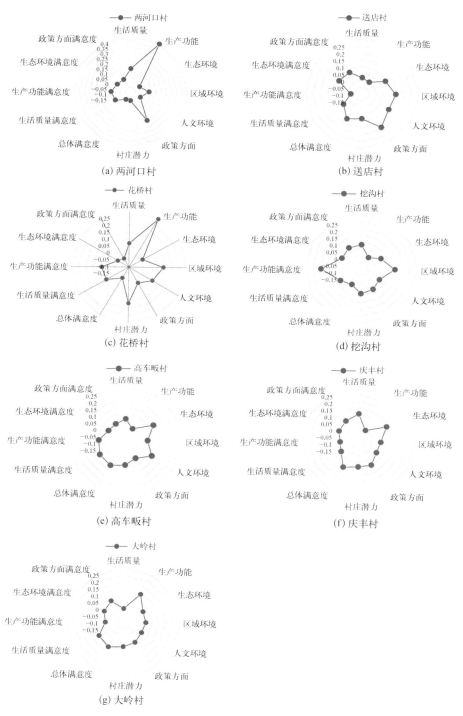

(a) 两河口村　　　　　　　　　　(b) 送店村

(c) 花桥村　　　　　　　　　　(d) 挖沟村

(e) 高车畈村　　　　　　　　　　(f) 庆丰村

(g) 大岭村

图 4-23　宜居性好的村庄

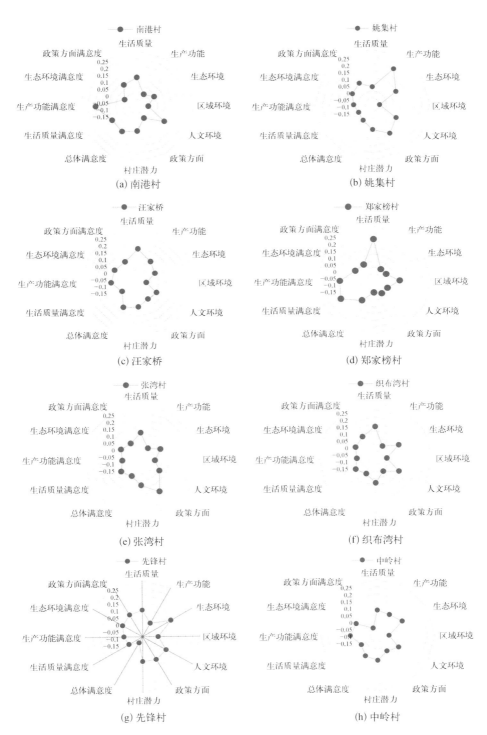

图 4 - 24　宜居性较好的村庄

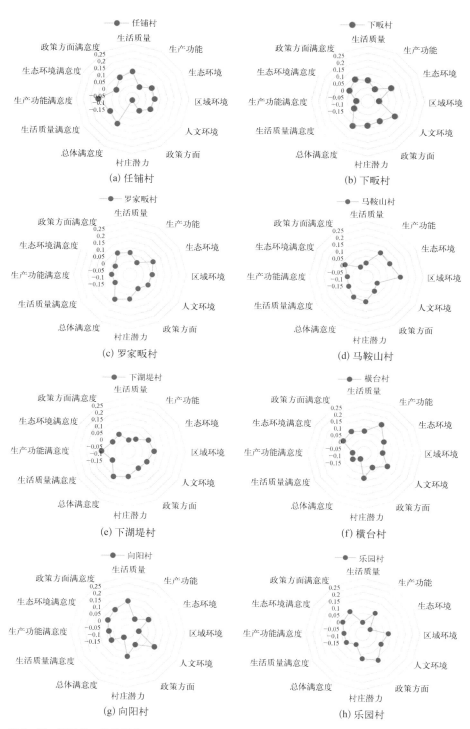

图 4‐25 宜居性一般的村庄

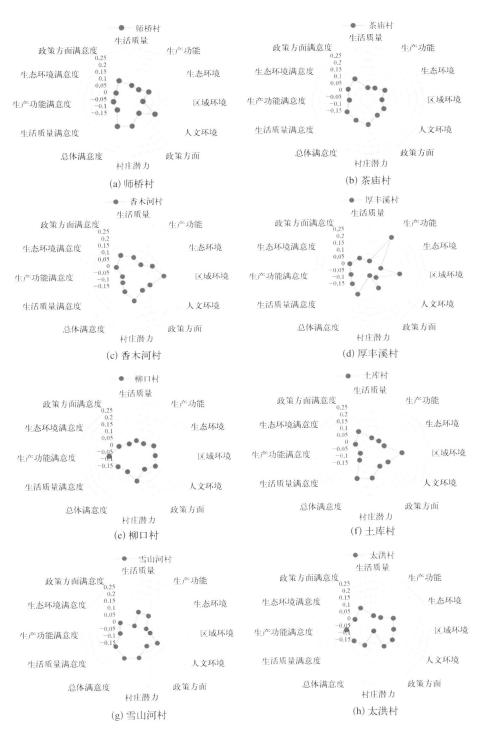

图 4 - 26　宜居性较差的村庄

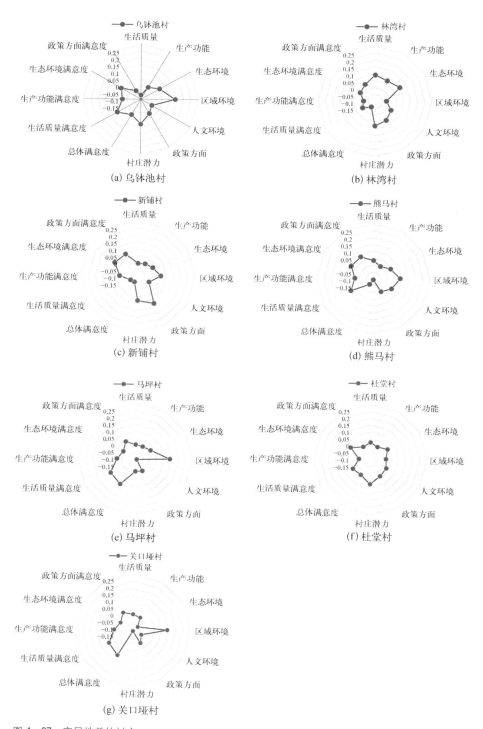

图 4-27 宜居性差的村庄

　　结合村庄属性来看，地形因素对湖北省乡村人居环境状况存在重要影响。具体表现为在选取的 38 个村庄中，宜居性好的村庄中平原村的数量占绝大多数，宜居性差的村庄以山区村为主；随着宜居性的减弱山区村的数量呈增加趋势，平原村的数量呈减少趋势（图 4-28）。可以认为自然因素尤其是地形因素仍在乡村人居环境中起着基础性作用，在现有自然条件下努力改善山区村的交通条件及基础设施建设等是提升山区乡村人居环境质量的重要途径。

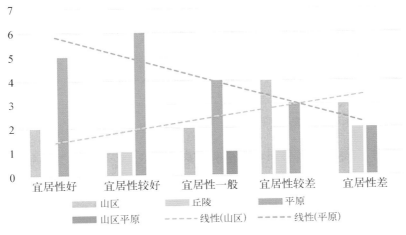

图 4-28　宜居性与地形属性的关系

　　在我国城镇化过程中，人口跨地区流动频繁，呈现出由乡村流向城市、由欠发达地区流向发达地区的特征。人口流动则直接地反映了乡村人口的居住意愿和村民对当地乡村人居环境状况的感知，并与城镇化过程息息相关。

　　在选取的村庄中，除罗家畈村、横台村、向阳村人口流入流出平衡外，其余村庄的人口流动系数（常住人口减户籍人口后与户籍人口的比值）呈负值，即湖北省绝大多数村庄均处于人口流出状态（图 4-29）。进一步探究乡村人口外流的原因不难发现：发达地区尤其是城市地区，因其经济发展水平较高、就业岗位较多，对乡村居民具有巨大的吸引力，同时农村地区不够好的人居环境又产生了巨大的推力，二者共同导致了湖北省乡村人口外流严重的状况。此外，乡村人口外流过程中，由于户籍制度的限制以及出于对生活成本等因素的考量，多数人选择保留乡村户籍但常年在外生活，甚至出现了空心村的状况，严重影响了乡村地区的发展。从总体来看，宜居性较好的村庄，人口外流的状况优于宜居性差的村庄,宜居性的好坏与村庄的发展正相关。通过完善农村物质环境建设、生态环境建设、社会环境建设以提高乡村的宜居性,能够有效促进乡村人口回流,实现乡村的健康发展。

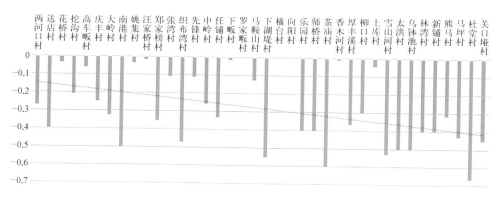

图4-29　各村人口流动系数(按宜居性从高到低排列)

　　乡村人居环境的改善也包括对传统村落的保护。近年来各学科领域对传统村落的关注越来越多,从湖北省情况来看,传统村落宜居性普遍较差,改善人居环境的需求十分迫切。宜居性好的村庄中传统村落的数量为零,宜居性越差的村庄中传统村落数量越多(图4-30)。

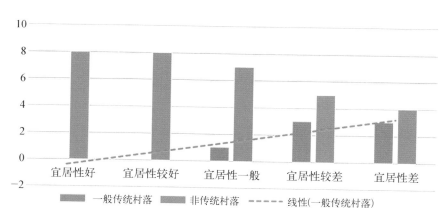

图4-30　村庄历史文化属性与宜居性关系

　　改善传统村落的住房条件、生态条件、基础设施建设、居民对生活的满意度等以提升村落人居环境质量,不仅有利于加强对传统村落的保护,更好地体现地域特征和村落特色,也有利于村落历史文化脉络的延续(图4-31)。

　　　　(a) 香木河村　　　　　　　　　　　　　(b) 厚丰溪村

图 4‐31　传统村落建筑状况

4.3　乡村人居环境演变的影响因素

　　本书从内部和外部两个维度考察城镇化背景下乡村人居环境演变的影响因素,内部维度包括农村的生态本底条件、资源禀赋差异及农户的空间行为,这些因素具有周期性和相对稳定性;外部维度中最大扰动因素来源于城镇化,此外还包括国家制度变迁及外部投资的拉动,这些因素作用强势,且有较强的波动性(图 4‐32)。根据系统科学的基本原理,一方面系统的维系源于基于功能联系的内聚力的作用,这种内聚力的变化也是系统发生变化的动力源泉;另一方面,当代乡村人居环境既是一种边缘化空间,又是一种开放性空间,从这种意义上,外部环境变化可能对当代乡村人居环境的演变产生决定性的影响。

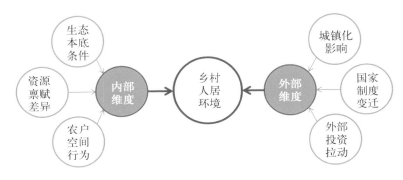

图 4‐32　乡村人居环境演变的影响因素

4.3.1 内部因素

1）生态本底条件

村庄形成的初期，受生产条件和发展水平的制约，往往是依附并顺应自然，在村落的选址、布局、建造上都呈现出因势利导、因地制宜的状态。原始的建设手法凝聚劳动人民的长期经验，与当地环境融合度高，空间丰富且多样。

地形因素决定了村庄最初的选址和规模，长江中游地区呈现丘陵山地与平原湖泊并举的局面，因此在地形上以丘陵村和平原村的分异为主。山地丘陵的村庄居民点选址一为河谷阶地及盆地处，二为沿山岭坡麓地带或山地之间的坝子地，三为零星分散的高山可耕地和矿区。受到地形限制，居民点规模较小，单个居民点内居住集聚度高，居民点形态呈线形、散点状。平原湖泊地区村庄主要考虑水利和防洪要素，选址更为自由，聚落选址以台、墩、堤、垸为基础；聚落规模较大，人口稠密，居民点围绕水域或呈块状分布。

在被调查的湖北的 48 个行政村中，平原地区聚落人口与用地规模明显较大：500 户以上的村落占 50%左右（图 4－33）。山区村落小村和中等村落共计约31.6%，明显低于平原地区。同时，平原地区居住更为集中，山区有 5 个以上的居民点的村庄占比达 63.2%以上，而平原地区多数的村庄居民点数量小于 5 个（图 4－34）。

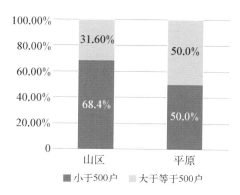

图 4－33　山区与平原乡村居民点规模对比

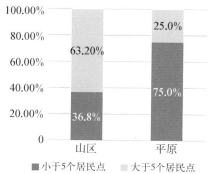

图 4－34　山区与平原乡村居民点数量对比

在村庄的发展过程中，自然条件对设施配置、房屋建设等方面的制约仍然明显。中部山区生态环境敏感脆弱、灾害多发、设施建设难度大、管理维护成本高，进而导致投资的风险高、回报周期长。这些地区的村民与外界的联系更为困难，收入往往较低，而乡村建设则需要支付更高的成本。由于上述原因，这些地区的发展逐渐滞后于交通便捷地区的村庄，且因为投资效益较低、积贫积弱，更容易陷入发展乏力、无人问津的恶性循环。

2）资源禀赋差异

村庄间存在显著的资源禀赋差异，导致了发展基础和发展路径迥异。资源禀赋可以分为矿产资源、动植物资源（农业特产）、景观资源、历史文化资源、交通区位优势。而现实情况是只有少数村庄拥得天独厚的条件，而大部分村庄则资质平平。在湖北调研村庄中所选取的 48 个村中，有 9 个村为一般传统村落，拥有生态、人文、古建等特色资源；其余的 39 个村都为非传统村落，缺少村庄特色。

资源禀赋的差异确实使某些村庄更容易获得外部机遇和政策的青睐，也更容易形成发展优势。在乡村旅游火热的背景下，在每个村都植入三产服务业显然是不合理的，理性面对村庄差异非常有必要。调研中还发现，村民对农村的价值认识不完全，认为暂时还没有产生旅游带动效应的田园景观和传统建筑都可以拆除。资质平平的村庄并不意味着没有存在和延续的价值，对于普通村庄而言，最根本的是要在提升乡村人居环境品质和公共服务水平方面做文章，切实提升村民的满意度和幸福感。继续深入挖掘村庄的文化内涵和地域特色，寻找未来的发展机遇。

3）农户的空间行为

随着技术的进步，农户对土地的开发利用强度越来越大，土地利用类型发生变化；人口增长导致对宅基地的需求增加，新建住房带来农村空间结构的变化；乡村工业化增加了农民就近就业的便捷性，但同时也导致了占用耕地、环境污染的问题。例如湖北省仙桃市彭场镇挖沟村，村级集体经济十多年来主要来源靠出租两处厂房，村内现有一家化工厂、一家砖瓦厂、四家织布厂以及许多小型无纺布厂(图4-35、图4-36)。挖沟村现有工业用地面积为1 100亩,总收益1亿元,现有鱼塘面积有1 000亩,总收益50万元,耕地面积1 200亩,但大部分现在设有工厂,大部分村民处于半工半农状态,已经没有了农田。同时村庄工业化发展不可避免地增加了村庄的环卫压力,环境污染也随之加重。

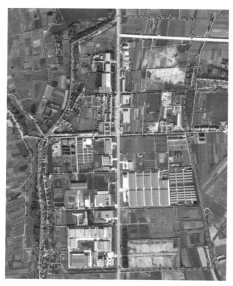

图4-35 湖北省仙桃市彭场镇挖沟村卫星图   图4-36 湖北省仙桃市彭场镇挖沟村村庄风貌

除了农户集体行为对乡村人居环境产生影响外,村庄中有能人阶层影响甚至主导了村庄的发展演变。在村庄自下而上的组织体系中,族长、村支书或村主任等组成的能人阶层毫无疑问是农村社会的权威。在农村社会中,这些"能人"往往是村里能力强、学识高、人品获得公认的,尤其以选举产生的村支书或村主任为代表。他们的能力高低和眼光长短深刻影响着村庄的发展,他们在向社会招商引资、向上级争取政策、在政府与村民间沟通协调、带领村民创业致富、带头建设或维护人居环境、向村民传播先进观念等方面具有不可替代的作用。

生态基底形成了乡村最初的分异和地域特色,资源条件一定程度上决定了乡村发展初期的路径和模式,同时乡村资源的开发利用也受到特定时期农户思想观念的制约。农户的空间行为一方面体现了地域文化的影响,另一方面在以亲缘为纽带的熟人社会中,能人效应显著。

4.3.2　外部因素

1）城镇化影响

以城市为主的外部带动力量牵引和催化了乡村人居环境的变化。首先在城市化的影响下，随着城市人口的逐年增多，城市用地的逐年短缺，大量近郊乡村在短时间内被侵蚀或成为城中村和城边村。例如：湖北省武汉市黄陂区武湖街道张湾村（图 4-37、图 4-38），西接周家湾村，东靠蔡咀村，北邻王兴四村，南依佳海农业发展公司，有 4 个居民点。紧靠汉施公路，距离武昌 8.7 千米。村庄东西向沿道路呈带状分布，周围大部分为城市工厂建筑，或是即将建设的居住区等用地。另外，城市文化对乡村的入侵也是一个重要方面。中部地区许多新农村建设呈现明显的"城市审美"。例如：湖北省武汉市黄陂区武湖街道下畈村，是武湖新农村还建点之一，图 4-39 显示了其城镇化后的村容村貌。

 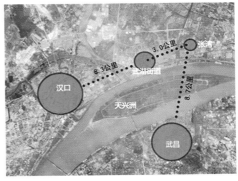

图 4-37　武汉市黄陂区武湖街道张湾村　　　　图 4-38　武汉市黄陂区武湖街道张湾村区位

产业是地区发展的根本动力，也是农民安居乐业的关键。乡村所处的区域环境，尤其是小城镇以及县域内的产业发展和就业岗位深刻影响着村民的生活水平和迁移选择，从而影响乡村人居环境建设。城镇产业发展良好、就业岗位充足，则村民就业充分、收入更有保障，长距离外出相对少，乡村建设的积极性和生活的幸福感总体也较高；相反，则乡村的空心化更严重，年龄结构更加老龄化，社会问题和设施矛盾更加突出，乡村建设和村庄发展的动力也较为匮乏。就调研情况来看，有产业发展的村庄，居民职业更加多样，能留住更多的年轻人，平均家庭年收入也远高于完全依靠务农的村庄。截至 2015 年,调研村中工业和专业服务业为主的村庄家庭收入最高,超过 6 万元,有 50% 的家庭达到小康水平,而没有产业的村庄家庭收入仅有 3 万多元,近 70% 家庭仍然贫困。

图 4‐39 武汉市黄陂区武湖街道下畈村村容村貌

长江中游三省城镇化发展一直以政府主导的发展为主,表现为通过基础设施和新城建设带动城市扩张,依托政策的推进和大量财政补贴的自上而下式的城镇化路径。以湖北省为例,这样的发展路径产生了高首位度的城镇体系结构,现在武汉市非农人口是湖北省除武汉外 11 个地级市市辖区非农业人口之和,GDP 是 11 市市辖区之和的 1.2 倍,财政收入是 1.6 倍。另一个现象是,几乎所有县城规模都远大于县域内非县城城镇"[83]。湖北、湖南两省的省会城市较强势,在全省有举足轻重的作用,江西省城镇发展比较均衡。省会城市强势意味着所有的资源都向大城市集中,导致小城镇发育乏力,基础设施落后,乡村发展缺乏产业依托。由于小城镇没有足够的经济活力,乡村剩余劳动力也集中到大城市务工,乡村人口流出加剧。

2) 国家制度变迁

诸如乡村土地、宅基地使用制度、土地流转制度、环境保护制度以及乡村政治经济等制度的转变与乡村人居环境建设模式、质量等密切相关。国家经济制度的几经变迁产生了截然不同的乡村政策，对乡村发展影响巨大。

改革开放前，"三级所有，队为基础"的人民公社制度实行的是"政社合一"的管理体制，即把基层政权机构（乡人民委员会）和集体经济组织的领导机构（社管理委员会）合为一体，公社对乡村生产资料和农户行为控制极其严格。1978 年开始，中国进行了广泛的乡村经济体制改革，主要内容是实行家庭承包经营为主的农业生产责任制，建立了集体统一经营与农户分散经营相结合的农业经营管理体制。这一制度变迁赋予了农户自主的权利，可以根据自身状况安排农业生产和分配劳动时间。新的土地制度使乡村土地使用由同质性向多元化转变，解放了生产力，激发了农户的生产积极性，提高了农户家庭收入，大大促进了乡村人居环境的发展和演变。1992 年国家向市场经济体制转变，资源配置的市场化机制起主导作用，对乡村经济的干预进一步规范和减少，乡村主体的行为自由进一步提升，造成了乡村人居环境的剧变。乡镇企业迅猛发展，乡村剩余劳动力流动速度和空间发生很大变化，个体户和兼业户逐步成为乡村经济发展的主导人群。

国家制度的变迁对乡村人居环境的影响主要有四个方面。一是对农户主体的行为有直接影响，农户对生产资料的权力大小、对土地利用的自主程度、对发展农业生产的积极性差异导致了乡村土地使用类型和强度的变化。二是随着收入的提高，农民对居住质量的要求日益提高，翻新、新建住房的活动日益增加，直接导致了村庄物质空间的变化。三是国家对基础设施和公共设施的投资和建设，降低了交通成本，改善了乡村公共服务水平，促进城乡空间格局的协调发展。四是非农产业的发展极大地改变了乡村风貌和农民就业情况，但同时也给乡村带来了生态破坏和环境污染的问题。

3）外部投资拉动

村庄面貌的迅速改变往往依赖直接的外部投资，如新农村建设、基础设施建设投资以及乡村旅游项目等。

新农村建设的设想自 2006 年提出以来,其内涵和外延在不断扩展,涵盖美丽乡村建设、精准扶贫、现代农业发展、乡村特色旅游、乡村环境综合整治等多个方面,对全国大范围内乡村人居环境的提升和改善产生了显著作用。以湖北省为例,10 余年来先后实施了多个促进战略,首先是提出"仙洪试验区"战略,探索江汉平原农业地区小城镇发展途径;其后,又实施了"鄂州城乡一体化试验区"战略,探索以城带乡,全域统筹发展的路径;2013 年,湖北省发布《关于开展全省"四化同步"示范乡镇试点的指导意见》;2016 年又提出将省级财政"一事一议"奖补资金中用于美丽乡村建设试点的资金、新农村建设示范乡镇及示范村奖励资金、省住建厅用于村庄建设与环境整治的资金、省环保厅用于乡村环境综合治理的资金等进行整合,每年重点支持300～500 个村开展美丽宜居乡村建设试点,到 2020 年底,建成 2 000 个左右美丽宜居示范村[①]。

作为一种强有力的外部投资力量,政府主导的产业和基础设施建设投资,如村村通工程、乡村污水及垃圾处理、公路建设、安全饮用水、乡村清洁能源和民居改造等项目等,既可以直接改变乡村人居环境、促进经济的发展,又可以通过其溢出效应间接促进经济增长,有效地提升村庄的造血能力。据统计,2017 年我国公路、水运完成固定资产投资预计达 1.8 万亿元,其中新改建乡村公路 20 万千米,新增通硬化路的贫困地区建制村 7 000 个,新增内河高等级航道达标里程 500千米,建设城市和乡村快递公共投递服务站各 10 000 个,新增通客车建制村4 000 个[②]。由此可见,基础设施建设投资仍然是下一阶段乡村人居环境提升的最主要拉力。

乡村旅游主要是利用乡村自然景观、人文历史及名胜古迹和乡土文化,以适宜的价格吸引游客前来观光、休闲与度假。乡村旅游是当前我国旅游业发展的一个热点和趋势,市场需求的强势助推和国家政策的大力支持,使得乡村聚落的旅游开发呈现"潮涌"现象。投资方式以政府主导和开发商整体打造为主,对乡村的建筑和景观环境进行审美舍取、提炼、重组。特别是在资源条件较好的村庄,乡村旅游开发能够有效提升村庄环境,促进农民收入增长。例如湖北省武汉

---

① 　资料来源:湖北省财政厅。

② 　参考搜狐财经,http://business.sohu.com/20170106/n477930555.shtml。

市黄陂区祁家湾街道王棚村，村庄中保存有中分卫遗址、古潭禅寺等文化遗产（图4-40、图4-41）。中分卫遗址属新石器、商时期文化遗址，属于省级文物保护单位。古潭禅寺始建于唐朝，民间流传的"上有古潭，下有归元"就源于这一历史。古潭禅寺一直是附近居民的信仰朝拜地，每逢庙会，前来朝拜的信徒更是络绎不绝。依托良好的历史资源，王棚村适当发展了乡村旅游，提高了居民的收入。

图4-40　王棚村古潭禅寺

图4-41　王棚村中分卫遗址

对外部投资的盲目依赖也会产生明显的弊端：新农村建设往往按照投资方主导的规划模式，虽能短期内形成各类样板和范例，但缺乏内生发展动力，仅仅靠大量主动投入的模式难以全面推广；同时，缺乏深度的工作模式和城市化的标准使得村庄特色缺失、地域面貌趋同、建筑环境异化等现象大量存在。旅游开发主体往往以经济利益为先导，若无有效的约束措施，开发过程中极易产生占用耕地、浪费自然资源、破坏生态环境的恶果。

4.4　乡村人居环境发展的主要问题和提升对策

4.4.1　主要问题

相比于东部沿海地区，中西部地区的城乡发展存在明显的共性。《国家新型城镇化规划（2014—2020）》明确提出，相比于对东部地区城市群的优化提升战略，中西部地区对应的是培育发展战略：中西部城镇体系比较健全、城镇经济比较发达、中心城市辐射带动作用明显的重点开发区域，要在严格保护生态环境的基础上，引导有市场、有效益的劳动密集型产业优先向中西部转移，吸纳东部返乡和就近转移的进城务工人员，加快产业集群发展和人口集聚，培育发展若干新的城市群，在优化全国城镇化战略格局中发挥更加重要的作用。

因此，梳理长江中游地区乡村人居环境发展的主要问题有两个出发点：一方面强调其与东部沿海地区乡村发展的阶段性差异，挖掘长江中游地区所体现的中西部地区共性问题；另一方面探索长江中游地区作为粮食主产区和水陆交通枢纽，在中西部地区内部的独特性。基于此，笔者认为长江中游地区乡村人居环境发展的主要问题有以下四个方面。

（1）区域内部差异明显，经济发展水平与人居环境质量不匹配

长江中游地区内部乡村的发展差异仍然十分明显，表现在经济发展水平、农民收入、基础设施水平、产业模式等方面。但经济发展水平的好坏不等于乡村人居环境的好坏。根据生态位中的"态势理论"，任何生物单元（无论是自然界还是人类社会中）都以一定的状态存在并对周围环境产生相应的影响，即包含"态"和"势"两个方面的属性。将乡村视为一个人类社会系统，"态"是过去生长发育、学习、社会经济发展与环境相互作用积累的结果（包括能量、资源占有量、人口、经济发展水平、环境质量等）；乡村的"势"可以理解为乡村的现实影响力和支配力（包括能量物质交换速度、生产率、人口增长率、经济增长率等）[115]。乡村在不同的发展阶段呈现不同的状态，"态"的变化一般呈 S 形曲线，而"势"的变化则呈钟形曲线。在乡村经济发展的初期，乡村人居环境迅速提升，对周围环境的正向影响力强劲。当经济发展到一定阶段后，乡村对环境的现实影响或支配力会降低，出现环境污染、增长率放缓等状况。在现实中我们也发现，一些城郊型农村受到城镇的带动，村庄的产业发展和建设活动已与城镇接轨，村民的收入水平、生活方式也与城镇居民无异，但接踵而来的建设无序、管理混乱、土地破碎等问题影响了人居环境和土地价值的进一步提升。有些偏远地区的乡村，虽然经济发展的水平相对较低，但是其传统乡村风貌和格局保持较完整，村民间融洽和谐的人际关系得以延续。因此，我们发现在经济发展水平与乡村人居环境的效益不匹配时，如果继续走依赖工业化和城镇化的单一发展道路，将导致乡村发展

的内卷化。

（2）小城镇产业推动力不足，乡村劳务高输出

相比于东部沿海地区，中西部地区的大城市的辐射带动作用还处于点轴阶段，其他地区呈现低水平均衡发展格局，尚没有像江浙粤地区那样形成连片网络状。本次调研发现长江中游地区小城镇没有形成像苏南和浙北一样的乡镇产业集群，也没有成熟发育的民营经济群体，产业发展严重依赖大企业投资和政府主导的园区建设，导致产业缺乏群体竞争力和可持续发展的动力。此外，工业层次较低，往往以低端的来料加工、农副产品商贸为主，处于产业链低端且不完善，对周边经济的拉动作用不强。乡镇工业企业少，乡镇总体基础设施、公共服务水平低，导致小城镇的产业推动力弱，吸纳的非农就业人数有限。

长江中游地区乡村，尤其是山区乡村，劳动力外流现象明显，村庄空心化严重。智力因子大量流出又导致了乡村地区产业升级的动力不足，形成恶性循环。据湖北省调查数据显示多数村庄仍以人口流出为主，比例高达 78.9%，而以人口流入为主的村庄仅占 2.6%（图 4 - 42）。人口净流出的另一个影响是乡村社会文化环境瓦解，农户原子化使得农户只关心自身和家庭的经济利益，而不关心村庄的公共事务，任由乡村人居环境衰败[52]。

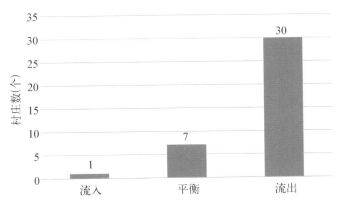

图 4 - 42　样本村庄人口流动状况

（3）基础设施滞后，村庄建设水平普遍较低

长江中游地区乡村经济社会发展的基础较弱，城乡二元差异明显，不仅乡村

生活水平较低,一般中小城市的建设水平也较发达地区滞后。湖北省的调研数据显示,大部分乡村缺少周边小城镇的基础设施支持,调研涉及的很多小城镇虽然工业发展较好,但缺乏足够的公共服务设施,镇区的乡村区域服务职能正在趋于瓦解。相应地,县城逐步承担了部分原本由乡镇承担的功能。据对涉及的 17 个乡镇进行的问卷调查显示,乡村居民对于周边小城镇的公共服务设施满意程度普遍较低,仅有 5.30% 的居民对文体娱乐设施表示满意(图 4‑43),而对交通设施的满意度也仅为 15.80%(图 4‑44)。

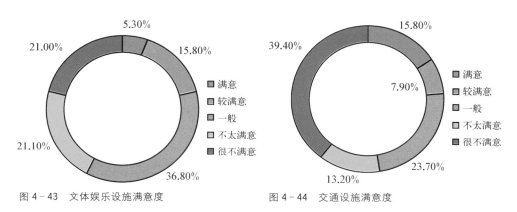

图 4‑43　文体娱乐设施满意度　　　　　　图 4‑44　交通设施满意度

依赖外部投资的发展路径能够在乡村短期内实现公共服务、基础设施以及家庭空间设施等方面现代功能的提升,但是也颠覆了千百年来缓慢形成和自然生长的乡村人居环境价值,从某种程度上讲,"格式化"了乡村的原生秩序,割裂了乡土文化。农宅设计高度相似、布局呆板,产生了大量均质、单调的肌理。快速的建设方式产生了大量的整齐划一、机械式的乡村社区,严重破坏了自然环境与人工环境的有机界面关系,失去了尊重自然、有节制利用自然的乡土传统。这些因素共同造成了乡村建设水平低下,乡村景观特色丧失。

（4）人地关系紧张,生态环境敏感脆弱

中国人均耕地面积不足世界水平的一半,长江中游地区作为我国传统的粮食产区,人均耕地面积更少。2014 年第二次全国土地调查的数据显示,湖北省人均耕地面积 1.3 亩,江西省 1.045 亩,湖南省 0.9 亩,均低于全国人均 1.52 亩的平均水平。长江中游三省的地形,山地和丘陵、岗地均占到了国土面积的 80% 左右。而城镇恰好位于耕作条件较好的平原水网地区,因此城市扩张侵占的良田比例高。由此所致的人均耕地少、相当一部分耕地质量不高、耕地后备资源不足等问题是长江中游三省乡村地区面临的严峻现实。同时在快速城镇化背景下，乡村青壮年劳动力大量外流，农业生产方式仍然比较落后，农业生产率较低，耕地抛荒（图 4 - 45）和低效使用的现象十分普遍。

图 4 - 45　部分村庄土地抛荒现象

资料来源：http：// www.chinadaily.com.cn / hqgj / jryw / 2011 - 11 - 17 / content_4390439.html。

此外，我国中部山区属于山地高原环境脆弱贫困带，由于对山林资源的滥用和过度开采，山体滑坡、水土流失、洪水等灾害问题较突出。环境脆弱与贫困的联系度高，贫困人口在空间上聚集于由若干乡村连片形成的贫困集中带，或以山区或流域单元为中心的连片困难地区。长江中游三省涉及我国四个连片特殊困难地区，包括秦巴山区、大别山区、武陵山区和罗霄山区。生态脆弱和贫困问题的叠加使得此类地区的乡村人居环境提升面临巨大的挑战。

4.4.2　提升对策

1）重视差异、分类引导、全面发展

我国中西部地区城镇化总体处于从起步阶段向中期加速阶段的过渡时期，大部分城市（尤其是中西部地区）还处于资源集聚阶段，尚无法全面实现"城市反

哺集镇和乡村"。发展模式与政策制定的差异化设计应充分考虑村庄自身地理环境、资源条件、发展基础、社会风俗等诸多要素。这不仅应体现在东中西区域之间或各省市自治区之间，在市、县甚至镇等更微观的层面都应形成差别化、针对性的措施，并在实际操作中赋予一定灵活性，结合村庄自身的特点，因地制宜，分类引导。

在研究中发现，以空间布局和土地使用为出发点的乡村规划在解决乡村问题时表现出诸多局限性。乡村的许多问题根源在城市，乡土社会的运行规则、国家政治经济政策等都对乡村人居环境形成、演变发挥着至关重要的作用。乡村规划师要以专业性和区域性的眼光指导农村建设，完善各项设施，衔接各级城乡体系；同时要把自己当作一个社会工作者，充分深入地调研，调动村民集体共同参与，发挥群体智慧和内聚力，培育和唤起村民的自主性，根据村庄自身资源引导村庄特色发展，有效优化乡村人居环境。

2) 农业牵引、工业催生、吸引回流

长江中游乡村应依托现有农业基础，以农产品商品化和产业化为目标，延伸农业产前研发、农业生产、农产品加工、包装、流通等各个环节，引入大企业，通过互联网＋模式整合农业全产业链，推动农业产业化和乡村工业化。在现有农业基础上，推广特色农业先进技术和新型合作组织模式，大力开展示范性农业生产基地建设，推动农业规模化、产业化经营，提高农产品附加值，形成以农业发展分区为基础，社区基层农产品生产节点为支撑，特色农业示范产业基地为龙头的农业产业格局[116]。在景观资源条件较好的地区，结合特色农业发展乡村旅游、休闲度假等三产服务业，走绿色生态发展道路。

此外，解决乡村产业发展的关键在发展小城镇和县域层面的经济活化，但中西部地区乡村的发展不可能复制东部沿海地区工业化的发展路径。东部沿海地区乡村发展的苏南模式、浙江模式、珠江模式，分别代表乡镇企业、乡村工业化和乡村城市化的三种模式。它们的共性是县域经济发达，小城镇培育良好。目前我国东部沿海地区的劳动密集型产业开始向东南亚和非洲一些人力成本更低的地区转移，而高端消费品和精密制造业等则回流到欧美地区，中西部地区想承接沿海产业转移需要面对更激烈的成本竞争。我国步入新常态之后，城市转型发

展、绿色低碳高效成为下一阶段的重要导向。因此,中西部地区继续走传统工业化的单一发展道路是不适宜的,必须根据自身的实际情况,提出针对性的发展策略,明确定位。主动承接发达地区的转移劳动、技术密集型产业,吸引乡村富余劳动力向省内回流,促进外出劳务人员返乡就业、创业、置业。

3) 完善供给、提升质量、财税支持

当下长江中游地区乡村问题是长期区域发展不平衡、存在城乡二元结构的结果。乡村地区基础设施建设极其滞后,制约了乡村居民生活水平的提升。增加就业机会和完善公共服务是吸引人口的重要举措。一方面要统筹城乡与区域发展,不断加大资金和人才的投入,实现发达对落后、城市对乡村的反哺,追平历史的欠债;另一方面,除了提升基础设施的数量和分布外,要注重公共服务质量的提升,如更新和提升中小学教育设施和医疗设施,引入高水平的教师和医师,这需要设计出更好的制度吸引和留住专业人才为乡村服务。

我国乡村基础设施的资金需求巨大,据国家统计局测算,到 2020 年乡村建设所需要的资金总量在 15 万亿元左右,是 2008 年财政总收入的 2.5 倍。因此国家要将乡村基础设施建设逐步纳入公共财政支出范围,不断拓展对农业和农村支持的领域,建设资金的安排应更加强调向困难地区、困难人群倾斜,并促进公共服务的均等化。同时大力创新农村基础设施投融资体制机制,以财政作为杠杆,撬动更多社会资本、金融资本投资农业。

4) 生态集约、低碳高效、健康安全

长江流域特别是中下游省份,在我国农业生产中发挥着举足轻重的作用,但长期单纯追求产量,引发了十分严重的农业污染问题,依靠各种石化投入品发展"化学农业"的特征十分明显。如偏施氮肥导致植物体内硝酸盐含量增加、土壤物理性质恶化、水体富营养化,而滥用劣质磷肥则会带来砷、镉、氟、汞、铅、三氯乙醛等污染。在长江经济带"大保护"的前提下,长江中游地区的乡村要扮演好长江流域生态环境修复、山区生态保育的重要角色。根据习近平总书记的要求,要把实施重大生态修复工程作为推动长江经济带发展项目的优先选项,实施好长江防护林体系建设、水土流失及岩溶地区石漠化治理、退耕还林还草、水土保

持、河湖和湿地生态保护修复等工程,增强水源涵养、水土保持等生态功能,走生态优先、绿色发展之路,真正使黄金水道产生黄金效益。

乡村地区优美宜人的环境仍是吸引村民留在乡村的一个重要因素。在乡村地区主动选择开发与使用清洁能源,加大乡村环境综合治理力度,确保乡村饮用水安全,改善乡村生态与人居环境。同时与梯度式、渐进式城镇化策略相配合,挖掘特色资源型、低碳高效型产业及循环经济,有序转移农村人口,推进城乡生活污染同治,全力构建乡村生态文明,实现健康安全城镇化。

综上所述,传统乡村趋于固化的"乡土关系"发生根本性变化,从而导致乡村人居环境产生连续的动态性变迁,长江中游地区乡村人居环境面临的问题复杂且严峻。推进其质量提升、探索乡村地域新型人居环境模式的形成,需要因地制宜地制定实施路径。中部地区的发展更依赖政策扶持和宏观规划,且面临更敏感的生态环境压力。因此,在国家转型发展的背景下,长江中游地区乡村要实现绿色开放和可持续发展,必须错位发展,提升核心竞争力,形成强劲的内在动力。

第 5 章 长江中游乡村人居环境微观调研样本

5.1 山地丘陵区

5.1.1 长阳土家族自治县龙舟坪镇郑家榜村

1) 村庄概况

（1）村庄区位及自然地理条件

郑家榜村位于湖北省宜昌市长阳土家族自治县龙舟坪镇西部的沿头溪上游，东与全伏山村相邻，南与厚丰溪村和鸭子口乡接壤，西与贺家坪镇渔泉溪村交界，北与高家堰镇魏家洲村毗邻。郑家榜村自然环境优美，四面环山，是典型的山地丘陵乡村(图 5－1)。

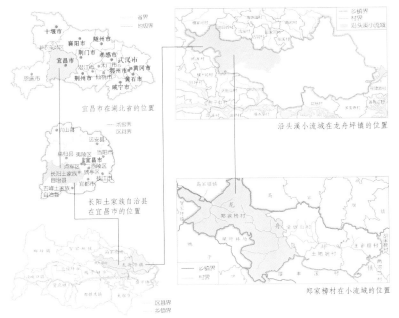

图 5－1 郑家榜村区位

郑家榜村地处武陵山脉,位于沿头溪小流域西部,山地特征明显。沿头溪小流域构造属溶蚀—侵蚀中低山地形,地形地貌自西向东呈梯级蜿蜒于沿头溪两岸,呈现出西北高、东南低的地势形态。小流域上游山高坡陡、山势险峻、河谷深切,小流域下游地形渐趋平缓、地势开阔。郑家榜村域内地貌主要以山地为主,最高海拔1504米,最低海拔129米,村域中坡度大于25°的部分占全村面积60%以上(图5-2)。地形地貌复杂的郑家榜村拥有多样的生态空间和零散的居民点分布形态,也代表着山地丘陵地区乡村人居环境的主要特征(图5-3、图5-4)。

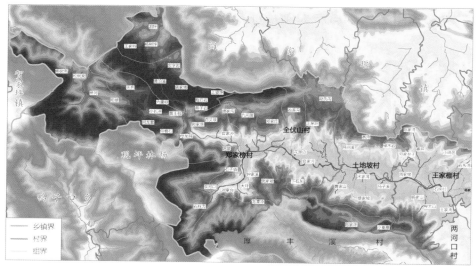

图5-2　郑家榜高程地形

图5-3　郑家榜村入口山地丘陵风貌

图5-4　郑家榜村鸟瞰

(2)人口、土地和产业概况

① 人口概况及居民点分布特征

在沿头溪流域,郑家榜村和全伏山村的非农劳动力较多。郑家榜村由原来的郑家榜、双河、天齐、黄沿 4 个自然村合并而来，目前郑家榜村辖 10 个村民小组，706 户，总人口 2 266 人（2014 年）。全村劳动力 1 505 人，其中从事二、三产业的劳动力约 1 000 人（图 5 - 5）。全村从事加工业和三产等非农业生产的达 385 人，成为全村首先致富的群体。在郑家榜村域中各组的人口数量分布均匀，郑家榜村域东部为中心村湾，人口较为集中，其他区域人口分布基本一致（图 5 - 6）。

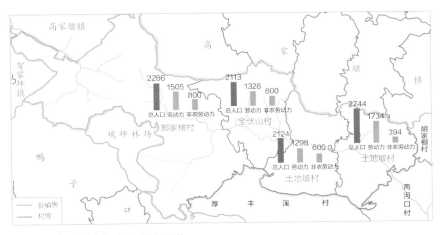

图 5 - 5　沿头溪小流域人口资源现状

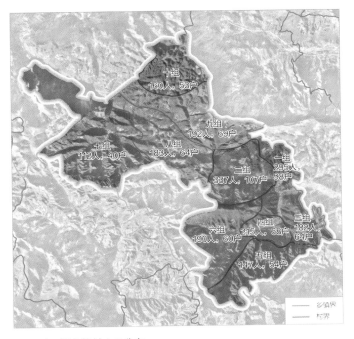

图 5 - 6　郑家榜村人口分布

② 土地概况

郑家榜村人均林地资源丰富,地域辽阔。村域面积为 41.21 平方千米,其中耕地面积 414 公顷,水域面积 18 公顷,林地面积占比较大,为 3 664 公顷,占村域总面积的 86.05%,村域森林覆盖率为 88.91%。耕地资源匮乏,仅占村域总面积的 10.07%。村域内,乡村居民点用地面积为 40.49 公顷,占村域面积的 0.98%,农村居民点用地零散分布,在村域中南部呈小规模集聚(图 5-7)。丘陵地区则分布较零散。

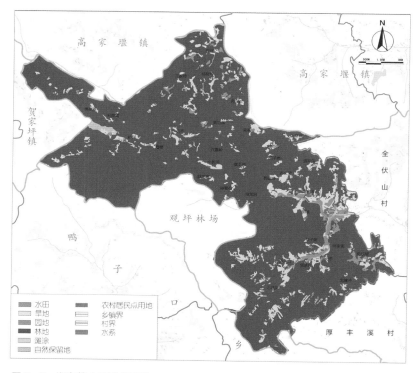

图 5-7 郑家榜土地利用现状

③ 产业经济概况

改革开放以来,郑家榜村的人民在解决温饱后,大力调整产业结构,利用村域大部分地区土壤、气候、降水、光照的有利条件,发展魔芋、天麻、核桃等产业(图 5-8),近五年乡村经济总收入增长近 1 倍,2014 年达到 3 560 万元;农民人均纯收入增长近 3 倍,2014 年人均收入达到 8 880 元;村外出务工劳务收入增长近 6 倍,2014 年达到 4 150 万元,打工经济对村民增收贡献巨大。郑家榜村产业以农业为主,主要粮食作物有玉米、红薯、洋芋、油菜等,主要经济作物有柑橘、核桃、魔芋、蔬菜、茶叶等。郑家榜村现状特色产业包括规模种植、特色养殖两类。从 2014 年小流域各村种植产量对比来看,郑家榜村的种植业和养殖业在小流域中均有一定的优势。

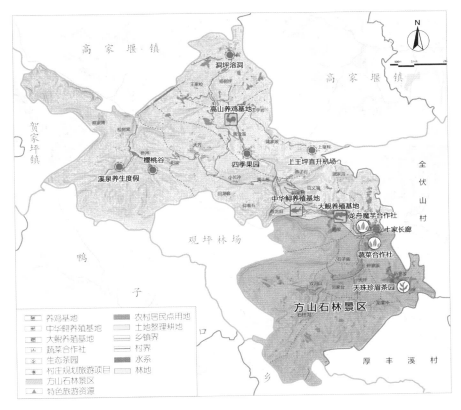

图 5-8 郑家榜现状产业及其分布

种植业方面,已建成了蔬菜合作社与魔芋合作社。中山地带 5 880 亩核桃园、500 亩高山蔬菜基地和 300 亩魔芋种育基地正在建设中,部分村民自主进行了园林苗木、药材的试种经营,效益可观;特色养殖主要发展高山林下养鸡和泉水养殖大鲵、中华鲟。

另外,随着大山旅游资源的形成,农家乐等旅游服务业也成为村里的新兴产业。郑家榜村具有独特的高山产业,如高山种植蔬菜、高山养鸡、泉水养殖大鲵和中华鲟等(图 5-9)。如何通过现有特色产业及旅游资源实现脱贫致富成为郑家榜村目前的关键问题。

图5-9 郑家榜现状产业类型

产业结构方面，近五年村域产业构成较稳定，第一、二、三产平均占比分别为60%、30%和10%。一产收入包括农业、林业、牧业；二产收入为村民在县域范围内务工所得；三产仅为公共服务性质的商贸服务业。

农产品收入方面，郑家榜村各类农产品中粮食、油菜等作物难以带来可观经济效益；魔芋运往县城制成半成品出口，收益较高、较稳定；蔬菜、泉水养殖前几年市场行情好、收益较高，2013年后普遍低迷。在龙舟坪镇的22个行政村中，郑家榜村的耕地面积占比最高，乡村经济总收入与农民人均纯收入都处于全镇较低水平，与全伏山、土地坡、王家棚经济水平相近，小流域四村处于均值化贫困状态（图5-10～图5-12）。原因包括：一产区域相似度较高，规模化程度低，抗市场风险力低，且存在土地荒置问题，整体农业附加值低；二产动力不足，现状工业总量不高，且环境代价巨大；三产层次较低，结构单一，且旅游业尚未系统开发。

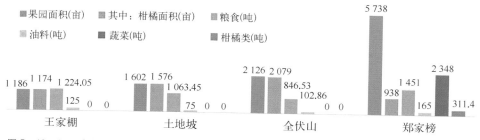

图5-10 2014年沿头溪小流域四村种植业产量对比

图 5 - 11　2014 年沿头溪小流域四村养殖业产量对比

（3）村庄的地域特色

① 山地丘陵地区的特殊性

郑家榜村被山地怀抱，形成大小不等的
谷地、沟壑等自然地形风貌，村域空间资源
主要有山、水、林、田、宅；村域内建设用地主
要在东部平原集中，可集中建设土地稀少。
山地村庄的特点是山多地少，适宜建设的土
地在乡村经济快速发展的现阶段基本得到
了充分利用。在此基础上，为集约使用土
地，整理集中建设用地显得尤为重要。

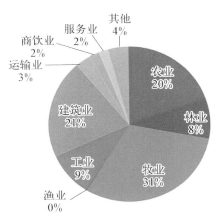

图 5 - 12　郑家榜村总经济收入行业构成

产业发展多具特色，但现有产业集约化发展难。郑家榜村具有平原村庄不
具备的自然景观资源优势，因此，山地产业发展除了耕种和养殖业外，还可以借
助自然的景色和山、林、水等资源开发旅游、休闲度假等第三产业。此外，山体多
宝贵的矿产或特有植物等资源，可有计划地开采，以此招揽相应工业项目落户，
发展第二产业。与其他平原村庄相比，山地村具有发展多元产业的相对优势，也
存在不能吸纳普通工业企业项目落户的劣势。经济发展是村庄生存的必要条
件，也是我国建设社会主义新农村的关键所在。但是山地乡村经济发展起步较
晚，村民及领导对企业选址统一规划的认识和考虑不多，这不仅会使村庄整体布
局更为混乱，分布零散，浪费了有限的可建设土地，也增大了零散产业有效整合
的难度，使产业成规模、集约化发展存在很多阻碍。

② 生态旅游及文化资源丰富

郑家榜村旅游资源可分为自然风景资源和历史人文资源。由于天然的地
理条件优势，郑家榜的自然资源主要体现在山水资源方面。"山"资源主要包
括郑家榜、全伏山和土地坡三村相连的方山石林带以及郑家榜的洞坪溶洞；

"水"资源主要包括小流域的溪流景观、郑家榜村的高山优质水源野人溪和双河溪石(图5-13)。郑家榜村历史人文资源主要集中于一组、二组、三组3个村民小组,主要表现为有古宅、古桥——古宅主要为二组传统聚落建筑群;古桥为二组千年古桥(图5-14)。坡改山间梯田也是村域内的独特山地人文景观。整个村庄环境优美,旅游开发潜力大,但目前村庄水生态环境压力大,石林等山地坡地的开发矛盾突出,相关旅游配套设施分布不均匀,人文和自然景观质量、资源等级以及知名度不高,亟待对相关资源进行改造升级。

(a) 双河溪石

(b) 郑家榜村方山石林

(c) 野人溪山田

图5-13 郑家榜村自然资源

(a) 二组传统建筑聚落

(b) 二组古桥

(c) 坡改山间梯田

图 5-14　郑家榜村人文资源

2) 乡村人居环境特征分析

（1）自然生态环境

郑家榜村域内以山地为主,丘陵主要集中在村域西北侧,生态自然基础较好,适宜特色产业种植。同时山地丘陵地区也是我国少数民族土家族的主要聚居地,因此郑家榜村山地人居环境具有明显的文化多样性。矿产、水能、生物资源等也大都集中在郑家榜山地丘陵片区。山地丘陵片区既是生物多样性和濒危物种的宝库,又是河流的发源地和平原的生态屏障,其生态环境状况与下游与平原地区的关系重大。

（2）地域空间环境

① 居民点分布和居住环境

把在空间上集聚、处于同一地理空间类型的居民点,拥有共同的连续耕地的范围划分为居住斑块,由此可以看出,郑家榜村域内居民点总体呈现小散零乱的格局,且道路交通的建设对居住空间的吸引力较大。居民点在海拔低、坡度平缓处分布密集;居民点在海拔高、坡度较陡处分布零散;居民点呈现向交通干道集聚的分布趋势。

郑家榜村域面积广阔,村庄建设用地多沿村域内主要道路分布。受自然地形的制约,山地乡村的村域面积虽然广阔(普遍为平原村庄的两倍以上),但可集中建设的用地相对匮乏,村民居住建筑用地布局十分零散,甚至每个村民小组都分布在不同的区域内。郑家榜村典型聚落肌理为簇状结构,道路呈树枝状,居民点沿道路两侧布局,主干道处人流量大。各支路间搭接有横向道路,便于交通联系(图 5-15)。

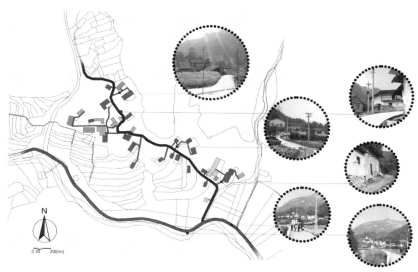

图 5－15　郑家榜村典型聚落平面肌理

郑家榜村典型聚落位于背山面水且地形坡度较缓的坡地上，由山体到水域形成了"山—林—坡—田—屋—路—水"的空间形态结构（图 5－16），居民点散布在河流的沿岸，位于道路和富有地域特色的田垄之间（图 5－17）。近山地区地形坡度逐渐增加，在居民点田垄与较大坡度山体的过渡区域为梯田，空间层次感较强。一条坡下的主干道分出的支路延伸至聚落内，所有农户的耕地紧密分布在聚落外围。其日常生活空间构成"一宅一园"的结构（图 5－18），街巷及庭院空间丰富，但公共活动空间缺乏。受地形地势的影响，村庄街巷与庭院空间的布置较为灵活，每条街巷都展示着不同的景观形象，由此形成的强烈的归属感和亲切

图 5－16　郑家榜村人地空间分析剖面

感,使人融入其中、乐在其中。同时这些街巷空间和庭院空间也能够最大限度地体现乡村特色(图5-19)。传统的乡村公共活动空间规模小,可以围绕门口、巷口、溪边、树下布置,但是随着农民信息交流的增多以及生活水平的逐步提高,其活动空间的局限性日益明显,已经不能满足广大村民进行集体活动的需要。因此,乡村公共活动空间的规模应有所扩大,活动设施也应加以完善。

图5-17　郑家榜村典型聚落

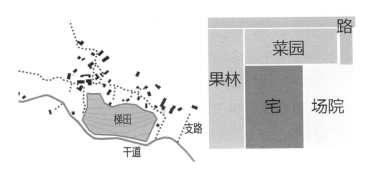

图5-18　郑家榜村居民点"一宅一园"结构示意

图5-19　郑家榜村民居现状

② 公共服务设施和环境卫生状况

郑家榜中心村湾给水水源主要为高山泉水,共四个取水口,用管道接引山泉水至各个蓄水过滤池,再通过管道接入用户,入户管网采用枝状网布置。村委会附近设置有三条排污管道,接村口污水处理池,其他农户生活污水主要排入化粪池。全村每户均有化粪池,约30%农户配有沼气池,其中60%农户居住在中心村湾。雨水设施主要设置在沿河流、道路以及坡改梯田。部分排水渠兼具灌溉的作用,全村未形成完善的雨水排放系统。中心村湾现具备基本的电力设备,入村电压110 kV,通过变电箱之后减为10 kV,目前正在进行电路改造升级。中心村湾设置有基本的环卫工程设施,其中垃圾箱基本实现了中心村湾全覆盖,主要沿道路布置。

3) 社会文化环境

郑家榜村地方民俗丰富而有特色,兼具土汉民族特色,有发展民俗旅游活动的潜力。郑家榜村位于荆楚与巴蜀的交界地段,同时也是土家族与汉族聚居区,具有丰富的历史文化资源和极具特色的民族文化资源。长阳县是巴人故里,土家族的发祥地。这里历史悠久,巴土文化积淀深厚,源远流长,是著名的"歌舞之乡",高亢悠扬的长阳山歌、典雅隽永的长阳南曲、质朴粗犷的土家跳丧舞,无不展示出巴土文化的风韵和土家民族的精神。

5.1.2 罗田县三里畈镇錾字石村

1) 村庄概况

（1）村庄区位及自然条件

錾字石村坐落在罗田县三里畈镇北端,东部紧邻大别山,与天堂农场接壤,西北紧挨麻城,自古就是官商必经的驿道(图5-20)。錾字石村地势西高东低,山地面积占全村总面积的80%,耕地面积占15%,森林覆盖率80%,具有山地丘陵地区村庄的典型特征(图5-21)。

罗田县属于湖北省贫困县和劳务输出大县,改革开放以后,乡村土地制度的改革给山区的农业经济带来了很大改变,但处于非粮食主产区的錾字石村,因受限于山区偏远的地理环境、闭塞的交通条件以及落后的区域社会经济状况,农民贫困的生活状况没有得到很大的改善。

图 5 - 20　鄢字石村的空间地理区位

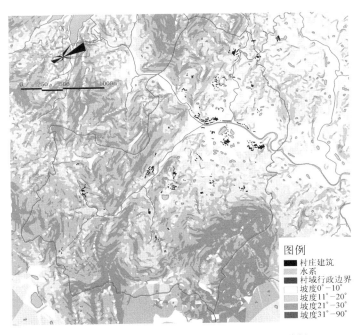

图 5 - 21　鄢字石村现状建筑空间布局图与高程分布的 GIS 分析

二十世纪八九十年代起,大量青壮年劳动力奔赴省城及沿海地区务工,劳动了乡村的改革与发展。

(2) 人口、土地和产业概况

① 人口概况及居民点分布特征

鍪字石全村有 536 户,17 个村民小组,28 个自然湾落,总人口 1 998 人 (2012 年)。全村劳动力人口为 1 280 人,其中从事农业生产的 610 人,从事非农业的 670 人;全村低保户 110 人,五保户 30 人;在本乡镇从业人员 710 人,其中从事农林牧渔业 610 人,从事二、三产业 100 人,外出就业人员 570 人(图 5 - 22~图 5 - 24)。

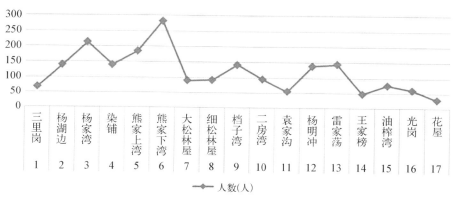

图 5 - 22 鍪字石村 17 个村民小组人口分布情况
数据来源:鍪字石村 2012 年农村经济统计数据。

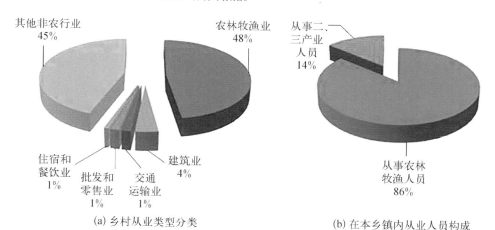

(a) 乡村从业类型分类   (b) 在本乡镇内从业人员构成

图 5 - 23 鍪字石村从业类型与本镇从业人员构成
数据来源:鍪字石村 2012 年农村经济统计数据。

　　② 乡村的姓氏构成及宗族组织

　　錾字石村拥有很强的宗族社会基础——血缘、宗族关系,但由于经历了新中国成立后国家政权在基层的建立,传统的宗族社会关系不复往日的牢固,计划经济时期残留的村民小组的生产协作关系在村内仍发挥着基层共同体的组织作用。但传统的宗族文化在对后辈的道德教化中

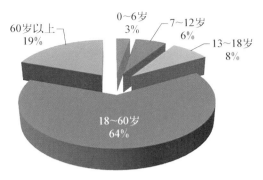

图 5-24　錾字石村人口年龄结构
数据来源:錾字石村 2012 年农村经济统计数据。

仍然有一定影响,在村庄的日常生活中明显能体会到该村民风淳朴,村民间和睦互助。

　　③ 土地和社会经济概况

　　深处大别山区的錾字石村“八山一水一分田”的地理格局明显,传统粮食种植面积少,林业种植面积多,錾字石村目前全村总面积 6.44 平方千米,其中总耕地 1 245 亩,山林 4 755 亩,水田 182 亩,旱地 163 亩(种芝麻、花生等)(图 5-25、图 5-26)。此外,山区闭塞的对外交通,多年来一直是限制山村经济的瓶颈;同时,山村所在县域多年为省贫困地区,经济发展落后,城镇化水平不高,乡镇企业吸引县域剩余劳动力就业能力不强。目前,农民主要经济收入来源是外出打工收入和农业收入(图 5-27、图 5-28),全村的劳务输出率比较高。

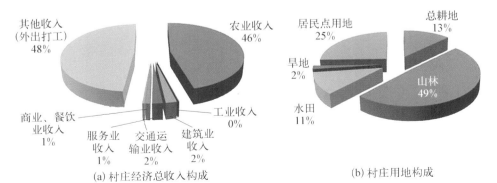

(a) 村庄经济总收入构成

(b) 村庄用地构成

图 5-25　錾字石村总经济收入构成及用地构成
数据来源:錾字石村 2012 年农村经济统计数据。

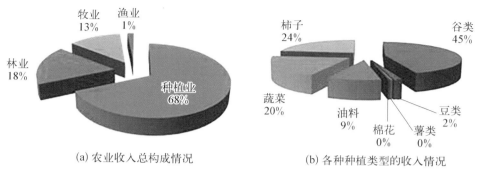

(a) 农业收入总构成情况

(b) 各种种植类型的收入情况

图 5 - 26　鏊字石村农业总构成及种植类型构成
数据来源：2012 年鏊字石村农村经济统计数据。

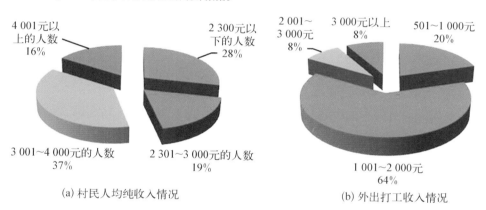

(a) 村民人均纯收入情况

(b) 外出打工收入情况

图 5 - 27　鏊字石村农民人均纯收入及其中外出打工收入情况
数据来源：2012 年鏊字石村农村经济统计数据。

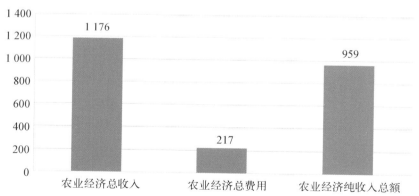

图 5 - 28　鏊字石村总体农村收益分配情况(万元)
数据来源：2012 年鏊字石村农村经济统计数据。

　　村民主要农业收入来源于种植业，其中除了种植传统谷物以外，还种植山村特色的农产品甜柿和板栗(图 5 - 29)。作为县域农业经济的特色产业，鏊字石村

的甜柿、板栗久负盛名，全村每年板栗产量 200 吨，甜柿产量 160 万公斤。村民
每年板栗收入在 5 000～8 000 元，甜柿收入在 3 000～5 000 元（图 5-30）。随着
路网体系对大别山的辐射，县域交通水平大幅改善，乡村很多个体经营业主利用
与省城交通的便利，从事建材装饰等业，利用新时期乡村发展建设机遇，获取了
可观的经济收入。

图 5-29　錾字石村林地种植景观

图 5-30　錾字石村社会经济相关产业空间分布现状

④ 土地利用现状

鋈字石村居民点用地布局分散,生产生活用地混杂,空间界限模糊,多以口头相传、邻里作证为准(图5-31)。随着乡村人口流动性增强,农业抛荒现象严重,邻里间及同村村民代耕行为增多,农业耕作及生产用地的使用权与所有权出现了分离,随着乡村几年、十几年代际转移的推进,权属纠纷在土地市场价值实现后日益凸显。在鋈字石村乡村用地的规划布局与调整过程中,缺乏对用地的实际掌握与对使用情况的了解是规划工作难以有效推进的原因。乡村基层管理疏于对相关信息的记录,导致新时期农村规划的推进阻碍重重。

图5-31 村湾宅基地与农业用地的混合杂乱

⑤ 自然和文化资源

鋈字石村所处的大别山区是湖北省红色旅游、红色文化核心区,同时当地盛产多种农业土特产。罗田县的板栗和甜柿名闻全省、全国,而鋈字石村板栗、甜柿的品质则是其中的佼佼者。村庄特色的农业资源也给村庄带来了浓厚的农业文化,带动了山村旅游业的发展,也给农民带来了更多的收入。每年罗田县和鋈字石村都会举办颇具文化特色的甜柿节活动。

鋈字石村深处大别山,群山环绕,地势险要,溪流穿涧而过(图5-32)。鋈字石村古风犹存,传统的历史建筑、有着几百年树龄的古树名木,为村庄的聚落风貌和自然景观增添了古朴的韵味。现代农业生产景观、名川大山景观、古朴村落景观以及与此相生相伴的村庄传统人文文化为鋈字石村的发展提供了难得的物质和非物质的旅游资源,同时也为全村未来的可持续发展提供了优势和保障(图5-33、图5-34)。

图 5－32　由北至南眺望村湾核心区生态农田及果林景观

图 5－33　由南至北眺望村湾核心区生态农田及果林景观

图 5－34　由西向东眺望村湾核心区自然布局

2）乡村人居环境特征分析

（1）自然生态环境

釜字石村位于大别山南麓的罗田县以东,地势西高东低,村域内以山地为主,崇山峻岭、沟壑纵横、森林茂密;丘陵地形集中分布于村域西北侧,森林覆盖面积较大,生态自然基础较好,适宜发展特色产业种植。大别山地区有华东森林最茂盛、物种最丰富、保存完好的天然林和天然次生林,产生了许多大别山特有的物种,如罗田甜柿、垂枝杉、大别山山核桃、大别山五针松、大别山冬青、罗田玉

图 5-35　錾字石村周边环境卫星影像图

兰等。錾字石村是中国甜柿第一村,是举世闻名的古柿树村,有百年以上的古柿树 5 000 株,有 900 余年的栽培历史。錾字石甜柿是原产我国唯一的完全甜柿,果实在树上成熟时自然脱涩,味道鲜美、甜脆,被誉为"国际珍品"。錾字石村不仅地产甜柿,而且风光旖旎,山清水秀,村内有三百年古桂花树、百年古绞藤树、银子石、罗汉岩、佛祖庵等名胜古迹(图 5-35)。

（2）地域空间环境

① 居民点分布和居住环境

錾字石村的 17 个村民小组布局分散,因地处山地丘陵地区,交通不便捷性。村湾核心腹地空间极为有限,自然村湾散落规模较大。从 2006 年开始,各村湾开启了建新房高潮,村民的住宅多建于半山腰上,自然村湾的分布和各村民小组的农业生产耕作关系也紧密相关,如每户村民自家的板栗树和甜柿林都紧邻现有住宅或直接位于屋前院后,祖辈相托,从未改变(图 5-36、图 5-37)。

图 5-36　居民住宅与果林的关系

图 5-37　村湾居民点与周边林地的关系

② 居住条件的差异

錾字石村 28 个自然村湾布局分散,自然环境及农业协作环境的差异造成了

乡村居住条件的不同(图 5-38),主要体现在以下方面:一是居住建筑面积及建筑质量的差异。村湾中心即全村地势最低处的村民住户居住建筑多以三层及以上为主,建筑多以新建框架结构和半框架结构为主;远离村中心,地势较高的村湾内住宅多为两层及一层,以土坯房和砖混房为主。二是居住村湾规模的差异。全村最大的两个村湾为熊家上湾和熊家下湾,村中心位置的规模与布局关系符合传统聚落研究中聚落位置优势和聚落势力规模的关系。三是乡村的居住条件和农业生产条件密切相关,受山地自然地势及村域农业灌溉用水的影响,村中心的位置雨水充沛、地势平坦,适合一定规模农业灌溉生产,所以中心村湾农业生产空间与居住空间的关系更加合理,如人畜关系及晒谷场的服务半径。

图 5-38　村湾深处大量危旧住宅与新建洋楼形成鲜明对比

③ 公共空间的组织

相关学科对公共空间定义不同,从乡村社会发展变迁的角度,笔者将錾字石村的公共空间简单分为以下三类:村落自然型、传统文化型和现代公共服务型。

村落自然型公共空间是指根据村庄地域、地理、文化特点,村民在日常生产、生活习惯中自然组织形成的活动、交往空间。这类公共空间有一定内生性,依赖一定范围内公共生活的紧密度和交往人群的同质性。传统文化型公共空间是指村民有一定精神需求、可以进行思想交流的公共场所。现代公共服务型空间是指受村庄外部一定行政力、市场力、文化力驱使形成的公共交流场所。虽然人们对乡村公共空间类型做了多样性划分,但其公共特性是社会内部已存在的、一种具有某种公共性且以特定空间相对固定下来的社会关联形式和人际交往结构。人们可以在其中进行交流交往,各种村内组织、文艺活动、村民集会、红白喜事都可以发生在其中(表 5-1、图 5-39)。

表 5-1　鏊字石村公共空间的类型

公共空间类型	要　素
村落自然型	村头村尾、巷间、河埠、井口、桥头、树下、晒场、早市
传统文化型	寺庙、道场、宗祠
现代公共服务型	村委会、村级文化广场、小卖部、小学

图 5-39　鏊字石村自然型公共空间和现代服务型公共空间

现代村庄社会是由经济、文化、行政、组织等诸多空间场域构成的集合体。每个空间场域内发生的人际互动都不同程度地向村庄社会提供社区整合的黏合剂，派生出不同形式的"社会关联"，从而决定整个村庄社会秩序状况。调查中发现，鏊字石村村落自然型公共空间衰败现象严重。新时期，村庄留守人口多以妇女、老人、儿童为主，原有的公共活动空间随着人际交往网络的断裂而出现萎缩。但随着乡村人力资源的外流，外出务工人员牵挂乡村，村里人的守望感强烈，对宗教、宗族的寄托感增强，传统文化型公共空间在鏊字石村有复兴和发展的趋势；而现代公共服务型空间，如基层财政供给的村委会、村民广场以及小学等长期处于环境落后、供给不足的状态。

④ 建设风貌

乡村建设风貌影响乡村主体对村落的认同感和归属感，同时也反映乡村所展示的地域文化的真实性和地方性特色。作为乡村社会资本的研究载体——乡村，其传统风貌的维持与重塑对于乡村社会发展、乡村文化建设及乡村的可持续发展有着重要作用。就对鏊字石村的调研结果，可将该村的乡村建设风貌主要分为三种：居民生产、生活风貌，乡村自然聚落空间风貌，农村特色果园风貌。

鏊字石村 28 个村湾的自然形态分布有团状、松散团状及散点状等几种，每个村湾都有随山就势、背山面水的布局特点(图5-40)。虽然錾字石村果林种植特色明显,但传统的农业生产低效、分散,林地杂草丛生,影响了果园风貌的特色和运营管理。新时期,随着市场经济不断发展,錾字石村在发展建设的同时要兼顾农业果园生产的便利性和生态景观的安全性,应将农业生态景观特色纳入新时期农村风貌建设中。

图5-40 錾字石村建筑空间依山就势的布局

(3) 社会文化环境

① 宗族文化

熊姓为錾字石村的第一大姓,村内有熊氏宗祠及完整的族谱。宗族文化是当前乡村治理及社会整合的重要力量(图5-41)。

图5-41 熊氏宗族牌匾及传统建筑门脸上的宗族寄语

② 民间信仰文化

村庄共同体因为共同的信仰和文化积淀,在长期生产生活中形成了共同的行为规范、认同标准以及价值理念,这都是乡村社会资本形成的重要条件。对于

图 5 - 42　鋬字石村的五宝庵寺

有着长期交往基础的共同体,文化传统与价值、信仰有利于推动共同合作与集体行动。鋬字石村有着丰富的历史文化,多以励志育人为宗旨,"礼义仁智信"对乡村人的道德标准、价值信仰影响深刻。鋬字石村作为一个拥有2 000人口的基层行政村,有两座佛家寺院和一座道家寺院,分别为五宝庵寺、佛祖庵和龙兴观,分布于村域范围内几处制高点上。宗教的教义为村民的心灵守望提供了一定程度的精神寄托(图 5 - 42)。

③ 民风民俗

古语有云:"仁者乐山,智者乐水。"鋬字石村风土人情纯朴,村里自古学风很好。一个村曾考上 12 个秀才的故事流传至今,目前村里仍留存有状元桥、达官桥等多座古桥(图 5 - 43)。据史料记载,1813 年后,中状元的陈沆就曾读书于此。历来的浓厚的重学、尊重知识的乡土民风,使得这里读书走出去的孩子都有一股奋斗、不服输的精神。村里很多读书人正是在这般乡土文化的熏陶下,一步步从社会最底层走向社会上层。新时期,鋬字石村文化生活丰富,传统的踩高跷、耍大头、打拳、耍鞭子、舞狮子等民间文娱节庆活动,不仅为村民提供了热闹喜庆的乡村氛围,也为村民间的交流和互动提供了机会。

图 5 - 43　鋬字石村内有历史典故的古桥

5.2　平原湖区

5.2.1　钟祥市旧口镇温岭村

1) 村庄概况

（1）村庄区位与村庄历史

温岭村位于江汉平原北部，隶属于湖北省钟祥市旧口镇。村庄区位、交通条件优越，紧邻216省道和汉江航道，距沪蓉高速出入口17千米，距在建的枣石高速出入口仅10千米，半小时可到钟祥市区，2小时可到武汉，1小时可到达江汉平原北部各主要城市（图5-44）。

图 5-44　温岭村区位交通图

温岭村历史不算悠久，只有80余年，但却是江汉平原洪涝灾害的历史存证。1935年汉江发生特大洪水，汉堤钟祥段全线溃堤，江汉平原北部一片汪洋。温岭村所在区域紧邻汉江，附近村落被冲毁殆尽。直到1936年汉江遥堤建成后，流离失所的乡民才在此处高地重建家乡，温岭村的"岭"字就反映了该地是江汉平原中的一块高地。

（2）人口规模与构成

据《旧口镇国民经济统计年鉴》统计，2015年温岭村辖5个自然村，共计321

户,户籍人口 1 267 人,其中 60 岁以上老龄人口 140 人,外出务工 460 人。

从温岭村近 40 年的人口变化可以看出(图 5 - 45),从 1990 年起,温岭村人口数量出现下降之势,中间虽有短暂的回升,但总体呈减少的趋势。这与改革开放后我国开始快速城镇化,乡村人口向城镇人口转移的大背景相符合。温岭村 60 岁以上的老龄人口达 11%,乡村已经迈入老龄化阶段。村内外出务工人员比重高达 36.3%,这预示着该村户籍人口将进一步减少,乡村正面临空心化的挑战。

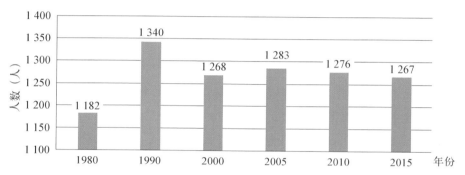

图 5 - 45　1980—2015 年以来温岭村人口数量变化
数据来源:作者根据相关年份《旧口镇国民经济统计年鉴》绘制。

(3) 自然环境与土地利用

温岭村地处江汉平原腹地,面积 2.14 平方千米。村域地形以平原为主,地势平坦开阔,地表起伏较小,海拔高度在 32.5～41.5 米之间。村内河渠密布、湖塘众多,村东以石门干渠为自然边界,村西独占 176 亩水塘,具有江汉平原典型的地貌环境特征(图 5 - 46)。

图 5 - 46　温岭村村域整体环境

温岭村处于亚热带季风气候区,四季分明、雨热同期、日照充足,年均气温15.9℃,年平均降水量在 900～1 100 毫米之间,全年降水主要集中在 3—7 月。

温岭村土地利用类型丰富多样,其中耕地总面积 2 506 亩(其中水田 736亩),人均耕地面积 1.98 亩;村庄建设用地 25.5 公顷,人均建设用地 200 平方米;此外,村内还有水塘 230 亩,果园林地 17 亩。

(4) 经济发展与主导产业

① 经济发展

2015 年温岭村经济总产值 4 440 万元(其中农业总产值 2 835 万元,工业总产值 908 万元),外出务工收入 1 397 万元,年人均纯收入 15 511 元。

外出务工是村民另一项重要的收入来源。2008 年后,通过组织村民参加"阳光工程"外出务工培训,扩大劳务输出人数,转移大量乡村闲置劳动力,当前外出人数已占到全村总人数的近四成。

② 主导产业:生态农业

生态农业是温岭村的主导产业。2015 年全村农作物总播种面积 4 910 亩,其中粮食 2 412 亩,产量 908 吨;油料作物 1 677 亩,产量 425 吨;蔬菜 708 亩,产量2 615 吨;棉花 113 亩,产量 9 吨。2015 年全村出栏生猪 3 398 头,渔业产量 321 吨。为巩固农业产业优势,温岭村建立了村级农贸协会,为村民提供产前、产中、产后服务,并成立生猪养殖专业合作社和水产养殖专业合作社,扩大养殖规模、提升市场竞争力。

2012 年以来,温岭村村民李明华改良创新的"香稻嘉鱼"农田生态种养殖模式,成为该村发展生态高效农业的一张名片(图 5-47)。

图 5-47　温岭村"香稻嘉鱼"生态农田

"香稻嘉鱼"综合种养模式概括来说就是"一田多用,一季多收",其最早记载于明史《承天大志》,是一种古老的立体生态种养模式。这种模式首先需要在稻田内开挖围沟,并在沟渠旁种植桂花。3月下旬,在稻田围沟里投放小龙虾苗种,小龙虾在种满紫云英的稻田里生长;5月下旬,降水位,捕捞小龙虾出售;6月上旬,栽秧,秧苗返青后投放甲鱼;8月,沟渠旁的桂花与水稻同步开花;9月底,晒田,甲鱼进入围沟,机收水稻。撒下紫云英种子,作为来年绿肥;年底春节期间,甲鱼上市,土地休耕,再到来年3月重复流程。

"香稻嘉鱼"养殖模式中,甲鱼以小龙虾的蜕壳和昆虫为食,甲鱼、小龙虾粪便为水稻提供充足的有机肥料,同时桂花与水稻相互香薰渗透,生产出独具桂花清香的有机水稻。在这种模式下,农田的整体效益比传统种粮模式高10倍,并促进了乡村农业的可持续发展。因此这种稻田高效利用的生态模式,在江汉平原北部逐渐被推广开来。

2) 乡村人居环境特征分析

(1) 自然生态环境

江汉平原地形平坦开阔,地势较低,区域内河网密布、湖泊众多。随着明清时期筑堤修垸、围湖垦田,江汉平原农业得到极大发展,一跃成为全国重要的粮食产地。但同时修筑堤垸、围垦湖泽又堵塞了汉江支流与泄洪渠道,致使江汉平原洪涝灾害频发。

1935年的洪水重构了江汉平原北部的地貌,留下大量的沟渠、水潭,也使得该地形成了"田—塘—渠—河"的自然生态系统(图5-48)。当前村落中大小渠塘皆是汉江洪灾后留下的,通过这些水塘河渠的配合,能够有效应对洪涝,涵蓄水田,保障了地区农业生产安全,维护了乡村自然生态的和谐。

(2) 地域空间环境

① 村落选址与分布

温岭村现辖5个自然村,分别是温家岭、杨家台、王家台、赵家台和陈家湾。这5个自然村除陈家湾沿石门干渠分布外,其余都分布在平原腹地的高台之上(图5-49)。这除了反映出江汉平原乡村传统沿河湾分布的特征外,也反映出在汉江洪灾后,乡村居民点建设更注重生存安全的考量,由临水而居转变为择高而居。

图 5-48　温岭村"田—塘—渠—河"的自然生态系统

图 5-49　温岭村各自然村分布图

② 乡村居住环境概况

通过旧房更新规划,结合地域特色与居民生活的需要,温岭村构建了"前菜、中居、后果园"的特色居住单元(图 5-50)。通过改造院落门栋,建立统一街道立面,并动员农户整修庭院,美化生态环境,实行柴草统一堆放,畜禽统一圈养的环保模式(图5-51、图5-52)。

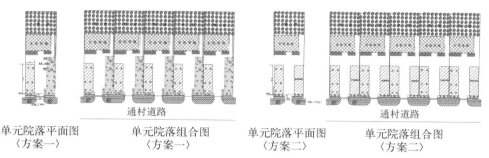

单元院落平面图   单元院落组合图   单元院落平面图   单元院落组合图
〈方案一〉   〈方案一〉   〈方案二〉   〈方案二〉

图5-50 温岭村"前菜、中居、后果园"的居住单元示意图
资料来源:温岭村村委会。

单元院落大门   单元院落大门
正立面组合图   侧立面图

图5-51 温岭村旧房更新规划实施改造方案
资料来源:温岭村村委会。

图5-52 温岭村村容村貌

大力推广生态能源,全村推行"一建三改",即建沼气池,改厨、改厕、改圈。当前全村已建成沼气池200多口,沼气入户率达到70%以上,近九成的农户改建了厕所。

通过生态示范农村与生态示范家园的建设,温岭村实现了乡村环境的改善与风貌的提升,被评为市级卫生示范村。

③ 乡村基础设施建设

一是完善道路建设。温岭村通过新农村建设,完善了村庄道路,扩宽与硬化入村主要干道,并建设通村组的道路,同步进行道路两旁的绿化与亮化建设(图5-53)。

图 5-53　温岭村入村主干道

　　二是完善管网设施，实现污水处理。温岭村已建成覆盖全村的自来水厂，年供水量 12 000 立方米，实现户户通自来水。通过完善下水管道，温岭村实现了生活污水的有效集中处理（图 5-54），并结合水域环境整治，来恢复居民点周边水域生态功能，提升乡村整体居住环境。

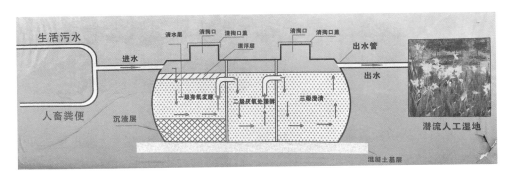

图 5-54　温岭村农村生活污水处理流程示意图

　　三是实现网线覆盖。温岭村通过架设电网，实现了农村电网、通信线路与镇区的联网覆盖，拓宽了村民的视野，丰富了村民的娱乐生活（图 5-55）。

　　四是集中处理垃圾。温岭村投资修建了 24 个覆盖全村域的垃圾回收池，实现了垃圾不落地，同时，在居民宅前实现垃圾回收桶的全覆盖，方便日常生活垃圾的收集与集中处理（图 5-56）。

　　④ 乡村公共服务设施建设

　　一是实现基础公共服务设施建设。根据上级乡村公共服务设施配套建设的

图 5-55　温岭村网线架设

图 5-56　居民宅前的垃圾回收桶

基本要求,温岭村投资 3 万元修建省定标准的村级卫生室,实现 100％的新型农村合作社医保参与率。此外,温岭村也高质量地完成了其他一些乡村基本办公场所的建设(图 5-57、图 5-58)。

图 5-57　村卫生室

图 5-58　村党政会议室

　　二是村民活动场所建设。温岭村结合村民对文化娱乐、健康生活的需求,实施了"一厅、三场、八室"的建设规划。将已被废弃的村小学投资改建成为村部娱乐中心,并命名为温岭"农民乐园"(图 5-59)。先后建设了舞厅、篮球场、乒乓球场、健身场、棋牌室、图书室、台球室、村民学习活动室、广播室、党员远程教育活动室等设施,丰富了村民文化娱乐、活动锻炼的场所与设施,提升了村民的幸福指数。

　　三是特殊公共服务设施的建设。为解决村民殡葬的安置问题,温岭村建设了规范的村级公墓,占地约 4 亩。公墓的修建节约了农田土地 60 亩,也杜绝了村内殡葬乱占、乱放、乱埋的现象。同时对纸鞭的燃放也进行了规范,限定了地点,保证了祭祀的安全(图 5-60)。

图 5 - 59　温岭村"农民乐园"大楼

图 5 - 60　温岭村集体公墓与纸鞭燃放点

（3）社会文化环境

① 村民构成与村庄社会关系

温岭村属于杂姓村,村民主要有王、陈、杨、温、张五大姓氏,各姓氏人口居住呈现大混居、小集聚的态势。村内居民通婚交往较为频繁,加之有较为规范的民主议事制度,村庄社会关系和谐。

② 特色民俗

温岭村所在区域的衣食起居、节庆时令、人伦礼仪等民俗较为丰富。凡遇婚事嫁娶、寿诞生辰,本族亲戚及邻里乡亲都要随礼,俗称"赶人情"。改革开放后,婚礼的习俗越发隆重,新郎、新娘分别坐"科席"和"凤席",后来这两席转变为坐"龙凤席"。村里新生儿出生的第九天要请客,叫"洗九"。在重大节日和节庆期间,还会组织秧歌舞、腰鼓舞、划旱船、蚌壳精、拉犟驴等民俗表演,场面热闹纷呈（图 5 - 61）。

图 5-61　温岭村民俗文化表演

③ 乡村文化建设

温岭村把乡村文化建设作为保持农村社会稳定，提升农民素质，全面建设新农村的基础保障。

一是丰富文娱活动。通过温岭村农民乐园的建设，先后建成舞厅、篮球场、乒乓球台、棋牌室、图书室、健身场所(图 5-62)；组建了女子乒乓球队、男子篮球队、腰鼓队、文娱队，逢年过节经常组织各种文艺演出，积极参与全市新农村建设文艺汇演，并多次获奖。同时，温岭村每年定期召开一次农民运动会，充实了村民农闲时间，丰富了村民的精神文化生活。

图 5-62　温岭村农民健身活动器材

二是模范文明评比。温岭村在村民中积极开展模范文明户的评比活动，认真普及《温岭村文明公约》，文明公约包括：爱国守法、勤劳致富、崇尚科学、移风易俗、团结互助、诚实守信、强身健体、保护环境，共 32 字。通过除陋习、树新风活动，丰富了农民的文化生活，倡导了健康、文明的生活方式，陶冶了农民的精神情操，有力地推动了农村精神文明建设(图 5-63)。

图 5 - 63　温岭村村民自绘的乡村文化墙

　　三是专业技能培训。温岭村通过联合村内技术能手,成立乡村实用技术协会,网罗本村及周边各村几百户村民,通过分享种植经验、培训技能方法,帮助普通村民脱贫致富。此外,村委经常组织干部群众利用远程教育工具,扩充知识储备与职业技能,了解更多致富信息。

　　当前,温岭村村民的精神面貌积极向上,讲卫生、讲文明已蔚然成风,村里连续多年无矛盾纠纷、无治安案件、无上访事件发生,先后被授予市、县两级"文明村"的荣誉称号。

5.2.2　鄂州市涂家垴镇三九村

1) 村庄概况

　　(1) 区位交通

　　三九村地处长江中游平原,湖北省鄂州市涂家垴镇东部,梁子湖南岸(图 5 - 64)。村庄东接南阳村,南与宅俊社区接壤,西与官田、熊易村为邻,村域面积 258 公顷,距离鄂咸高速最近出入口 5 千米,距离 314 省道 8.2 千米,距离 107 国道 22 千米,主要的对外交通道路是宅方路,道路宽度约为 3.5 米,村内没有公交车站,居民出入不便。

　　(2) 人口规模

　　三九村下辖 10 个村民小组,即新屋杨、老屋杨、安桥柯、官家、陈家湾、宋家周、孟家湾、下方、细屋金、熊家立湾,其中孟家湾为自然村湾,由上孟和下孟组成。全村共有 258 户,常住人口约 1 190 人(表 5 - 2)。

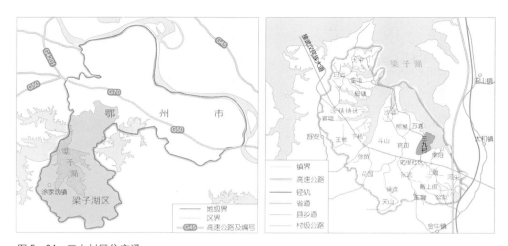

图 5-64　三九村区位交通
资料来源：《涂家垴镇三九村安桥柯湾美丽乡村建设规划》(2014)。

表 5-2　三九村各湾组人口规模

湾组名称	户数（户）	人口（人）	湾组名称	户数（户）	人口（人）
安桥柯	50	270	陈家湾	28	127
老屋杨	28	127	细屋金	30	140
新屋杨	28	123	下方	26	128
官家	15	109	宋家周	20	124
孟家湾	29	114	熊家立	4	26

资料来源：《涂家垴镇三九村安桥柯湾美丽乡村建设规划》(2014)。

（3）经济发展与主导产业

三九村现状产业以第一产业为主导，大部分青壮年外出务工，劳动力流失严重。农业主要有农作物种植和水产养殖，种植的农作物主要包括小麦、水稻和花生。养殖的水产品主要有梁子湖大闸蟹和武昌鱼，品级很高，闻名于世（图 5-65）。此外，三九村还结合梁子湖水面进行莲藕种植，生产藕带、莲子和莲藕。

三九村确定了"专业大户、家庭农场、农民合作社"的发展模式，对全村产业进行了合理布局，因地制宜地发展农家乐、林果采摘、蔬菜基地等特色农业，实现第一产业和第三产业融合，互动发展（图 5-66、图 5-67）。

目前，三九村新屋杨有一家始建于 2010 年的恒博种养殖家庭农场，占地面积 150 亩，注册资金 110 万元。自组建以来，农场由小变大，由弱到强，年纯收入在 20 万元以上，吸纳周边农户用工 600 余人次，农户年人均务工收入 4 000 多元，

图 5-65　梁子湖大闸蟹和武昌鱼
资料来源:《涂家垴镇三九村安桥柯湾美丽乡村建设规划》(2014)。

图 5-66　三九村产业布局规划　　　　图 5-67　三九村乡村旅游线路规划
资料来源:《涂家垴镇三九村安桥柯湾美丽乡村建设规划》(2014)。

在当地获得了较好的声誉,实现了社会效益、生态效益、经济效益共赢。涂家垴镇程唤林家庭农场在三九村承包面积达 150 亩,利用自己掌握的农业科技知识,为上海一家蔬菜公司生产蔬菜种子。三九村上官组有一家山久源种养殖专业合作社,注册资本 100 万元,主要从事农作物种植,水产家禽养殖,农业生产资料组织采购,农产品收购、运输、储藏、加工、包装、销售,农业新技术、新品种引进,以及农业技术培训、交流和咨询等活动。

除了发展特色农业,三九村还引入了新能源产业项目。目前村内有一家鄂州旭阳新能源有限公司,从事太阳能光伏电站项目的开发、投资、建设和经营管理,电能销售,光伏电站的综合利用及经营,光伏发电技术咨询服务,光伏发电物资设备采购,电能的筹建生产等。

（4）自然人文资源

梁子湖资源丰富,水产品闻名于世,是武昌鱼的原产地,毛泽东"才饮长沙水,又食武昌鱼"的名句使武昌鱼蜚声海内外。梁子湖因其优良的生态环境和无污染的淡水鱼类在省内外享有盛名。目前,梁子湖武昌鱼、红尾鱼、螃蟹等绿色农产品也成为市场上的知名品牌。

梁子湖区有山林面积 32 535 亩,拥有植物资源 198 科,1 134 属,3 600 多种,其中仅木本植物就有 1 000 多种。位于梁子湖区的三九村村域内各种野生植被生长良好,森林覆盖率达 61.7%,境内有一些古树名木,绿化率达 72.3%,形成天然氧吧。村内植物品种多样,主要有青竹、香樟、桂花树、猫儿刺、皂荚树、杜鹃、小叶枫、金边女贞、西府海棠等。

梁子湖区历史悠久,人文荟萃。梁子岛长山瓦窑海遗址是在华中地区发现的第一家唐五代时期的陶窑遗址,出土陶器曾在英国不列颠博物馆展出。梁子岛点将台是三国时期关羽演兵点将之处。一代鸿儒、著名书法大家张裕钊为原长岭龙塘人,在日本颇受推崇。梁子湖区是革命老区,梁子岛现存的张家楼房是李先念、王震等老一辈革命家在鄂南地区开展抗日游击战争的指挥部。梁子岛生态旅游区还是全国战斗英雄赵怡忠烈士的故乡。

2）乡村人居环境特征分析

（1）自然生态环境

三九村地处长江中游平原,梁子湖畔,属于平原湖区乡村。村内地势起伏小,平均海拔约 25 米,北侧紧邻梁子湖,中部有蔡家海的大面积水域,地势呈中部低、南北高的走势（图 5 - 68）。

村域内水资源丰富,中部蔡家海水面 2 000 亩,每个湾子都有当家塘,东、北两侧为梁子湖,水面开阔。三九村所在的涂家垴镇属亚热带季风气候区,四季分明,气候温和,常年日照充足,雨量充沛,无霜期长。年平均气温 17℃,最高气温 40.7℃,最低气温 -12.4℃。年平均降水量 1 000～1 500 毫米。年平均光照时数为 2 003.8 小时,无霜期 260 天,严寒酷暑期短,昼夜温差不大。

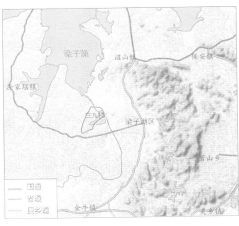

图 5-68　三九村地形地貌

（2）地域空间环境

① 村域格局

三九村村域由两个半岛和一片湖区组成,现状村建设用地面积 27.6 公顷,占村域面积的 10.1%。村域建设用地布局呈斑块状分布,村庄居住用地主要依地形在高处布置,北部半岛有 7 个湾组,南部半岛有 3 个湾组（图 5-69）。村域内坑塘密布,林地、农田随地形起伏相互交错,地势偏低处为农田,偏高处为林地,整体呈现出"湖光林色、水陆共生"的格局。

图 5-69　涂家垴镇湾组分布
资料来源:《涂家垴镇三九村安桥柯湾美丽乡村建设规划》(2014)。

② 建筑风貌

现状村民住房均为一户一宅形式,新旧建筑混杂,建筑风格各异,少量民居仍保留传统风貌。建筑整体性较差,新建建筑缺少传统特色(图5-70)。依据

图5-70 三九村建筑风貌
资料来源:《涂家垴镇三九村安桥柯湾美丽乡村建设规划》(2014)。

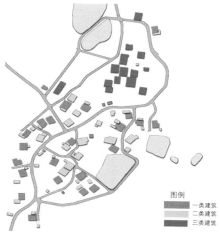

图5-71 三九村三类建筑分布
资料来源:《涂家垴镇三九村安桥柯湾美丽乡村建设规划》(2014)。

现状建筑结构、年代、质量、使用状况、文化价值等方面综合评定,村庄内的建筑分为三类:一类建筑为质量较好的两层以上新建建筑;二类建筑为质量一般的一层建筑;三类为质量较差的土砖建筑(图5-71)。

在《涂家垴镇三九村安桥柯湾美丽乡村建设规划》中,三九村确定了"荆楚派"建筑风格,规划新建住宅立面融入荆楚建筑元素,今后新建建筑将以2~3层为主,户均建筑面积不超过200平方米(图5-72)。《涂家垴镇三九村安桥柯湾美丽乡村建设

规划》还指出,要对现状建筑质量差的土坯房、危房进行农房改造,包括建筑的风格、形式、朝向、尺度、墙面以及屋面的色彩等方面;对于具有历史、科研、观赏价值的古建筑要在保护的前提下作为旅游资源加以开发利用。

图 5-72　"荆楚派"建筑风格
资料来源:《涂家垴镇三九村安桥柯湾美丽乡村建设规划》(2014)。

③ 基础设施和公共服务设施

目前村内自来水、电、有线电视、通信设施及管线等设施相对齐全,大部分湾组设有路灯、垃圾收集设施,全村道路已基本实现硬化,但是村内污水未处理,直接排放,其他基础设施建设和公共服务设施相对滞后,垃圾回收设备利用率低,垃圾杂物仍随处可见,池塘、洼地、沟渠淤积严重,村庄环境有待整治。全村缺少集中停车场,停车问题突出。道路两边地面裸露,景观效果差,亮化和美化工作需进一步推进(图 5-73)。

(3) 社会文化环境

① 村民构成与村庄社会关系

三九村属于杂姓村,村民主要有杨、柯、官、陈、宋、孟、方、金、熊这九大姓

图5-73　三九村基础设施状况
资料来源:《涂家垴镇三九村安桥柯湾美丽乡村建设规划》(2014)。

氏,姓氏人口居住主要呈现出同姓聚居,以组为单位的态势。村内居民通婚交往较为频繁,加之有较为规范的民主议事制度,村庄社会关系和谐,村民组织能力较强。如在"美丽乡村"建设过程中,安桥柯湾小组全民参与,全湾动手,户均投入2个义务工开展建设,并通过集体商议,将原集资拟建造祖屋的10万元拿来绿化美化家园,另外外出务工和经商的村民自发捐资10万余元支持家乡建设。

②　精神文明建设

在近年来的美丽乡村建设过程中,三九村深入开展文明村创建活动,新建村民活动中心,建设篮球场,增设体育器材,开展形式多样的知识培训活动、业余文体活动,宣传中华优秀传统美德的活动等,树立乡村文明新风尚(图5-74)。

图 5-74　三九村精神文明建设活动
资料来源:《涂家垴镇三九村安桥柯湾美丽乡村建设规划》(2014)。

5.3　城市近郊区

5.3.1　武汉市江夏区五里界街道毛家畈村

1) 村庄概况

（1) 区位及交通概况

毛家畈村位于武汉市江夏区五里界街道西北部,是五里界街道行政辖区下的八个行政村之一。毛家畈东与东湖街村相连,西北与庙山经济开发区接壤,南临锦绣村(图 5-75)。目前村庄发展用地主要集中在沪蓉高速以南,对外交通主

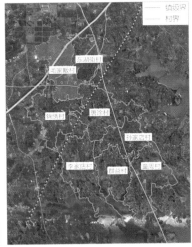

图 5-75　毛家畈村在武汉江夏区和五里界街道的区位

要靠 101 省道联系武汉市主城区。村域内部交通以村道、乡道为主,各村及村民小组之间联系不便,道路等级较低,路况不佳,景观性较差。

（2）行政区划调整及土地现状

自 2007 年 11 月设立五里界街道办事处以来,五里界街区发展迅速。按照国家新型城镇化建设、湖北省"四化同步"发展和武汉南部新区组团的建设要求,未来 15 年是江夏区统筹城乡发展、加快城镇建设、接纳产业市场转移的高速发展时期。五里界街道良好的区位和资源优势决定了其是江夏区重点发展区域,用地需求十分旺盛。目前毛家畈村内无土地流转情况,大部分土地被征用,主要用于基础设施建设、公路建设和旧城改造。四组土地已全部被征用,七、八、九组 50%～70% 的土地也已被征用（表 5-3）,两项重大项目——"武汉·巴登城"和"中国光谷·伊托邦"也已入驻。毛家畈是五里界街道的主要发展地区,随着城镇规模的不断扩张,村庄的人居环境矛盾也在逐渐凸显,如何处理好近郊区乡村与城市发展的关系成为了新时期毛家畈村所面临的关键问题（图 5-76）。

表 5-3　五里界全域城乡现状用地汇总表

编号	名称	用地总面积（公顷）	城乡居民点建设用地（H1）					
			城镇建设用地（H12）		村庄建设用地（H14）		合计	
			面积（公顷）	比例	面积（公顷）	比例	面积（公顷）	比例
1	锦绣村	630.66	——		16.40	2.60%	16.40	2.60%
2	毛家畈村	41.46	——		1.15	2.77%	1.15	2.77%
3	唐涂村	693.94	——		35.89	5.17%	35.89	5.17%
4	李家店村	819.34	——		37.99	4.64%	37.99	4.64%
5	孙店村	419.06	——		14.28	3.41%	14.28	3.41%
6	群益村	521.02	——		24.14	4.63%	24.14	4.63%
7	童周岭村	691.71	——		37.02	5.35%	37.02	5.35%
8	镇区	926.13	164.20	17.73%	61.00	6.59%	225.20	24.32%
9	总计	4 743.33	164.20	3.46%	227.87	4.80%	392.07	8.27%

注：毛家畈村总面积为 584.63 公顷,东湖街村总面积为 401.67 公顷。毛家畈、唐涂村、锦绣村部分以及东湖街村全部均划为镇区。街域总人口 17 838 人。人均城乡建设用地 220 平方米。

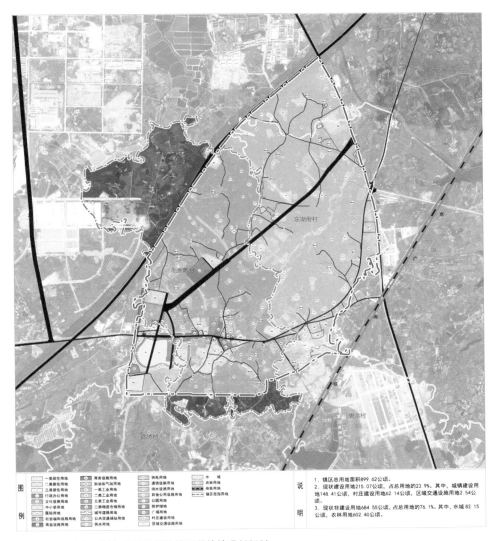

图 5－76　毛家畈村与五里界街道镇区用地情况(2013)

（3）人口规模及就业情况

　　毛家畈村现共有 16 个村民小组,16 个自然村湾。2012 年,毛家畈村农户有 979 户,其中常住户 791 户,空挂户 188 户,户籍人口 3 113 人。行政村总面积为 6 平方千米,土地面积 5 000 亩,耕地面积 2 876 亩,其中水田 1 715 亩,旱地 1 161 亩。全村农户 979 户,其中常住户 791 户,空挂户 188 户,村民共3 113 人。劳动力人口为 2 398 人,乡村从业人口为 2 056 人,2012 年外出务工人数为 340 人,外出务工人员多集中在武汉市。在毛家畈村劳动力人口中,有

72%的劳动力从事非农行业。毛家畈居民文化程度较低,工作类型较单一,由于年轻劳动力外流,本地居民较之外来打工人员毫无优势。该村劳动人口主要靠打工来维持生计,从人口就业结构可以看出毛家畈村社会结构的中介性(图5-77)。

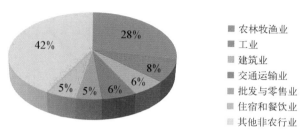

图5-77　2012年毛家畈村农村劳动人口从业类型分布
资料来源:2012年江夏区农业综合统计年报表。

随着征地面积的不断增加,乡村人口逐渐非农化,失地农民增加的同时,社会保障问题也愈加凸显。失地农民的社保问题应该得到更多的重视。失地后的最初几年,这些失地农民还可继续耕种征而未建的土地,征地补偿加上农民原有积蓄,基本生活尚有保障。但随着建设进度的加快,征地的速度也随之增加,可耕种土地愈来愈少,旧有积蓄已不能维持目前的生活状况,并且绝大多数失地农民没有社会工作经验和实用的就业技能,导致了失地农民打工难的问题。失地农民由“人造市民”演变成没有固定生活来源、没有积蓄也没有政策关照的“三无市民”,因此毛家畈村许多失地农民选择到武汉工作,从而加剧了村庄的空心化。目前五里界也在采取一定的措施,如加强政企合作,根据各村实际情况发展产业,对毛家畈居民进行就业技能培训(表5-4)。

表5-4　毛家畈村各组人口基本情况汇总表

组别	湾名	户数(个)	人口(人)	村庄建设面积(公顷)	劳动力人口(人)	备　　注
1	丁家庄	140	404	0.71	282	—
2	四方罗	66	247	3.67	156	包括榨坊罗湾、四方罗湾
3	叶家塘	161	522	1.2	386	—
4	黑水塘	146	474	0.68	400	大都公司目前主要在四、五组开发,用地权属比较混杂,农业以蔬菜种植为主
5	南家河	60	189	0.78	172	—

（续表）

组别	湾名	户数（个）	人口（人）	村庄建设面积（公顷）	劳动力人口（人）	备　注
6	熊家院	38	117	0.61	109	苗木、水稻为主,占地较厉害
7	毛家畈	63	181	1.42	135	离镇区最近,农田征地较多,已有开发项目(污水处理厂、华商天然气),农民主要以务工(焊工)为主
8	前河湾	49	183	5	158	以水稻、鱼塘为主,打工经济,有健身场地,建筑质量较好
9	后河湾	26	87	1.5	70	以水稻、鱼塘为主,打工经济
10	翁家堰西	17	46	2.42	33	玉米、油菜、水稻为主
11	翁家堰东	25	91	2	72	玉米、油菜、水稻为主
12	粟家桥	51	150	3.6	113	粟家桥湾
13	麦芽湖东	20	64	2.37	53	主要种植水稻、湘莲和西瓜
14	麦芽湖西	20	60	0.71	47	主要种植水稻、湘莲和西瓜
15	东梅闵湾	47	136	3.49	95	南部湾子土地已被征用,目前为普洛斯物流,归庙山经济开发区管理,还建点在毛家畈小区。主要种植水稻、西瓜和树苗
16	祁岭夏湾	50	162	3.49	117	主要农业产业类型为苗木、果树、水稻、玉米、花生

资料来源：根据《五里界街全域规划(2013—2030)》汇编。

（4）自然环境

毛家畈村境内地貌类型相对较单一,地形相对高差较小,以垄岗地貌为主,其次是受江河湖泊影响形成的冲积淤积平原和受风化剥蚀作用形成的低丘。地面高程一般为18.49～21.63米,地势略有起伏,现状沟渠众多,纵横交织。区域地貌属汉江Ⅱ级阶地。

（5）经济发展与主导产业

毛家畈村是五里界街道的主要粮食产区。主要粮食作物为水稻、玉米,还有果林种植,水稻种植面积将近1 000亩,产量为500千克/亩。玉米种植面积为700～800亩。

毛家畈村经济发达程度在五里界街道属中下等水平,是一个经济空壳村,靠打工经济维持村民的经济收入。2012年村民人均纯收入8 200元,主要经济来源为外出打工收入。目前村内已有部分企业入驻,但统一归五里界街道政府集中管理,无公司纳税收入。村里基本无土地流转,村委会的收入来源主要是土地

征用费。目前村里有一个专业的蔬菜农业合作社，是农民自发建立起来的，主要
进行农业产业类型、产量分工协作。农业活动在毛家畈村村民的日常生产生活
中仍占据重要地位，在农林牧渔中，农业（种植业）占主导地位。毛家畈村主要
农作物中，粮食作物种植面积最大，占比37％；其次是油料作物，占比21％（图
5-78、图5-79）。面对五里界街道日益加快的城镇化步伐，未来村庄经济发展
主要思路为：发展阵地主要在沪蓉高速以南，服从五里界街道街区整体开发，成
为城镇化的主战场。在沪蓉高速以北，目前有4个村湾，面积为700亩，处于武

图5-78　毛家畈村沿途稻田和毛家畈村果树种植

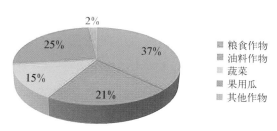

图5-79　2012年毛家畈村主要农作物播种面积比重
资料来源：2012年江夏区农业综合统计年报表。

　　　　　　　　　　　粮食作物
　　　　　　　　　　　油料作物
　　　　　　　　　　　蔬菜
　　　　　　　　　　　果用瓜
　　　　　　　　　　　其他作物

汉市湿地生态保护区，不允许建高
层建筑，发展倾向于开发休闲观光、
采摘、农家乐。目前在与镇区范围
相互重合的区域仍旧存在多种产业
发展模式，如何融入五里界街道街
区，实现城乡一体化发展，是目前毛
家畈村所面临的主要问题。

2) 乡村人居环境特征分析

　　与自然环境主导发展的乡村不同，近郊区乡村的发展主要受到城市建设
的影响。随着城市的不断扩张，乡村原有的自然生态环境遭到了一定的破坏。
毛家畈村是乡村向城市过渡的产物，其特殊的地域空间环境充分体现了其乡
村人居环境的主要特征。此外，由于城市近郊区乡村的空心化和外来企业的

不断涌入，毛家畈村原有的村落文化逐渐消失，社会保障与村民诉求之间的冲突日益增强。因此，以毛家畈村为代表的近郊区乡村的人居环境特征具有一定的特殊性。

（1）地域空间环境

① 建筑风貌

毛家畈村内新区开发与旧城改造间的不协调导致了村镇风貌主要分为三种：第一种是沿界南路、界北路两侧布局的居住及商业建筑所形成的旧城风貌，该风貌区建筑多为2～3层自建房，建筑质量较差，道路较窄，用地相对混杂。第二种是以麓山郡为代表的新区风貌，该风貌区多为低层别墅与小高层住宅，建筑质量较好，道路规划齐整。第三种是毛家畈原有的村落建筑，建筑质量和风貌均较差。随着城市的不断扩张，城市近郊区乡村的土地逐渐被征用，形成了乡村行政区范围内的镇区与自然村落风貌混杂的近郊区乡村空间环境（图5-80、图5-81）。

图5-80　毛家畈村域内建筑风貌对比

图5-81　毛家畈村域内建筑风貌的特殊性

② 土地利用

武汉市中心城区和近郊区的共同发展是优势互补、互为依托的。市郊各区不仅为市区提供农副产品、劳务和其他支撑,而且为城市建设发展提供了丰富的空间资源,因此,在武汉中心城区的带动下,近郊城镇的发展潜力巨大。近年来,受武汉市都市区化以及周边地区快速发展的影响,城镇经济发展方式和经济结构正在发生转变,城镇空间扩张快速。毛家畈村作为城镇化的前沿阵地,在用地、基础设施和公共服务设施方面正逐步与五里界街道的街区衔接。但由于镇区内的土地利用结构复杂,各种土地利用类型交错分布,出现了城市用地和村庄用地混杂、居住用地和工业用地混杂、城市外迁工业用地和乡镇企业用地混杂、高档住宅与低矮民房混杂和抛荒地混杂的现象(图5-82)。

图5-82 毛家畈村复杂的人地关系

③ 公共服务设施

毛家畈村内现有一个党员群众服务中心,位于界北路,村委会、村纪检小组、村民兵连和法务工作室在此集中办公,图书室也位于党员群众服务中心内。村内现无商业设施,主要商业功能依托镇区。毛家畈村内现有一所小学,位于榨罗湾村,归镇政府教育站管理,属城镇建设用地。前河湾有一处健身场地,占地面积约 350 平方米。村里有 1 个医务室和诊所,占地 70 平方米,建筑面积 150 平方米,医务人员 1 人,床位数 6 个。总的来看,村内的公共服务设施质量较差且不够完善(图 5-83)。

图 5-83　毛家畈村公共服务设施

村域路网系统不完善,缺乏次级干道系统。村内配套市政设施大多是区域性公用设施,而配套服务镇区的设施较少,尤其是供水、污水处理、环卫消防等市政设施。村内公共配套设施相对不足,园林绿化水平较低,没有居民活动广场。因此需要进一步完善与提升各项配套设施建设,加强与区域性重大基础设施的对接。

④ 村庄房屋质量

村民小组内乡村自建房建设质量一般,前、后河湾质量相对较好,多为 2～3 层、砖混结构,房屋使用面积大多为 160～200 平方米。村民小组内乡村自建房为砖混结构,还建小区内的小高层住宅为钢筋混凝土结构。村内部分土地已被征用,未来大部分毛家畈村自建房都将面临征收,因此农民暂时都不考虑进行翻修,居住状况较差(图 5-84)。

图 5-84　旧城改造中的四组和毛家畈湾村民自建房

⑤ 安置房建设

毛家畈村已有 400～500 户农民的土地被征用,但只有四组的 12 户住户搬进了新的还建房,大多数农民已经失去土地,但还居住在原来建筑质量较差的村屋中。走访调查结果显示,村民希望能在镇区附近集中居住,这样能够得到较好的公共服务设施和居住环境。近期毛家畈村各村湾将加快进行居民点的集中布置建设,加快还建房项目落实,保障被征地农民的权益。

(2) 社会保障现状与村民诉求

从 2012 年的数据来看,五里界街道城乡低保标准分别提高到每人每月 380元和每人每年 2 000 元。政府积极筹措资金 50 万元,为 89 户五保户、373 户低保户、624 户困难家庭、193 名残疾人士改善生活;同时帮助 200 多名被征地农民成功转移就业。

但由于大部分土地被征用,毛家畈村失地农民社保、医保的保障和未来工作的安排仍旧是目前面临的重大问题。对此,镇政府在城镇化过程中要当好“蛋糕的切手”。一方面要与城市开发商进行有效协商,切实保障失地农民的利益,严格按照国家、省、区的相关政策办事,在推进旧城改造的过程中切实保障失地农民的基本生活水平,从而进一步落实失地农民的医保、社会保障措施;另一方面,村政府也需要建立“自下而上”的发展思路,鼓励失地农民转变思维、生活方式,尽可能主动地融入城镇生活。

5.3.2　荆门市东宝区子陵铺镇金泉村

1) 村庄概况

(1) 区位交通及历史沿革

金泉村地处湖北省中部,荆门城区北郊,隶属荆门市东宝区子陵铺镇。村庄区位交通条件良好,东临 207 国道、荆沙铁路,通过泉口路与城区连接,距二广高速出入口 15 千米,距沪蓉高速出入口 22 千米,半小时可到荆门市区,2 小时可到达周边其他城市,3.5 小时内可到武汉。在湖北省实施的“两圈两带”区域发展战略中,荆门市既处于鄂西生态文化旅游圈内,又紧邻武汉城市圈;作为荆门城区近郊村,金泉村既占“两圈”地理之便,又享“两圈”

政策之利(图5-85)。良好的区位和便捷的交通为金泉村发展旅游业提供了稳定的客源市场。

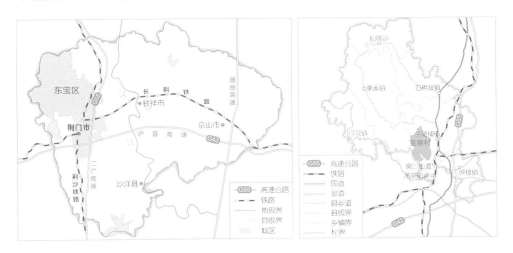

图5-85　金泉村区位交通图
资料来源:《荆门市东宝区子陵铺镇金泉村"美丽宜居乡村"建设规划》(2019)。

金泉村历史悠久,境内的圣境山自古为道教名山,也是中国唯一用"圣"字冠名的宗教圣地。民国时期,金泉村为沙子岭保,1949年到20世纪80年代末期为金山大队。90年代,一些企业看中金泉村丰富的石头资源,在山上开办采石场。高峰时,采石场一年可以为村里带来40多万元的收益。2002年村内八家采石场全部被关闭。如今的金泉村走出了"靠山吃山"疯狂炸石开矿的发展模式,将采石场打造为城郊"桃花源",并紧扣"运动休闲养生地"发展定位,举办了省级、国家级滑翔伞系列赛事,发展成了美丽宜居乡村。

(2)人口、土地和产业概况

① 人口概况

2010—2015年,金泉村人口基本保持不变。截至2015年,金泉村户籍总人口为1 483人,共435户,主要集中在8个村组(图5-86)。村民受教育程度以初高中水平为主,共有1 278人(占总人口的86%)从事劳动,从业结构比较单一,主要为务农与外出打工(图5-87)。金泉村耕地资源有限,外出务工人口较多,占总劳动人口的50%,外出务工收入成为家庭收入的主要来源。

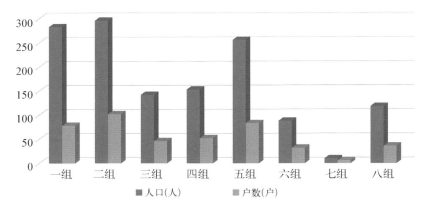

图 5-86　金泉村各小组人口及户数情况

图 5-87　金泉村村民受教育情况及劳动人口从业结构

② 土地利用概况

金泉村村域面积 2 780.9 公顷,村庄建设用地面积为 90.2 公顷,占村域总用地面积的 3.2%;非村庄建设用地 2.7 公顷,主要为公用设施用地及采矿用地;非建设用地 2 688 公顷,占村域总用地面积的 96.7%,以水域和农林用地为主,其中水域 115.8 公顷,农林用地 2 371.2 公顷。整体来看,金泉村耕地资源有限,居民点分散,土地利用粗放低效。目前,全村共有耕地 81.9 公顷,除水稻田外,还包含 9.5 公顷采摘园、1.01 公顷百合花基地和 5.53 公顷观光农业基地。随着荆门市城市化的推进,金泉村土地升值较快,拆迁圈地现象明显。

③ 社会经济概况

金泉村的产业以农业及旅游服务业为主导,农旅融合发展趋势明显(图 5-88)。2015 年农业与旅游服务业总产值 740 万元,其中农业产值 380 万元,第三产业产值 360 万元。第一产业以水稻种植业为主,林业为辅。农业种植形式以村民自种和农业合作社开发为主。第二产业以低档建材加工为主,产业人口吸附力弱。第三产业以乡村旅游业为主,发展迅速,已开办农家乐 36 家、家庭旅馆 18 家，带动贫困户就近就业 53 人，实现户均增收 3 万元以上。在高峰期全村游客量达到每日上千人，其中 80％采用自驾游的方式游览，20％采用徒步、骑自行车的方式游览。

图 5－88　金泉村境内风光和乡村旅游业态
资料来源：《荆门市东宝区子陵铺镇金泉村"美丽宜居乡村"建设规划》(2019)。

　　近年来，金泉村引入了锦绣湾农业开发有限公司，开发圣境花谷项目，探索出"村企合作、共建共赢"的发展模式。村民将土地流转给锦绣湾农业开发有限公司，每亩地每年能获取 1 000 元的流转费。在圣境花谷中，根据季节不同，每年 3 月、5 月、10 月分别更新一次鲜花主题，以吸引回头客。每次主题更新都需要大量的劳动力，通常雇请村民来打工。

　　根据调查结果分析，村民普遍认为乡村旅游可以承接家庭富余劳动力，提高村民生活质量，增加家庭经济收入（图 5－89）。绝大多数村民对本村发展乡村旅游持支持态度，认为随着乡村旅游的不断发展，村庄基础设施逐步完善，村容村貌也越来越整洁。村民们普遍相信随着乡村旅游的不断发展，村内基

图 5－89　金泉村村民意愿诉求调研

础设施将更加完善,村庄环境将更加美丽。绝大部分的村民有意愿参与乡村旅游开发,利用现有的房屋发展民宿,经营服务小商店,向游客销售本地特产、手工艺品及纪念品。同时,有15%的村民想到景区打工,以增加家庭收入来源。

根据2011—2015年历年人均收入情况统计得知,随着金泉村农旅产业的融合发展以及外出务工人员收入水平的提高,村民年人均纯收入以年均20.8%的幅度稳步增长,2014—2015年增幅尤其大,达到80%。2015年,村民人均纯收入达到18 000元,位于镇域村庄的中上游水平(表5-5)。伴随着收入的快速增长,村民的生活水平显著提高,部分进城的村民搬回金泉村。

表5-5 2011—2015年金泉村人均纯收入

年　　份	年人均纯收入(元)
2011	4 000
2012	5 000
2013	8 000
2014	10 000
2015	18 000

(3)自然和文化资源

金泉村自然和文化资源丰富,境内有著名的圣境山金顶景区、九龙谷、玉皇阁景区等多处自然和人文旅游景点。其中,圣境山属秦岭南支的荆山余脉,主峰距荆门城区10千米,500米以上山峰有15座,海拔高度在120~673米之间,相对落差500余米,地质结构形成于约8 000万年前,为中生代石灰岩和砂岩地层,属三叠系斜皱山谷盆地。圣境山历史悠久,人文荟萃,道教始祖老子、道教大神玄武(真武大帝)以及明代嘉靖帝等皆与圣境山结有渊源。因它峰峦叠翠,沟壑纵横,南望潇湘,风景秀奇,俗称“小武当”。目前,圣境山还存有金顶殿、逍遥神道、南天门、百步云梯、八卦井、登山古道、老子隐居地(洗孝亭)、朝盐观、普善堂、关帝庙、灵宫殿、送子庵、古梯田、石林(现存30余块)等人文遗址及玉皇阁、老君台、九龙谷、楚望台等旅游景点(图5-90)。

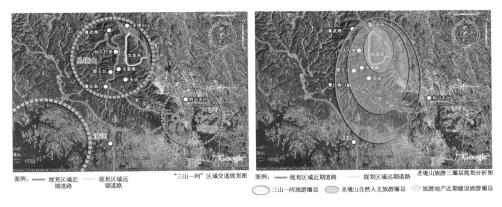

图 5 - 90　金泉村周边旅游景点
资料来源:《荆门市东宝区圣境山旅游综合开发详细规划》(2009)。

2) 乡村人居环境特征分析

(1) 自然生态环境

金泉村气候温暖,空气清新,年平均降雨量 755 毫米。村域范围内以丘陵山地为主,地势高差较大,南高北低,西高东低,最高高程为 532 米,最低高程为 145 米(图 5 - 91)。村内河流、水塘密布,山林、农田交错,地下水和地表水十分丰富。村内圣境山有 200 余株紫薇古树,紫薇被誉为植物王国里的活化石,在紫薇

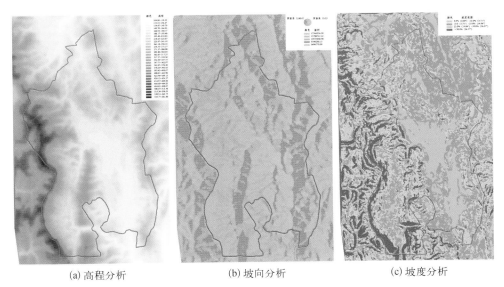

(a) 高程分析　　　　　(b) 坡向分析　　　　　(c) 坡度分析

图 5 - 91　金泉村高程、坡向及坡度分析
资料来源:《荆门市东宝区子陵铺镇金泉村"美丽宜居乡村"建设规划》(2019)。

古树群中,最老的紫薇树有 800 余年树龄。"山、塘、林、田、乡"的生态景观格局和
得天独厚的地形地貌优势为金泉村发展旅游业提供了广阔平台(图 5-92)。

图 5-92　金泉村全景鸟瞰
资料来源:《荆门市东宝区子陵铺镇金泉村"美丽宜居乡村"建设规划》(2019)。

(2)地域空间环境

① 村域道路

金泉村村域道路发展不平衡,乡道部分基本实现硬化,但还有部分断头路为土
路和渣石路面(图 5-93);道路基础网络还不健全,交通安全工作比较薄弱,交通标
识不完善;村域客运基础设施落后,服务水平较低,道路维护和使用管理相对滞后,

图 5-93　金泉村境内待升级改造的道路
资料来源:《荆门市东宝区子陵铺镇金泉村"美丽宜居乡村"建设规划》(2019)。

运输行业监管不足;村域内旅游线路基本形成,但是缺乏合理规划引导,道路宽度不够。这些问题成为制约金泉村乡村旅游业进一步发展的不利因素。为解决这些问题,金泉村正在对现有的道路进行升级改造,修建九龙谷至圣境山五千米旅游专线,开通圣境山至漳河的旅游线路,硬化旅游景区内 70% 的主干道公路(图 5 – 94)。

图 5 – 94　荆襄古道旅游公路(苏罗公路)改造前后对比
资料来源:《荆门市东宝区子陵铺镇金泉村"美丽宜居乡村"建设规划》(2019)。

　　② 公共服务设施

　　金泉村公共服务设施相对不足。农资店、文化站、乡村金融服务点和邮政所等公共服务设施缺乏。给水、排水设施有待改进,已铺设的部分给水管网未通水,生活用水仍以井水为主;雨水就近排入低洼地及河塘、涌沟、泄洪渠内,排水防洪压力大。村内化粪池净化后的水质不能达标,需进一步改进。村民使用的燃料仍以柴、煤为主,灌装液化气、沼气、太阳能为辅,无集中天然气供给,传统柴、煤消耗占整个燃料消耗的 60% 左右。村内电力电信设施相对完善,通信线路及移动信号覆盖全村。近年来,金泉村以村民实际需求和旅游发展需求为导向,正在逐步配套经济实用的公共服务设施和基础设施,完善乡村旅游配套服务设施。道路两侧修建了排水管网,居民生活区附近单独或集中修建"厌氧发酵 + 沙石过滤 + 植物吸收"型生活污水处理池,新建支管网连接主管网,居民生活生产污水排放得到有效处置。目前,全村排污管道建设工作已经完成 11 千米,完成率 90%。

　　③ 建筑风貌

　　村民住宅多分布于荆襄古道旅游公路(苏罗公路)两侧较为平缓区域,布局比较分散,主体建筑基本以两层为主,附属建筑以一层为主,房屋大部分年久失修,外墙涂料和屋顶瓦片不同程度破损、颜色老旧,建筑院落杂乱,缺乏特色

（图5‐95）。目前，金泉村在对村民住宅进行特色改造，改造过程中注重对田园及荆楚文化元素的提取，从屋顶、墙身、门头、窗扇、围墙、地面、花坛、绿化、台阶、水沟等方面对建筑风貌进行控制引导，同时融入村庄文化标识（图5‐96）。已被改造的建筑彰显出荆楚风格，成为金泉村新的旅游特色（图5‐97）。

图5‐95　金泉村未经改造的建筑
资料来源：《荆门市东宝区子陵铺镇金泉村"美丽宜居乡村"建设规划》(2019)。

图5‐96　金泉村正在改造中的建筑
资料来源：http：//www.jmbbs.com/forum.php? mod＝viewthread&tid＝5824888&highlight＝%CA%A5%BE%B3%C9%BD.

图5‐97　金泉村改造后的建筑
资料来源：《荆门市东宝区子陵铺镇金泉村"美丽宜居乡村"建设规划》(2019)。

（3）社会文化环境

① 民俗文化

东宝梁山调、荆楚皮影戏以及庆祝丰收的"摸秋"是金泉村所在地区特有的民俗文化。东宝梁山调属板腔系统的地方戏剧种，至今已有200余年的历史（图5‐98）。东宝梁山调在其漫长发展过程中，经过不断突破与完善，已在湖北戏曲史上有突出地位，因而具有一定历史和文化艺术价值。皮影是对皮影戏和皮影人物(包括场面、道具、景物)制品的通用称谓。荆楚皮影艺术是我国民间工艺美术与戏曲巧妙结合而成的独特艺术品种(图 5 - 99)。"摸秋"在十九世纪二三十年代比较盛行。这种风俗在当时象征着人们的喜悦,代表着吉祥,也反映了人们对丰收的希望和梦想。

图 5 - 98　东宝梁山调
资料来源:东宝区人民政府。

图 5 - 99　荆楚皮影戏
资料来源:东宝区人民政府。

　　② 道教文化

　　道教是我国土生土长的宗教,它发端于远古的民间巫术和道家方术。道教文化集中国古代文化思想之大成,以道学、仙学、神学和教学为主干,并融入了医学、巫术、数理、文学、天文、地理、阴阳五行等学问。金泉村境内的圣境山自古为道教名山,素有"荆北无双妙景,襄南第一名山"的美誉。据史书和残存的古碑记载,圣境山道教文化大约形成于魏晋,元末清初为鼎盛时期。近代以来,圣境山在战争和社会动乱中遭到破坏,但圣境之"道"仍生生不息。今天的金泉村在着手修复道教文化景源,建设道教文化展馆、养生会所,开展保健养生、武学表演活动,将道教文化融入村内的建筑及景观。

第6章 乡村人居环境建设的全面发展观

6.1 社会资本视角下乡村人居环境建设与治理①

6.1.1 乡村社会资源配置逻辑之变

1) 关系：我国乡村资源配置的本原逻辑

梁漱溟先生曾在《中国文化要义》一书中指出："中国人是存在于各种关系中的。"[117]关系代表了中国几千年传统农耕文明下社会交往的一种价值面向，深刻影响着当前乡村社会的资源配置逻辑[118]。关系逻辑偏于一种自利性，公共利益交织很少，适应了传统乡村社会的封闭性和自组织性。费孝通先生用"差序格局"模式描述中国关系社会的特点，它是"以己为中心"来构筑人际关系网络的，这种"差序格局"是传统社会人际关系赖以存在的基础和社会根源，是一种对社会稀缺性资源进行配置的模式和分布格局。人们通过各种关系进行互惠交换，是获取帮助和支持的重要资源形式。关系奠定了长久以来我国基层自治的社会结构基础，在关系社会，以家庭为中心，以血缘、亲缘、地缘为纽带。家庭是一个集生产、生活、消费、教育、事业、情感和社会保障于一体的多功能的"社会空间组织单位"[119]。关系的运作蕴含了中国乡村社会资源配置的本原逻辑。

2) 社会资本：我国乡村空间资源配置的价值目标

社会资本的价值逻辑具有公益性，寻求更大范围的网络、信任、规范，进而对公平正义有诉求[120]。"资本"一词最早源于经济学。其后，为了解决单纯用经济资本所不能阐释的诸多经济和社会问题，以布迪厄、科尔曼、帕特南等人为代表

---

① 参见乔杰、洪亮平《从"关系"到"社会资本"：论我国乡村规划的理论困境与出路》，该文获得 2017 年金经昌中国城乡规划研究生论文竞赛一等奖，并发表于《城市规划学》2017 年第 4 期。

的社会学家提出了"社会资本"来弥补这一缺陷，并发展了社会资本理论
（图 6 - 1）。社会资本的研究基础是公民社会，认为存在于社会成员间的信任、
网络、规范等也是一种可利用的资源，并可以作为一种生产要素进入生产领域，
在现实的经济生活中发挥不可忽视的作用[121]。对于乡村社会而言，社会资本是
指嵌入乡村社会关系之中，可以动用的社会资源的总和，是处于乡村共同体之内
的个人、组织通过与内部、外部的对象的长期交往形成的合作互利的认同关系，
以及关系背后积淀的历史传统、机制理念、信仰和行为范式[122]。社会资本有利
于乡村社会群体的动员，降低乡村治理成本。

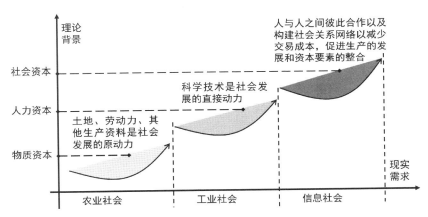

图 6 - 1　社会资本的理论背景与现实需求

3) 从关系到社会资本：我国乡村资源配置的逻辑之变

从我国城乡的发展历史来看，城乡空间的差别主要是城乡社会结构、社会关
系和社会控制方式的差别。城市空间由乡村空间发展而来，人与人最原始的社
会关系也是由乡村社会所培育的。因此，乡村社会所蕴含的原生态社会关系对
于城乡空间的发展具有重要意义。在未来很长一段时期内，我国乡村规划工作
仍需要在克服乡村社会的历史困境中行进。但从国家治理现代化的要求来看，
传统乡村关系下以"己为中心"的自利型社会关系在我国乡村现代化建设进程中
面临着诸多困境。引入社会资本理论意在拓展乡村关系理论的内涵与外延，强
调从关系到社会资本是一种理论的扬弃而非对优良传统的遗弃。社会资本理论
呼吁现代乡村社会需要在个体价值得到保障的基础上，寻求以公共利益为核心

的乡村社会关系网络、信任、规范的构建。通过挖掘村民个体行为逻辑之外的价值,克服我国乡村社会治理的历史困境,提升村庄的集体行动水平。不管是关系还是社会资本,其核心是研究如何动员和利用社会资源。从关系到社会资本的转变本质上讨论的是社会资源配置方式的变化,反映了不同场域特征下社会发展的内在运作逻辑和价值面向。社会资本探讨的是人类终极命运以及社会发展的路径模式,其理论核心是通过人际互动以获取收益的合作精神,追求人际和谐的最高境界。

城乡规划的职能是对城乡空间资源进行合理调配,实现公共政策的属性,其核心是克服集体行动的困境,最大限度满足公共利益。乡村规划要推进我国农村全面建成小康社会,实现传统农村向现代农村转变的过程,亟待农民群众利用现代科学技术和社会知识改造自己的生活条件和文化世界,推进农业、农村、农民的全面发展。因此,乡村规划的理论构建需要从我国城乡社会资源配置的本原逻辑和价值转向中寻求出路,强调基于乡村本原逻辑的现代性提升(图 6-2)。正如梁漱溟先生在《乡村建设理论》中指出,所谓乡村建设就是要从中国的旧文化里转化出一个新文化[123]。

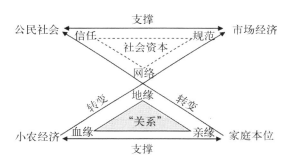

图 6-2 从关系到社会资本,乡村空间资源配置逻辑的转变

6.1.2 中国乡村社会发展转型的动因及影响

1) 乡村社会发展的差异性认识

第一,主体生存状态差异。我国广大乡村地广人稀,人口密度较小,居民点用地占村面积甚至不到 10%,其中宅基地用地更少,山区乡村尤其明显。乡村的建设发展应考虑到这一特征,应结合农民生产生活需要以及乡村空间发展实际,避免"农民上楼""与祖先争地"等现象,保留乡土物质空间特色及地方生产生活方式等文化遗产。中国有着几千年农业文明,从中华人民共和国成立初期我国城镇化人口不到 20%,到 2012 年我国城镇化率突破 50%,我国的城镇化过程实

际是曾经的乡村变成城市的过程,认识中国的乡土文化是理解中国城市文化的基础。

第二,生产生活方式差异。相对于城市空间边界人工化明显,功能划分明确,我国乡村自然地理空间复杂,依山就势明显,土地利用混杂,边界模糊。同时,乡村的用地功能具有混合性、季节性和地方性,但都以乡村的生产、生活便利为宗旨,没有给予明确规定。在这种空间场域下,村里人情味浓,邻里走动频繁,村民喜欢自由、慢节奏的生活。人们相互帮助,尊老爱幼,形成了一种天然的社会保障机制。相对而言,城市生活相对独立、松散,邻里交往少,社会关系淡薄且偏于功利性,生活缺乏归属感。乡村发展建设应考虑乡村社会特殊的生产生活方式,保护和利用乡村社会内在的社会保障机制。

第三,社会与生态环境差异。一直以来,城市财政与乡镇财政是分离的,而且国家财政偏重向城市投入,乡村建设得到国家财政支持相对较少。乡镇财政的落后影响了乡村发展建设,城乡居民之间的收入差距被不断拉大[124-125]。在此背景下,我国广大乡村地区地广人稀,交通不便,社会基础设施落后,但大多处于原生状态,自然环境、生态格局、历史文化、生物多样性保存完好,是我国生态、自然、文化及人文气息的天然涵养地。因此讨论乡村与城市的发展水平、基础建设状况差异时,应该看到我国广大乡村的生态环境优势及可持续发展能力。

2) 农村社会发展转型的动因

第一,要了解中国乡村社会发展进程必须先从最基本经济社会制度——土地制度开始[126]。我国现行的农地制度始于 1978 年的制度变迁,基本框架是农地集体所有权与经营权分离。2005 年,农业部通过《农村土地承包经营权流转管理办法》,农民拥有了土地使用权流转的权利,这一转变使得广大农民可以将乡村延续几千年的土地保障转化为现金保障,使乡村土地和劳动力这两大生产要素得到更合理的配置。广大农民在土地流转政策支持下,逐渐走出了当时乡村以家庭为经营单位的碎片化、低商品化率、低效益的发展阶段。同时,规模化的经营改变了农户只是市场价格接受者的角色,为增加农民收入、促进乡村经济发展提供政策保障。

第二,家庭联产承包责任制是中国乡村经济改革的起点。家庭联产承包责任制的推行,实现了土地的集体统一经营向农户分散经营的转化[127]。农民可以根据市场需求控制土地经营权,并且随着乡村经济的发展,部分农民开始从传统农业中转移到非农产业中,农民享有了土地的转包和转让权。相对于过去农民有了更多的自主空间,劳动积极性大为提升。在此期间,乡镇企业作为中国乡村特有的产物,对于探索农村经济体制改革,推动乡村经济发展起到了重要作用。其中,乡镇企业产权改革就起始于承包经营,承包经营实现企业的所有权和经营权的分离,促进集体经济和乡村经济同时发展。

第三,相对于政治经济体制改革,中国的社会体制改革显然滞后,这也和新中国成立初期我国的基本国情相关。自1958年实行户籍制度以来,我国的城乡二元结构一直保持,至今仍然是制约我国乡村发展的重要瓶颈。中国的社会体制改革与中国发展的阶段性紧密相关,特别对当前乡村的发展实际,公共物品供给以及社会保障等公共领域的投资改革成为乡村社会体制改革的切入点。推进乡村公共领域的改革,难点首先在于国家在公共服务设施供给上长期推行两套政策。城市社会经济发展所需的水、电、路、通信、学校、医院等公共产品由国家政府提供,而相应配套设施在基层农村是由基层县镇政府和乡村共同体共同提供。具体从供给主体和财政责任划分来讲,乡村公共物品供给主体是县乡基层政府,因为贴近基层实际,能更好地了解乡村实际需要,但由于我国基层财政相对中央财政财力严重不足,特别是农业税改革以后,基层财政收入更是捉襟见肘,资金不足和区域发展差异是最突出的问题(表6-1)。

表6-1 我国乡村公共物品的类型划分

类　　型	定　　义	具　体　方　面	
纯公共产品	在消费过程中具有充分的非竞争性与非排他性,是完全意义上的公共产品	可持续发展类公共产品	如农村环境保护、农业基础科学研究、全国性大江大河治理、防灾减灾、公共科技资源与服务、病虫害防治等
		经济发展类公共产品	道路、水利设施、农业技术推广、治安等
准公共产品	介于纯公共产品与私人产品之间,具有效益上的外溢性与消费过程中的排他性与竞争性的特征	如农村基础设施、农村供水、供电、道路等公共基础设施、农业科技教育、法律和社区服务等	

3) 乡村社会发展的影响

第一,农村社会结构的变化。长久以来中国乡村家庭兼具社会和经济双重功能。在传统中国,家庭具有情感、经济、教育的功能。新中国成立后,家庭逐渐开始成为独立的社会经济组织。随着乡村市场经济的发展,家庭的功能和形式也在发生改变。特别是在农村现代化、工业化、城镇化发展背景下,农村人口减少,在当时很大地缓解了因农村人口增长而日益尖锐的人地矛盾,但大量的农村劳动力外流以及城乡资源交换也改变了乡村的关系、家庭规模结构以及乡村社会观念(图 6-3、表 6-2)。如新时期,家庭的教育功能、养老功能、政治功能等缺失,引起的乡村少年失学、养老困难、公众参与度不高等社会问题。

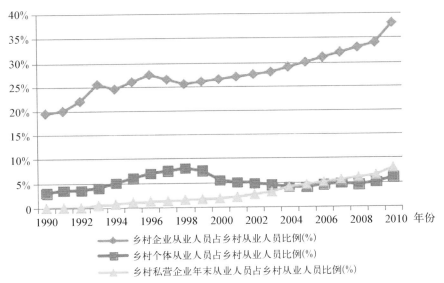

图 6-3　1990—2010 年中国乡村各种非农就业人员占乡村就业人员的比例
数据来源:全国"六普"统计资料。

表 6-2　我国的进城务工人员的发展的三个阶段

阶段	年龄划分	教育程度	动　机	期　待	务工去向	职业类型
第一代进城务工人员	1980 年以前出生	初中及以下	摆脱农村贫困、改变家庭收入状况,赚钱回乡光宗耀祖	挣钱回家盖房、娶妻生子	珠三角,京沪	劳动密集产业加工、建筑、运输等行业
第二代进城务工人员	20 世纪 80 年代后出生	高中及以上	脱离农村,期待能在城市中独立,实现个人理想	表现出更高的职业期望、融入诉求和个人发展期望	沿海地区及省会城市	服装、生活餐饮服务业、电子产品
第三代进城务工人员	20 世纪 90 年代后出生	多元化	盲目随从,生活从业观念与农村社会脱离	自给自足	沿海、省会城市及就近城镇	服务业、IT 信息产品(代工)生产

资料来源:根据全国"六普"人口数据及相关资料整理。

第二,乡村治理的变化。新中国成立之前,我国乡村一直实行的是"皇权不下乡"的基层统治制度,但基层以下乡村的治理和发展却与国家政权和利益紧密相关。千百年来,通过这种基层的"无为而治",封建统治阶层坐享太平,这有其深层结构原因(图6-4)。新中国成立以后,特别是改革开放以来,国家权力从基层退出,改变了乡村"政社合一"的政治格局,乡村的基层治理也开始实现"乡政村治"体制,主要特征是,国家行政权力机关在乡镇以上,乡镇以下实行以村民为参与主体的自治体制。

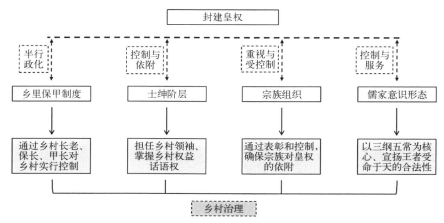

图6-4 封建时期乡村社会治理结构

第三,乡村物质基础的变化。农村土地从最初的生产资料转变为农民的社会保障、重要的资金收益来源这一过程中,乡村社会日益开放,农民流动性增强,乡村发展受市场影响加深。留守农村人口是农业发展基础,农村人口的变化影响了整个城乡社会的和谐稳定。

第四,乡村价值观念的变化。传统农村社会里中国农民的终极价值关怀是传宗接代、延续香火。改革开放40多年来,农村自给自足的小农经济社会被打破,封闭状态被逐渐打开,传统的农业生产方式也开始发生改变。同时,随着农民生产的产品不再是自足,很多农民还想提供更多市场所需要的商品,这进一步推进了乡村的市场化,推动了农民生活方式的改变(表6-3)。王晓毅在《动态的农村——读〈农村社会变迁〉》中将乡村文化价值理念状况描述为:"随着市场经济进入广大农村,农民不再为自己的消费而生产,其产品像工业品一样,都进入了市场时,农民与城市人的区别已经几乎于无。"[2,128]

表 6-3　我国农民价值层面的类型

类　型	价值观念	具体表现
本体性价值	传宗接代	"不孝有三,无后为大";遵守孝道;重视读书,争做人上人;父母在,不远游,游必有方
	光宗耀祖	
	百善孝为先	
	落叶归根	
社会性价值	人情	感情送礼、能人治村、远亲不如近邻
	名声、面子	
基础性价值	个人物质需求	个人物质的保有和利用

6.1.3　新时期乡村社会发展的应对：从关系到社会资本

1) 新时期乡村社会发展要素特征

（1）乡村土地：从分散到聚合

随着市场经济的发展以及城镇化进程的推进,农民对土地的依赖性越来越弱,其收入来源中农业收入的比例越来越低,外出务工收入的比例明显增加。乡村新的生活消费需求与"种地不赚钱"的实际状况是新时期农村农地抛荒的主要原因。2006 年农业税全免,同时国家对种粮农民推行粮食直补政策,种粮和"种草"都能获取种粮补贴,进一步挫伤了传统小农耕作的积极性。所以,面对稳定的农产品价格,大多数农民选择买粮而非种粮,仅有部分劳动力低下的农民选择维持自家口粮需求的耕种状态,耕地自愿或不自愿地向规模化生产的种粮大户集中。

（2）村民活动：个体走向网络

改革开放以来,乡村以家庭为中心的经济单位代替计划经济时期的集体观念,个人和家庭的观念增强,传统的宗族联系解体、血缘关系弱化、地缘关系被破坏,利益联系尚未建立,且缺乏建立起来的社会基础,广大农民的"原子化"状态明显。随着城镇化的推进,大量乡村劳动力先后流入城市。原有的地缘和业缘纽带让进城务工人员集体的网络化明显,同时留守农民年龄结构偏向老龄化和幼小化,文化水平较低,生活技能和劳动技能欠缺,以致需要邻里的守望和互助,亟需网络化的社会联系以维持人力资源匮乏条件下的乡村自身发展(图 6-5)。

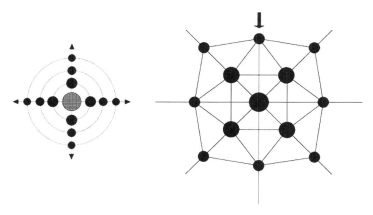

图 6 - 5　村民关系由"己为中心"的差序状走向均衡的网络状

（3）乡村制度：从压力走向自治

当代中国社会制度化转型的实质是传统规则向现代规则的转化，是由传统带有浓厚血缘关系、宗法关系、政治关系、群体自发关系的制度形式向使社会成员具有独立意识、参与意识、发展意识和群体自觉意识的刚性规则的转型。新中国成立之初的土地改革和随后实行的人民公社制度，其实都是一种"国家政权的建设行为"，希望通过对乡村土地关系的改革，对延续几千年的封建乡村关系以及民国时期乡村的基层权力的破碎残余进行修补和重组。这一时期乡村扮演着"以农哺工、以农养政"角色，乡村社会相关制度的"自上而下"压力型特征明显。改革开放以后，国家对人民公社进行改革，破除原有稳定秩序，这一时期的乡村生产独立，乡以下村民自治。1983 年乡村基层实行"撤社建乡"；1994 年实行"分税制"。从治理结构上可以理解为是国家权力的下放，但很大程度上是为了缓解中央财政收支不平衡的矛盾。2006 年，国家全面取消农业税，国家以农哺工、以农养政的时代宣告结束。

（4）乡村治理：从单一走向多中心

从"皇权不下乡"到新中国成立后计划经济体制下的"公社—大队—组—个人"管理组织，再到改革开放以后村委会以及乡村各种遗存权威及新兴阶层共同组成了现代乡村基层治理的结构。长期缺乏村民自治经验的中国乡村社会，基层的选举在传统社会关系中运作，且受市场经济关系左右以及宗族社会的影响，形成了中国乡土特色的能人治村、好人治村，甚至恶人、富人主导乡村事务等现象。其中一些治理模式在特定历史时期、地域环境、风土人情下有其积极意义，但对于农村的现代化、和谐发展来说,"单中心化"是这类乡村治理的最大局限性。

从政府、市场、社会合作的角度,构建互动、合作、制约的协作框架,能有效应对乡村公共事务,切实解决乡村公共问题。不断改变政府对乡村社会的行政性管理和控制,拉近群众和政府的距离,恢复基层草根民主和共同体精神,最大限度发挥地方多元治理主体的作用,以摆脱过去"管得多却管不好"的问题,提升乡村社会活力(表6-4)。

表6-4　新时期乡村治理的多中心模式的主体、角色及特点

主体	角色	特点、作用
农村基层党组织 (村委会)	领导者	农村建设的组织者、领导者
		通过村委制度构建保障村民对村务知情权、参与权、选择权和监督权
政府	引导者	政府做好政策制定、落实,规划的设计和实施,法律的规范和保护
市场	推动力	公共物品供给,如道路、供电、供气,实行社会竞标生产
		为农民提供流动机会,激活农民主体意识,促进传统农民向现代农民转变
		促成农村经济分化,促成乡村经济精英、能人的崛起,壮大农村治理主体
民间组织	民间资源	强有力的社会纽带
		具有实现互助合作的非营利性组织优势
		有满足差异需求的服务优势,能在政府触及不到的地方起有益补充
		具有构建道德观念、责任意识等"软规则"优势,形成新价值体系和公共生活准则
农民	中坚力量	农村建设的受益者、参与者、推动者
		积极参与农村公共事务治理
		自我管理、自我组织、自我服务、自我教育

(5)乡村文化:从传统走向现代

中国本来就是一个传统农业国家,以乡村为根基,以农民为主,发展出高度的乡村文明[129]。相比于"农村"一词,"乡村"更多地体现了中国悠久的农业文明和乡土性文化特征,"乡"本来就意味着一种历史厚重感,凝结着"农村"浓厚的文化情结。此外,乡村是中国社会的基础和主体,最先的文化、法制、礼俗、行业规范都是为乡村而设置。梁漱溟先生将中国的乡村看作是一个以儒家价值规范"仁义礼智信"为基础的价值共同体,每个人都尽自己的义务来遵守,正所谓"克己复礼为仁"。因此中国乡村文化有其自身的内在价值和自然环境基础,中国传

统的中庸、忠恕、仁爱和礼教伦理规范也一直是乡村的基本价值本位，同时，传统宗族制度和宗法礼教构成了乡村社区的行为规范和价值体系，实现了中国乡村几千年以来的"无为而治"。40 多年的快速城市化、工业化导致乡村社会日趋工业化、市场化，乡土文化认同缺失，并且乡村自然环境、社会生产生活关系的内在秩序也受到影响。大量乡村出现"城不城、乡不乡"的状态，传统与现代的断裂让广大农民的家庭观、社会观、个人价值观遭受冲击。因此，正确认识乡村文化，取其精华，去其糟粕有着重要的时代意义[129]。

2）新时期的乡村社会资本

社会资本与乡村社会发展有着密切关系，对乡村社会资本的研究有助于更深入更全面地了解乡村问题[130]。不论是费孝通先生早期对中国社会关系特征的研究还是新时期对西方社会资本的特征的研究，其实都反映了社会关系联系纽带的特征。学界对于社会资本的划分一直没有统一的标准，法国社会学家科尔曼（Coleman）以义务与期望、信息网络、规范与惩罚、权威关系、社会组织等六方面对社会资本进行划分（Coleman，1988）。笔者以本土乡村社会关系的特征认识为基础，对乡村社会资本的功能、要素构成、运作方式等方面进行讨论。

（1）乡村社会资本的特征

针对经历转型的乡村社会的发展变化，将新时期乡村社会资本的特征概括为以下三个方面：开放性、互惠性、契约性。

① 开放性

相对于传统的基于血缘、地缘构成的社会关系，新时期乡村社会资本具有更强的开放性。因为随着市场经济在农村的发展，以朋友、同事为代表的同质性的非血缘关系开始占据乡村社会关系网络的核心，并逐渐发挥主导作用。同时，乡村职业的多样化以及乡村人口的频繁流动，各种复杂的外部性社会关系也掺杂在乡村社会关系中。

② 互惠性

乡村社会资本的核心是信任以及在信任基础上形成的互助、合作网络和行为规范，在新的网络结构中，不再是以往单一的非均衡的差序结构。人与人之间获取资源的权利是平等的，人与人之间通过资源交换以获取对方所拥有而自己所不具备的资源,以获取更好的发展。

③ 契约性

传统的乡村社会关系网络是基于血缘、亲缘、地缘基础上的特殊信任纽带而形成的,彼此之间较为熟悉、知根知底,彼此的认同和口头协议是关系网络的基础。随着市场经济的进入,乡村自给自足的社会基础发生改变,利益关系开始逐渐替代原有的互助观、人情观,人与人之间的信任开始一般化、利益化,契约性成为市场经济条件下乡村社会资本的显著特征。

(2) 乡村社会资本的功能

乡村社会资本中内源化的血缘优势以及后天交往协作形成的网络规模,有助于乡村的民主管理和有效的公众参与,因为乡村社会的血缘关系和日常的交往协作易于形成社会信任,通过公众参与形成更大的网络和信任可以拓宽参与者的民主意识,提升参与者的共同体意识。其次,信任作为乡村社会资本的重要内容,能够促进农民合作与生产发展,同时在面对当前公共威胁和困境时,可以提高集体行动能力。最后,乡村规范有利于提高乡村集体行动的效率和秩序,同时有助于形成一致的价值认同和行为准则,应对市场化、多元化的价值标准,有利于乡村共同体和共同文化的建设(表6-5)。

表6-5　乡村社会资本的内容及功能

层面	含　义	表 现 内 容	功　能
结构型	指农村村民可通过投资或动员来获取社会稀缺资源的关系,以各种人际关系的形式存在	如血缘、地缘、业缘与趣缘关系等	能获取更多社会帮助和信息来源,如在农业种植、外出就业、社会救济上获益
			容易协调各种问题和矛盾,如解决邻里纠纷、在村里办事业中获益、邻间的利益协调
			有更多的威望和话语权,如村委成员、村湾小组长的角色需求
		结构化关系网络本身	有助于农村的民主选举、民主管理、公众参与农村公共事务
认知型	农村中结构化的关系网络资源	依附于结构化关系网络之上的信任和规范等	有助于村庄的团结,形成共同体意识,解决公用危机,如治理农业灾害、维护集体利益、积极参与公共活动等
	指内化于农村社会结构的文化、制度等环境资源	通过非正式制度和正式制度这两种主要形式	有助于规范村民的道德和行为规范,如遵守孝道、光宗耀祖、出人头地、重视教育、尊老爱幼

（3）乡村社会资本的要素构成

相关学术界赞同将社会资本分为宏观和微观两个层次，如政治学、经济学界一直将社会制度层面当作一种宏观社会资本；社会学、管理学等其他学科将人与人之间的社会网络、行为规范以及价值观当做微观社会资本研究。各学科的研究构成了当前社会资本理论研究的全部内容。本书对社会资本的要素分析基于这一认识，并将我国乡村社会资本作结构性和认知性划分。其中，结构型社会资本具备构建社会网络的各种特征，是嵌入在社会网络中的纽带资源，如先赋型的血缘、亲缘、拟亲缘、地缘以及彼此长久生活遵循的各种规则、道义。新时期的乡村社会，这种结构型社会资本包含网络中地位（行政、经济）、声望等。认知型社会资本具备社会网络的规范、价值观和信仰态度等特征，是促进社会网络互动与合作的认同与信任机制。对于当前的乡村社会，传统的认知型社会资本在不断消失，如宗族文化、宗教信仰、乡规民约、风土人情等传统认知。新时期，多元化的认知型社会资本充斥着乡村社会。同时不断出台的法律法规、政策规定、基层相关规章制度以及市场经济下的人情利益关系构成了社会网络的规范和价值观体系（图6-6）。

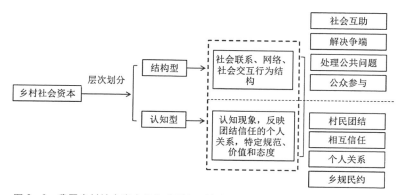

图6-6　我国乡村社会资本的构成要素及社会表现

（4）乡村社会资本的运作方式

乡村社会资本的运作过程表现为社会关系网络的构建。首先，通过农民自己的前期经营性投入，巩固已有的先赋型社会关系，如父母兄弟姐妹、堂亲、姻亲等亲缘、拟亲缘关系；然后，在巩固已有关系基础上寻找与原有关系最密切的关系；最后，通过后天性投入的社会资本，寻找、植入新的关系，以获取更宽广的社会收益和救助。笔者拟以一个以乡村精英个体的现有社会资本网络为网络原型的社会资本运作逻辑，以此来解释当前乡村社会普通村民个体、村民精英个体、村委成员及结构、各村民小组、村集体、邻村村集体、基层政府、市场、社会等如何通过乡村社会资本形成一种网络性的结构资源。其中所有处于网络节点上的成员都可以利用乡村社会资本形成的社会资源框架解决村庄发展所面临的诸多问题。

　　以人际关系为取向的社会行为模式，构筑了中国社会关系网络的基础。在乡村，已有的人际关系和社会网络是乡村社会资本产生和运作的基础。我国的乡村是基于血缘、亲缘关系以及长久的价值认同和互助往来的大社区，共同的活动范围构成了村落空间的原型。在这个物质和社会网络空间内，人与人之间的关系，具有高度的整合性和信任感。这种基于传统社会关系基础上的社会网络拓展构成新时期乡村社会资本的客观基础[131]（表 6-6）。

表 6-6　乡村社会资本的客观基础

关系类型	适用范围	情 感 表 现	原 　则
情感关系	家庭关系	互负责无旁贷的责任与义务	遵循"需求法则"而非功利性
混合关系	家庭之外的亲戚朋友	讲究面子文化，包括自己和他人，同时遵循"知恩图报"的人情法则	以和为贵的交往法则
工具型关系	陌生人	短期性和功利性	彼此拥有对方需要但又缺少的资源

　　新时期乡村社会资本的运作不光靠传统血缘、亲缘关系以及声望、面子的推动，利益诉求也成为重要动力。为了获取所需的社会和经济效益，人们通过同事、同学、朋友关系，获取经济、社会效益，谋求职位提升和社会认可等。对于当前乡村发展的实际，利用乡村社会群体和个体之间的社会关系网络以及村内主体的外部资源优势，通过交换以获取自身发展所需的优势资源，这是乡村社会资本运作的核心要义（图 6-7）。

　　① 动用社会资本以获取发展资金是常见的乡村社会资本运作途径。通过村民集体行动、发掘村庄外在吸引力、发挥村庄精英的资源优势等社会资本运作方式可拓展乡村建设资金渠道来源。

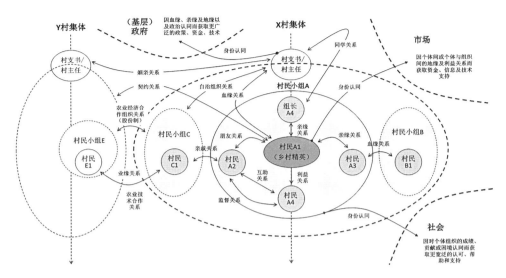

图6-7　新时期乡村社会资本运作的概念框架
资料来源：结合乡村田野调查梳理的社会关系类型及行为逻辑取向进行的框架构建

　　② 借助社会资本协调村庄建设利益冲突效果明显。当乡村建设中公共利益与个人利益发生冲突时，如拆除个人违建；当农村精英与村民个体利益发生冲突时会遇到投资与收益的矛盾；当乡村整体与村组利益冲突时，会面临公平与效益的问题。

　　③ 社会资本运作对于推进乡村建设意义深远。面对农村土地的集体所有与实际个体掌握之间的矛盾，以及当前乡村建设大量外来主导和干预与村庄组织与建设的内生本质之间的矛盾，通过村庄共同体的社会资本运作，对缓解当前土地政策矛盾作用明显。

　　社会资本是对乡村社会合作及集体行动能力的反映，同时也是对乡村村民个体之间的信任、网络规范的测度，是乡村社会自我维护和乡村社区凝聚力的内在资源，为应对新时期的乡村展建设中的转型与挑战，实现城镇化的健康稳定发展提供核心保障。

6.1.4　结论与启示

　　几千年农耕文明孕育下的中国农村，传统宗族文化、土地制度、国家治理结构等对乡村的发展以及内在运作起着决定性作用。改革开放 40 多年来,中国乡村社会经济发展显著,农村人口、家庭结构、生产生活方式,冲突和矛盾以及人与土地的依存关系发生了显著变化,乡村社会结构发生了巨大转变。特别是市场经济涌入后,中国的乡村社会已不再是费孝通先生所描述的乡土中国中的"差序格局"社会,乡村的文化传统、价值观念、行为逻辑、社会秩序都呈现出新时期的特点。本书以东西方社会发展的"时空差"来窥视中国乡村转型发展的自然演进,以关系和社会资本的差异特征来阐述乡村社会变迁所带来的社会资源配置逻辑之变。

乡村城市化过程中,乡村与城市存在固有的本体性差异,主要表现为主体的生存状态差异、生产与生活方式的差异以及社会生态环境的差异。认识这些差异是新时期转变乡村发展观的基础。

新中国成立后,以土地制度改革为基础,我国城乡空间发展经历了经济、社会等体制机制改革,乡村发展在过度"失血"中经历了转型发展的"阵痛",呈现出明显的"自然经济—计划经济—市场经济萌芽—市场经济发育—市场经济发展"的五阶段。本书将其总结为四层面变化:乡村社会结构的变化、乡村治理的变化、乡村物质基础的变化以及乡村价值观念的变化。

基于乡村的转型、变迁及影响分析,乡村社会发展的要素特征凸显,主要体现在五个方面:一是乡村土地从分散到聚合;二是村民活动从个体走向网络;三是乡村制度从压力走向自治;四是乡村治理从单一走向多中心;五是乡村文化从传统走向现代。这些转变奠定了新时期乡村社会关系的社会资本化特征基础,为认识乡村社会资本的特征与功能,提取乡村社会资本的构成要素提供了认知框架。

最后,本书以乡村规划工作中的田野调查经验为基础,借鉴乡村社会资本的运作方式,提出了新时期乡村建设工作推进过程中乡村社会资本的运作概念框架,乡村社会资本的运作,有利于克服和解决乡村发展建设中面临的一些实际问题,如资金短缺、利益冲突、行政边界割据以及土地制度矛盾等。

我国的乡村发展建设一直以来缺乏对乡村社会发展的规律、特点以及乡村问题的认识。因此,了解乡村社会发展的特点,研究乡村社会发展规律,总结乡村社会内在行为逻辑应该是新时期乡村规划研究的认知基础。如何适度规划，让乡村更美好，让农民生活更舒适，是课题研究的后续目标。

6.2　全面发展视角下的乡村人居环境建设[①]

人的全面发展理论是马克思主义理论体系的重要内容，也是我国社会主义现代化建设的根本目标和本质要求。人的全面发展就是按照人应有的本质，"以一种全面的方式，也就是说，作为一个完整的人，占有自己的全面的本质。[132]"作为宇宙中最复杂的存在物，人是在社会和自然双重因素中存在和发展的[133]。物质性、社会性、精神性均是人的基本属性[134]。在不同的历史时期，全面发展的内涵是不同的。在不同条件下，不同的人（群体）发展重点也是不同的，即发展取向应该有主次之分、强弱之别。乡村是我国农民聚居生活的基层社区，也是国家政治经济和社会管理的基础单元[135]，具有重要的物质建设、社会建设、文化精神建设内涵[136]。面对乡村复杂的系统环境，乡村规划应涉及一些深层性问题，不仅是对物质环境的技术关注，更应涉及乡村发展的综合性问题[137,34]。乡村规划的综合目标既需要应对国家新农村建设的技术需求[138-139]，满足人居环境提升的专业要求，更要促进乡村的可持续发展。

6.2.1　乡村全面发展的内涵

1）村民的生计发展：改善农户生计条件

"整个第三世界国家本来就没有西方主流意识形态中孤立存在的农业问题，发展中国家首先考虑的是农民生计问题，其次才是乡村可持续发展和农业稳定问题。"[140]农户的生计方式并没有固定的模式，而是与一定的生态环境、社会结构和族群文化相适应，并处于不断变化中[141]。解决农户生计问题是新农村建设的重点[142]。改善农户的生存环境和发展条件是推进我国乡村建设工作落地的

---

① 本节的核心内容见《全面发展视角下的乡村规划》，发表于《城市规划》2017年第1期。

重要抓手,同时也是我国中部地区开展扶贫工作的切入点。目前国内共识性的生计改善策略多采用英国海外发展部(DFID)的生计资本可持续分析框架(SLA)(图 6-8)[143]。国内相关研究也证明农户生计特征与不同类资本的占有和缺失情况相关,同时农户的生计资本在不同地域空间中也呈现不均衡性和差异性[144],其中农户的生计资本缺乏是农户贫困的直接原因,不同类型生计资本缺失导致了不同类型的贫困群体出现。乡村作为非城镇化区域内以农业经济活动为典型空间集聚特征的农业人口聚居地,具有很强的人文组织与活动特征[145]。改善农户农业经济活动的多样性以及空间组织的地域性是农民生计改善的基础和支撑,也是乡村建设中推进乡村空间组织与社会动员的工作基础。当前中部地区影响农户生计的要素主要来自两个方面:一是乡村外部政策、市场、区域基础设施以及乡村科技化、信息化发展水平[146],如“四化同步”、精准扶贫示范区的推进、全域旅游发展、区域交通环境的改善以及乡村电商的入驻等。二是乡村空间组织变化,包括平原地区土地整治下的农地流转、村庄集并;山区生态旅游下的生态移民、村庄景区化建设、产业空间的转型等。据调查,山区居民点的集聚程度与农户生计多样性往往成反比,过去的“穷奔高山、富奔口湾”的空间分异现象开始弱化。山区发展在交通贯通后仍一味地推进规模经济导向的土地整治,不可持续的土地利用结构影响了农户的生计选择;粗放的生产生活方式以及村庄土地的过度市场化造成了农户生计的不可逆性。因此,对于广大山区乡村而

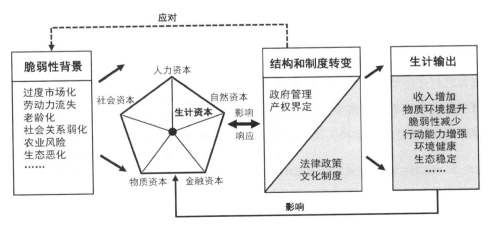

图 6-8　基于 SLA 分析的我国农户可持续生计框架
资料来源:根据参考文献[147]改绘。

言,土地固然是农民生计和发展的基础和重要的生产要素,但也包含着特殊的社会、文化、生态内涵。部分地区的特殊群体农户存在生计困境,如快速城镇化地区、"老少山穷库"区,应避免当前"乡村空间资源化"条件下乡村社会、文化、生态环境的持续衰败。乡村人居环境建设在落实国家政策、适应市场需求的同时,首先要基于农户生计的可持续发展需求。农户生计多样性的提升以及生计模式的改善应是检验乡村人居环境的科学性与实用性的重要指标;同时,基于农户生计提升的乡村人居环境建设更能适应农业现代化和生态文明建设中对于人的全面发展的要求。

2) 村庄的生境发展:提升村庄整体人居环境

生境(habitat)是生物学中环境的概念,指生物个体、种群或群落生活地区的环境,包括必要的生存条件和其他对生物起作用的生态因素[147]。本文用村庄生境代表由村民、村落、地域空间单元共同构成的生存与发展环境,包含生存条件和发展要素两个方面,具体可分为村庄的自然地理条件、气候环境、农业发展水平、居住空间状态、人口结构、社会发展水平、资源禀赋、农业特色、交通条件、经济基础等生境因子(表6-7)[148]。村庄的生境内涵旨在构建以改善乡村整体人居环境为目标的空间组织框架和空间识别体系,转变当前乡村空间组织中片面追求规模集聚效益和行政管理可行的传统学科视角,强化对乡村空间的生态系统、社会系统、文化系统综合特征的认识。不仅可以用村庄的生境指代村庄整体人居环境水平,反映乡村居民生活水平和发展条件,还可以选取村庄生境的构成因子构建评价体系,评价村庄发展的综合水平。面对当前中部地区人地流动加速背后村庄生境衰败现象,应提出整体性和系统性的生境改善和生境选择策略。村庄的生境规划与传统乡村人居环境规划的差别在于关注的不仅是一种物理生存环境,而是更突出乡村人居环境建设对人的全面发展的促进作用。

表6-7 村庄的生境因子构成及评价指标体系

生境因子		评价指标	备注
生存条件	地理条件	地形条件	如高原、山区、丘陵、平原水网
		海拔高度	——

（续表）

生境因子		评价指标	备注
生存条件	防灾减灾	地质条件	——
		年降雨量	——
	农业基础	年干旱天数	——
		洪涝灾害次数	——
	居住质量	石漠化程度	植被破坏、土地退化程度
		农林牧渔业总产值及比率	——
		农业收入水平	——
		机械化耕作水平	——
		化肥农药使用率	——
		居住密度	——
		建筑质量	抗震、保温
		房屋空置率	——
		市政基础设施供应水平	饮用水集中供给率、电网改造水平、排污方式等
发展要素	人口结构	男女比例	——
		年龄结构	——
		劳动力结构	——
		受教育人口比例	——
	公共服务	教育设施服务水平	——
		医疗设施服务水平	——
		养老设施服务水平	每个福利院的老年人口数量
		通信设施水平	固定电话人口数比率、入网率
		市政设施水平	村庄集中供水率、生活垃圾、生活污水处理率
		地形特色	如山区、丘陵、平原水网、滨海
		矿产资源	——
		土质条件	如富硒土质
	资源禀赋	耕地资源条件	人均耕地面积
		湖泊水域面积	——
		森林覆盖率	邻近国家风景名胜区、自然保护区、国家林场等
		历史文化资源	传统村庄聚落、历史遗迹、非物质文化遗产
	道路交通	特色农业产业	类型、收入占比
		硬化路比例	——
		道路网长度、密度、等级	——
		道路两侧居住集聚度	不同范围（30 米、50 米、100 米以上）

生境因子		评价指标	备　注
发展要素	经济收入	村集体经济类型	——
		村集体经济水平	——
		村民人均农业纯收入水平	——
		村民务工收入水平	——

资料来源：在参考文献[148]基础上补充完善。

3）村社的组织发展：夯实乡村治理的社会基础

村社是一种内生的乡村社会经济组织，也指代一种具有共同体精神的社区基础。依据我国《城乡规划法》的规定，乡村规划既涉及对乡村集体土地的使用管理，也涉及村庄各项规划建设的事务安排①。同时，《村委会组织法》又赋予了村民委员会对村庄公共事务的自主决定和管理的权力②。在诸多事权和公共事务责任下，推进以村社为主体的乡村组织发展，提升村社主体的民主决策和科学管理的能力是促进乡村人居环境建设的公众参与、有效实施和科学管理的基本前提。当前乡村集体经济的发展是村社主体形成的重要基础，也是提高农民组织化程度的重要载体[149]。乡村人居环境建设应适应村庄发展条件和人文组织环境，推进以村社为主体的村庄集体经济发展，主要表现在以下几个方面：一是挖掘村庄的社会组织基础。发挥不同历史阶段村庄社会组织的功能特征，突出集体经济组织下乡村社会资源的地域特色。二是适应工业化、信息化、城镇化、农业现代化的发展需求。"四化同步"的发展不仅为村社主体的发展减轻了富余劳动力压力，同时也提供了技术、资金和组织机制建设的支持。三是挖掘乡村精英，吸纳现代农民参与村庄管理与建设。通过一批立足村庄发展的现代农民以身示范，在寻求个体发展的同时，也为村庄的发展创建机遇平台。四是提升村集体经济的公共服务水平和社会保障能力。乡村集体经济是村社成员共同所有、共同劳动的经济组织形式，其经济成果应反馈到村民的日常生活需求和基本服

---

① 参见《中华人民共和国城乡规划法》第十八条和第四十一条，源自 http：//www.gov.cn/flfg/2007 - 10/28/content_788494.htm，最后访问日期：2017 年 5 月。

② 参见《中华人民共和国村委会组织法》第二条和第八条，源自 http：//www.china.com.cn/policy/txt/2010 - 10/29/content21226000.htm，最后访问日期：2017 年 5 月。

务保障上。村集体经济的发展是乡村社会治理能力提升的重要基础。

6.2.2　乡村人居环境系统构建

1) 从村民的视角看人居环境系统——解决微观的事情

（1）地情普查和民情调查

城市和乡村建设的工作底图差异决定了两者工作性质的不同。作为广大农业人口的聚居地，乡村的社区单元特征明显。乡村个体的行为逻辑以及整体的行为特征决定了土地的现状分布和发展特征，土地类型的空间分布状态以及规模集聚程度也通过影响村民生产生活选择进而改变村民生计水平。因此，面对最小的基层空间单元，乡村人居环境建设应了解农业、乡村的特征（地理空间特征、农业产业特征、村庄社会关系以及人文组织特征），通过微观的"地情普查＋民情调查"，把握村庄发展的人地关系特征（空间特征、数量特征、依存特征），将乡村空间与村民的生计选择结合、与村庄生境提升结合、与村社经济的发展结合。

（2）村庄发展的综合系统性与村民生计的微观性

村庄是农民聚居生活的基层社区，也是乡村政治经济和社会管理的基础单元。乡村发展包含一个综合的概念，不仅涵盖国家在处理城乡关系、解决"三农"问题方面的政策内容，也承担着改善乡村生产生活条件，提高村民生活福利水平和提升村庄自我发展能力的新农村建设责任。乡村发展是一项系统工程。当前的乡村发展系统是由社会、经济、科技、环境四个子系统构成的复合系统，各子系统在对立中协同发展，并在不断与外部环境进行物质、能量和信息交换中耦合并寻求高度的统一[150]。不同地区、不同发展阶段的乡村社会、经济、科技、环境子系统的发展差异巨大。乡村人居环境建设应推进各子系统在农村发展中协同运作，同时又面临着很多微观的事情，关系到所有农户的具体生存选择和发展方向。因为村庄的每一栋房子、每一块土地、每一片林子都关系到农户的生计条件和发展计划，村庄建成环境的改变对农户生计水平、生计多样性、生计风险以及生计可持续性都会产生重要的影响。乡村人居环境建设应充分尊重村民的选择，对乡村社会常涉及的经济性、美学性、便捷性等价值判断应该站在农民的角度重新审视。了解村民的生产生活逻辑，熟悉基层组织的制度环境是认识村庄的基础。在充分理解农村文化传统、社区权力结构、环境与资源禀赋的基础上，以解决村庄发展面临的微观事件为工作目标，实现自下而上的运作过程。

2) 从村庄的视角看乡村人居环境系统——促进"三生空间"①融合

(1) 城乡空间的构成特征与结构差异

乡村是相对于城市而言的农业人口聚居地。乡村和城市不仅存在着生产生活方式的差异，其空间构成逻辑也不同。卡斯特尔(Manuel Castells)认为，城市空间是人类根据一定的生产方式创造出来的，内在于经济活动的四个层面——生产、交换、消费和管理，并且体现在工业区位、住房、交通设施和都市治理这四个不同的维度[151]。按"三生空间"理解城乡空间差异，在城市空间中，生活和生产空间是底，生态空间是构图；在农村，也就是广大的乡村地区，生态空间是底，生活和生产空间是构图。从城乡空间构成的逻辑差异看，"空间在其本身也许是原始赐予的，但空间的组织和意义却是社会变化、社会转型和社会经验的产物"[152]。乡村空间是乡民长期生产、生活劳动智慧的结晶，是一种最大程度地利用资源和最小限度地耗费人力的理想性生存方式的基本模式②。乡村空间在人地关系的相互作用中形成、生长和演变。人地关系是农村生产、生活空间形成的基础，其内在逻辑决定了乡村空间的社会性表征。受人地活动的影响，乡村空间的三个层次(生活空间、生产空间、生态空间)有强弱、主次差异，不同类型的乡村空间构成逻辑有差异，生产、生活、生态空间的社会角色也不同。乡村人居环境建设应适应不同类型的乡村发展，促进乡村"三生空间"融合。

(2) 适应"三生空间"融合的规划创新平台构建

从行政管理上看，县级政府是对我国经济、社会发展进行管理和组织的最

---

① 人类通过实践活动建构了整个生活世界。生产空间、生活空间、生态空间是人类实践存在的基本形式，并构成了人类生活世界的总体面貌。生活空间是人类进行吃穿住用行以及从事日常交往活动的空间存在形式，是延续和培育劳动者的主体场域；生态空间是自然基础存在的基本形式之一，主要界定了人类活动的地形地貌、活动区域、地理位置等场域内容，是维持劳动主体生命活动的栖居之地，同时，也为生产空间、生活空间提供生态前提，是任何社会生产活动顺利运转的先决条件。参见刘燕《论"三生空间"的逻辑结构、制衡机制和发展原则》《湖北社会科学》，2016年第3期，第5~9页。

② 引自2015年1月同济大学举办的"乡村发展与乡村规划学术研讨会"中戴星翼教授所作《城镇化背景下的农村环境治理：五个关键词》主题报告的观点。

基本行政单元[153]。县域空间是以集镇为纽带、以乡村为基础的区域空间体系。乡村的发展在县域经济发展和空间组织中扮演重要角色。从城乡空间环境讲，乡村空间应包括村庄和集镇共同组成的非城镇化区域整体，是反映非城镇化地区乡村社会、文化、生产、生活、生态整体特征的空间场域；从规划实践要求来看，《城乡规划法》明确了乡村规划包括"乡规划"和"村庄规划"，其中乡规划空间区域为乡域（包括集镇）。因此在乡村空间组织上将集镇和村庄发展纳入一个完整的系统框架，可以整合资源文化特色，有效地把握发展重点，提高建设和管理效能。如应对山区乡村居住空间、农业产业、生态空间（文化旅游资源）的空间组织时，通过破除镇、村行政界限，建立（小）流域空间规划平台以及行政管理机制，组织产业、生态、居住等空间层次，统筹公共服务和基础设施配置，构建适应"三生空间"融合的空间组织、空间动员和空间管理平台（图6-9～图6-11），以有利于整合空间资源，协调空间发展差异与特征，把握空间发展重点和整体效益。

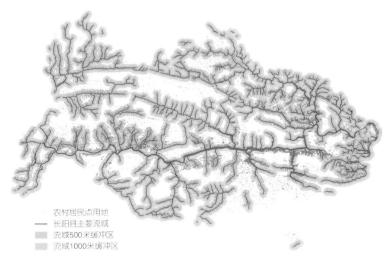

图6-9　武陵山区长阳土家族自治县的小流域空间单元特征
资料来源：根据国土数据绘制。

3）从村社的视角看乡村人居环境系统——提升乡村社会资本

（1）乡村社会资本形成的基础

社会资本是一个人在组织结构中，利用自己所处的位置优势获取资源的能

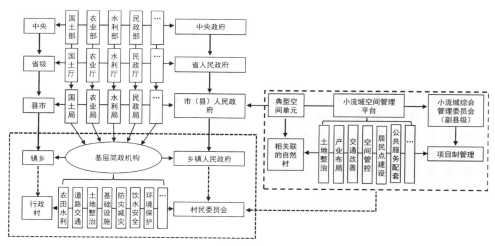

图6-10　以小流域为空间单元构建"三生空间"的规划组织与管理框架

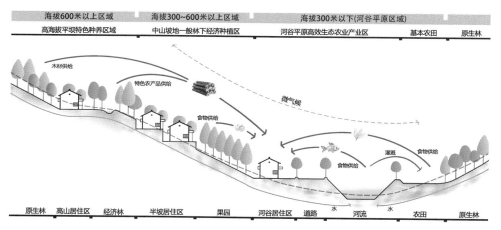

图6-11　小流域乡村"三生空间"的融合与互动特征

力[130]。最朴素的中国场域解释就是关系。人们可以通过这种关系进行互惠交换,是获取帮助和支持的重要资源形式。乡村社会资本形成的重要基础是村民主体。新中国成立以来,我国农民阶层经历了封建社会时期的依附地主阶级到新中国成立初期的个体劳动者,再到合作化时期的集体农民,最后通过1978年的乡村经济体制改革实现向独立生产经营者的转变。上述三次历史性转变深刻影响着当前乡村社会关系的发展,改变着农民的生产生活方式和价值取向;我国乡村社会也因而逐渐由传统的基于血缘、亲缘、地缘的"关系"社会向基于村民之间的网络、信任、规范的公民社会转变[130]。

（2）乡村社会资本运作："乡贤引导＋技术指导"模式

2015 年中央 1 号文件《关于加大改革创新力度　加快农业现代化建设的若干意见》指出,在"围绕城乡发展一体化,深入推进新农村建设"工作中,要"通过创新乡贤文化,弘扬善行义举,以乡情乡愁为纽带吸引和凝聚各方人士支持家乡建设,传承农村文明"。自古以来,乡贤文化是中国乡村文化的重要内容,也是千百年来中国乡村无为而治的社会基础。乡贤在基层社会的"天然"权威性,使其在乡村社会建设、风俗教化、乡里公共事务中扮演了重要角色①。面对基层特殊的社会环境,我国《城乡规划法》也提出了发动和利用村庄社会资源的构想,规定乡村规划的实施应"从乡村实际出发,尊重村民意愿,体现地方和乡村特色",为将民间智慧、基层经验和规划技术整合到乡村规划工作平台中,推进乡村全面发展提供了法律依据。当前受"乡愁"经济的影响,各级政府从生态保护和旅游资源开发的角度对乡村发展提出了保护和控制性要求,但面对基层自治的乡村社会环境和世代繁衍生息的基层生活环境,农民更多合理的经济发展权、生活环境选择权、村庄发展意愿的话语权应该得到尊重和重视。借助"乡贤引导＋技术指导",实现对基层社会资源的整合,降低管理成本,提升乡村社会资本,规避不必要的社会风险是乡村规划作为一种治理手段在促进乡村全面发展中所应起到的重要作用。

6.2.3　长江中游贫困山区乡村全面发展实践经验

1) 我国贫困山区发展的一般过程

我国是多山国家,山区受垂直地带性规律的影响,自然、社会、经济以及人地（山）关系有明显的特征。山区的整体发展经历了四个阶段：农业社会,山区和平原相似阶段,工业化后的衰退阶段,第二产业和第三产业资源开发后的转机阶段,交通干线贯通后的繁荣阶段[154]。我国中部贫困山区（大别山区、武陵山区）是集山区、老区、贫区于一体的特殊地区,在区域城镇化发展中具有不可替代的

---

① 参见中国政府门户网站 2010 年 3 月 10 日全国两会新闻《陈世强：发展大别山区域合作 实现革命老区新腾飞》,源自 http://www.gov.cn/2010lh/content1552647.htm。

生态功能、富有特色的经济功能、不可忽视的社会功能①。贫困山区乡村的发展可以用"靠山—吃山—用山—养山"的人山关系过程来形象概括(图 6 - 12)[155]。"靠山"是山民原始择居的理性选择,体现了山区的农业生活的自然地理特征。"吃山"是山区空间资源利用的阶段,山民通过改善人居环境,发展农业产业,利用山林土地资源谋求自身生计,展现着乡土社会朴实的人居智慧。"用山"是应对市场选择的山区发展阶段,用好山不仅需要理性和长远智慧,更要满怀对大山的亲情和责任。"养山"是一个回馈自然的过程,是山民在生存和发展中积累的最高智慧。"人养山"也是"山养人"的自然教化过程,是建立生态文明的必然选择。山区乡村的发展应是村民从生计到生境(宜居)改善再到村社发展,最终实现人的全面发展的自然过程。乡村人居环境建设实践既应遵循自然教化和民间智慧,从全局性和长远性战略考虑,也需要具备乡土情怀,从农户的基本生计着眼。

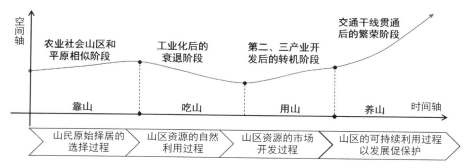

图 6 - 12 我国贫困山区发展的一般过程

2) 基础: 从渐进式的空间集聚到村民的生计转型

（1）案例村庄发展概况

百丈河村位于鄂皖两省三县交界处,地处大别山区核心腹地的湖北省英山县(图 6 - 13)。全村共有 6 个村民小组,户籍人口 748 人。全村劳动力人口 483 人,其中外出务工人口达 208 人(2015 年数据)。村域用地面积 2.38 平方千米,其中耕地面积 372 亩,山林面积 3 000 亩,平均海拔 600 米。村庄空间的"八山一水一分田"的山水格局特征明显(图 6 - 14)。全村 20 多年的发展经历了从村集

---

① 王先明. 乡贤: 维系古代基层社会运转的主导力量[N]. 北京日报,2014 - 11 - 24.

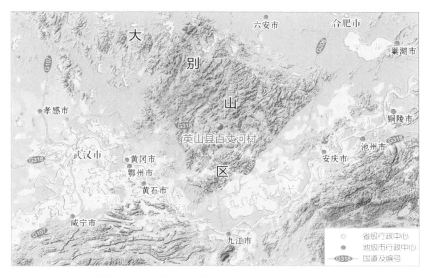

图 6‑13　百丈河村在大别山区的空间区位

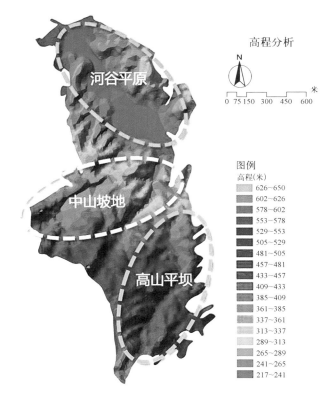

图 6‑14　百丈河村地理空间格局

体负债 50 万元的全县有名的后进村,到 2012 年村集体年收入达 50 万元、村集体积蓄 150 万元的先进村的变化。2013 年全村农民人均纯收入 10 060 元。据调查,从 2001 年开始,百丈河村早于国家政策推进了新村建设,分阶段、有序地实现了迁村并居(图 6-15、图 6-16);同时,村民推进村社经济发展的意识提升明显,村集体经济发展经历了茶园改建—养猪场—鞋厂—茶厂等适应市场需求的产业转型,同时相关农业产业规模扩大、标准提升等充分考虑到全村村民(包括有效劳动力和部分失去正常劳动能力的留守老人)的生计改善与村庄发展的生态容量。集体经济发展保障了村庄整体社会福利和公共服务设施水平的改善,进一步推进了村民生计的转型(图 6-17、图 6-18)。

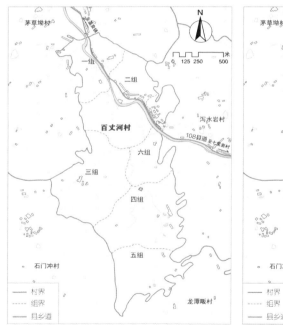

图 6-15 百丈河村 2001 年村民聚居空间状况   图 6-16 百丈河村 2013 年村民聚居空间状况

(2) 生计转型过程

山区乡村居民点从分散到集聚应是一个自然的过程,应在尊重村庄社会发展阶段、农业产业结构、村民生计水平的基础上积极推进。百丈河村的实践经验包括:渐进式的迁村并居工程有利于村民生活水平提升和发展条件改善,进而促进农民生计转型(表 6-8);生计转型让村民摆脱土地依赖(对于非农区的山村,口粮田

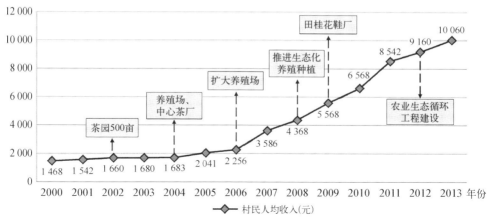

图 6‑17　2000—2013 年百丈河村农户生计转型过程与乡村发展建设

图 6‑18　2013 年百丈河村乡村人居环境
资料来源：百丈河村大学生村官兰杉提供。

一直是农民生存的保障），闲散的土地通过整合可以作为推进山区特色农业产业规模化发展的资源基础；山区农业产业发展应尊重地域空间特色，因地制宜，适应村庄人口结构和劳动力水平；通过构建生态农业循环（图 6‑19），持续推进乡村产业转型升级，以应对山区人多地少的结构性问题；发挥村民共同体和集体经济优势，培育乡村社会资本，不断提升个体和集体发展能力，克服贫困山区发展的路径依赖。

表 6‑8　百丈河村迁村并居历程

批次	第一批	第二批	第三批	第四批
时间段	2001 年	2006 年	2008 年	2011 年以后
推动原因	村委倡导下的村民集体自建	村民集体自建为主，新农村建设政策引导为辅	新农村建设政策引导为主	新一轮建房周期及国家政策推动
搬迁组	二、四、六	二、三、四	一、二、三、五	一、二、三

（续表）

批次	第一批	第二批	第三批	第四批
户数	50 户左右	30～40 户	10～20 户	3～5 户
中心村空间演变特征				

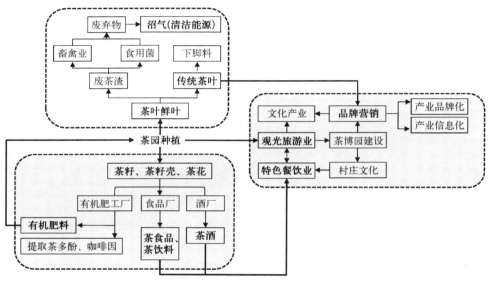

图 6-19　百丈河村基于茶产业的全产业链开发带动村民的生计转型

3）提升与发展：乡村治理＋村社主体

（1）案例村庄发展概况

郑家榜村位于武陵山区长阳土家族自治县的沿头溪小流域,全流域 16 900 多人,其中郑家榜村 2 266 人。流域范围内土家族和汉族混居特征明显。武陵山区是国家 14 个集中连片贫困山区之一,长阳县更是被列入国家"老少边穷库"重点扶贫地区。作为国家多部委重点扶贫对口地区,长阳县基层社会管理工作用"上面千条线,下面一根针"来描述极为准确。作为沿头溪小流域上游的尽端村（图 6-20）,在 2009 年流域乡村公路以及村组路贯通前,郑家榜村全村 560 多户村民散居在地形高差 1 300 多米、地域面积 41.21 平方千米的村域空间内。受计

划经济时期遗留的社队空间单元划分以及山区交通条件的影响,郑家榜村村集
体经济薄弱,农民生活水平低下,村庄基础设施和公共服务配套设施严重不足。
2009 年以后,新的村委班子立足山区生态资源富集所具备的后发优势,充分发挥
基层村委的能动性,以贫困山区政策资源优势为基础,有选择地发挥市场资源优
势,克服基层行政管理诸多壁垒,带动基层群众有担当、有共识地推进乡村建设。

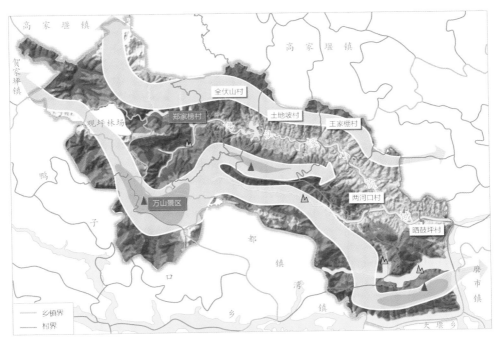

图 6 - 20　沿头溪小流域地理空间格局

（2）乡村治理的社会基础

受限于山区地理的不均衡性,郑家榜村所在的沿头溪流域乡村发展呈现时
空分异的特征,奠定了郑家榜村乡村社会发展的基础。在山区交通干线贯通的
阶段,全村仍保持完整的自然经济特征,跨过了工业化进程中的环境污染和治理
阶段,生态环境和田园经济保存完好;村庄在自然农业条件下形成的纯朴社会关
系和村庄文化生态,为新时期乡村社会资本的积累奠定了基础,有效地应对了市
场经济冲击下乡村社会价值和共同体精神的嬗变危机;村庄的后发优势不仅使
村庄发展规避了众多市场选择的风险,也获取了更持续的政策、制度和资金
支持。

（3）村社主体形成的过程

郑家榜村摆脱贫困山区发展的"扶贫"路径依赖，实现自主发展、建立村社经济主体经历了四个主要阶段：一是"政府＋开发商"的扶贫攻坚阶段。政府借助乡村的资源优势，引入市场主体，以国家政策和资金作捆绑，推进村庄的原始开发。二是"开发商＋村集体"的市场引入阶段。市场主体摆脱基层政府的利益捆绑，适应基层自治环境，实现了村庄空间资源开发收益与村集体社会福利双赢（村民得到集体分红、实现就业，村庄公共服务和基础设施得以改善）。三是"开发商＋农户"的小农市场风险盛行阶段。开发商通过基层运作获取了村庄土地使用权，村集体"虚位"导致开发商可以绕过村集体，通过村庄代理人直接与农户进行村集体土地经营权的交易。该阶段面临很强的市场风险和农业风险，若市场主体增加，村庄发展将面临散乱、缺乏统筹的局面。四是"村集体（村社企业）＋农户"的可持续发展和生境提升阶段。逐渐形成的市场环境和资本介入培育了村集体的自主发展意识。在此过程中，村民的经济理性与身份认同加强。村集体通过村产业（旅游）公司、农协或高级社等形式，将村民生计、村社发展与村庄整体开发与建设捆绑，如郑家榜村推进的"景村共建"发展战略，有效地协调了景区、村社与村民的利益关系，让村社真正成为村庄利益的代言人，保障了村庄整体利益，规避了个体市场风险。

第7章　长江中游乡村人居
建设的困境与对策

7.1　长江中游乡村发展的内卷化与原子化倾向

　　乡村的和谐永续发展与城镇化的健康推进是当前中国发展的两大命题。城镇化的内涵实质是城镇与乡村地区在时空层面的要素流动与动态变迁的过程，城镇的要素吸纳集聚与农村的基础支撑转换了两者在发展过程中的角色，城乡之间在自然资源、经济发展及社会文化等方面的要素流动通过城乡人口与土地的结构性变化得以体现，从某种意义上讲，正是城乡之间的这种"推—拉"效应使得城乡人地关系紧密或离散，进而形成了城镇化的现有格局。

　　生产与生活方式的转变通过乡村人口与土地的不断城镇化给乡村地域带来深刻冲击。从农民收入结构来看，无论外出务工人员还是留守农民，非农收入已经成为家庭收入的主体，农产品对于农民收入增值贡献甚微，生产活动仅提供维系家庭生活所需资料而存在，生产的价值呈现出低水平的稳态，乡村产业内卷化特征凸显。随着农产品交易市场化程度的提升，农民获取生活资料途径的丰富，农业生产活动的必要性进一步弱化。可以看出，农业产业内卷化深刻影响了乡村社会与乡村经济结构，其滞变的结构属性瓦解了传统意义上的农民与土地的密切关联，使乡村人地关系趋于离散。

　　消费时代影响下的城市发展的触角延伸至乡村地域，导致政府、市场与农民在乡村地域具有共同的收益期望，城市生活方式和裹挟了现代性的农村开发改变了传统的农村人居观，新农村建设、美丽乡村建设、乡村旅游与乡村开发性质的特色小镇建设兴起的同时，乡村原本似乎熟悉却又陌生的乡土性并未展现。随着乡村人地关系的离散，城镇化带来的经济效益的驱动，瓦解了费孝通先生笔下的"农村以熟人社会为半径，以血缘、地缘关系为经纬而形成差序格局"的原有景象。乡村社会原子化与乡村经济内卷化一起构成了制约当前乡村发展的两大难题。

7.1.1 人地空间错位与乡村经济的内卷化

1) 中国乡村发展的内卷化特征

经济学家威廉·阿瑟·刘易斯（William Arthur Lewis）在其《劳动无限供给条件下的经济发展》一文中将后期国家存在的二元经济结构描述为："在一定的条件下，传统农业部门的边际生产率为零或负数，劳动者在最低工资水平上提供劳动，因而存在无限劳动供给。城市工业部门工资比农业部门工资稍高点，并假定这一工资水平不变。由于两部门工资差异，诱使农业剩余人口向城市工业部门转移。"低技术劳动密集型的农业生产与工业生产及现代服务业生产的价值比较劣势决定了三次产业部门之间的劳动力流动的方向，过密的劳动力投入并不能从根本上为传统农业生产带来变革性的效果。小农在本质上既是生产单位又是消费单位，其生产是为了满足消费而不是为了利润，当小农经济仅仅靠农民的购买力来维持而不是带动农民和农业的发展时，农业生产将进入滞变的稳态[156-157]，这是一种典型的内卷化表现。由此可见，农业产业的结构特点决定了乡村内卷化发展的经济基础。

土地作为最重要的生产资料分配到户，一方面解放了集体化生产阶段被约束的生产积极性，实现农业生产的精耕细作，使农业产出在短期内实现突破性跃迁。另一方面，以家庭为单位的农业生产同样细碎化了生产资料，受制于可耕作土地的有限性，精耕细作式农业的效益产出被过量的农业劳动力投入所稀释，小农经济条件下的人均可耕作土地资源的匮乏，凸显了乡村人地关系的矛盾性问题，土地的消耗性使用带来的土地疲劳疏离了农业现代化的理想，成为乡村内卷化滞变的物质基础[158]。

农业发展的滞变性内卷，加剧了农村劳动力的析出效应，农村剩余劳动力外向转移需求迫切，这是城乡二元经济发展的必然结果。劳动力的结构性差异影响了剩余劳动力的析出结果，青壮年劳动力离乡离土进入城市，而中老年劳动力留在农村，代际效应影响下的第二代、第三代农民的留城意愿明显增强，并由此带来随迁性城镇化人群不断增加，人口的代际转移为城镇化推进提供了持续且稳定的输入人口支撑。在城乡产业与收入的剪刀差驱动下，乡村社会的分化分层现象凸现,原有农村熟人社会的稳定性趋于离散,农村社会组织结构与活力退化,导致乡村社会出现内卷化特征。

2) 内卷化影响下的长江中游地区乡村人地空间错位

土地资源的匮乏客观上影响了农业生产存在的形式,小农经济的精耕细作某种程度上是资源要素匮乏条件约束下的适应性调整,农业生产效率有所提升,但农业生产的低技术、劳动密集型投入特征并未根本转变,农村劳动力过剩仍是我国农村地区未来发展面临的最大问题。

（1）长江中游地区乡村内卷化特征

从自然地形上来讲,长江中游三省位于长江中下游平原与江南丘陵地貌带,自然环境条件适合传统农耕农业生产,是我国重要的农业生产战略区。但从全国来看,长江中游三省人口集聚程度较高,局部起伏的丘陵以及密集的河网湖泊等自然水域的环境制约导致该地区人均可利用土地资源总体上并不丰富。资源匮乏依然是制约长江中游地区乡村发展的重要因素,同时也为乡村产业内卷化问题的产生提供了客观条件。

长江中游地区乡村产业的内卷化现象突出表现在农业在省域经济格局中的占比过高,以及农业机械化生产程度的落后。农业在省域经济中占比过高表明农业产业发展的基础性地位依然存在,同时农业对于省域经济的影响过深,这与现行产业发展规律并不相符;农业机械化生产程度落后则显示出地区农业发展低水平均衡的特点,农业产业价值的结构性提升效果并不显著。以上两点可从与全国其他省份的对比中得到验证。

从图 7-1、图 7-2 中可以看出,长江中游地区三省第一产业增加值占地区生产总值的比重维系在 10.7%～11.6%,占比稍高,位居全国中后段,与浙江省、广东省、江苏省等沿海发达地区相比差距较大。同时,从镇区及乡村地区消费品零售额与地区全社会消费品零售额占比可以看出,长江中游地区除湖北省（32.6%）以外,湖南、江西两省镇区及乡村的零售额占比超过 40%（湖南省为41.2%,江西省为 47.8%）,这表明长江中游三省的农业经济在地区国民经济中依然扮演着重要的角色,镇、村两级经济的发展某种程度上把控着三省整体经济发展的方向。

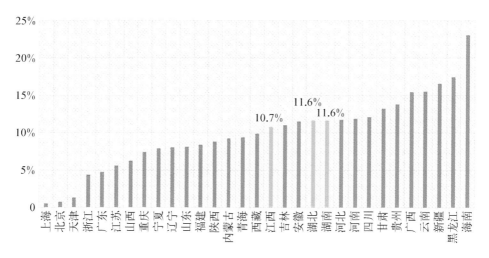

图 7-1　全国各省(自治区、直辖市)一产增加值与地区生产总值的比重
资料来源:《中国农村统计年鉴(2015)》。

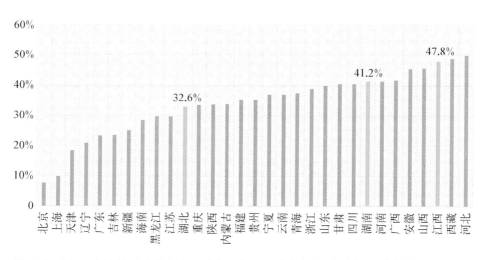

图 7-2　全国各省(自治区、直辖市)镇区级乡村消费品零售额占全社会消费品零售额的比重
资料来源:《中国农村统计年鉴(2015)》。

　　与沿海发达地区乡村经济相比,长江中游地区三省乡村经济规模偏小,同时村级与镇级之间发展不均衡问题也较为突出,如湖南省乡村消费品零售额与镇区的相比,比率仅为 0.3(图 7-3、图 7-4)。再由全国各省农业机械总动力对比图可以看出,长江中游三省农业机械化程度位居全国中游,与山东省、河南省、河北省等传统农业大省差别较大。整体判断,长江中游地区三省农业发展处于由传统农业向现代农业转型的缓慢过渡阶段(图 7-5)。

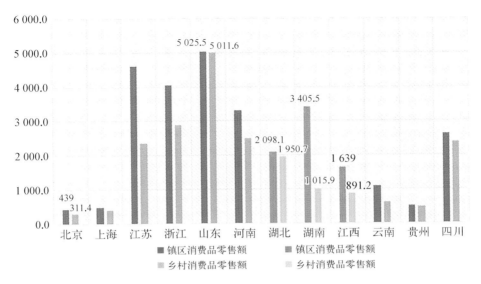

图 7 - 3　部分省域镇区及乡村消费品零售额对比图(亿元)
资料来源:《中国农村统计年鉴(2015)》。

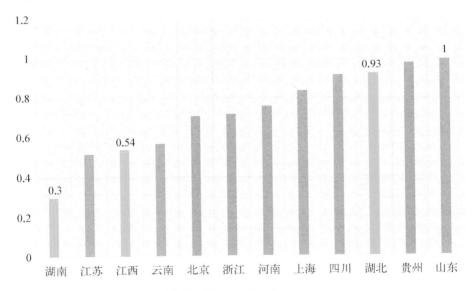

图 7 - 4　部分省域乡村与镇区消费品零售额比率对比图
资料来源:《中国农村统计年鉴 2015》。

　　由此可见,长江中游地区乡村地区的发展轨迹并未脱离农耕时代的传统生产模式,特别是在当前我国农村劳动力超额投入的背景下,以家庭为单位的内向消费型农业发展模式并不能突破农业产业内卷化的瓶颈。农业技术水平的提高带来的农业规模化、机械化生产支撑着长江中游地区农业经济的缓慢提升,但目

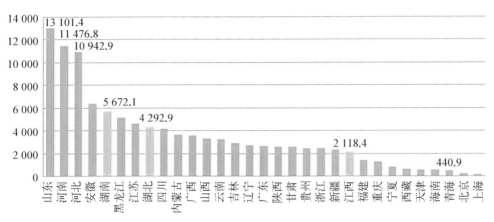

图7-5　全国各省(自治区、直辖市)农业机械总动力对比图(万千瓦)
资料来源:《中国农村统计年鉴(2015)》。

前来看支撑的力度尚显不足。农业发展内卷化问题是困扰中国农业发展的一大难题,这在长江中游地区乡村体现得尤为显著,乡村内卷化症结的破题尚需长期持续的探索。

(2)内卷化影响下的长江中游地区乡村人地关系空间错位

农业内卷化对人地关系变迁影响的典型特征是乡村地区的人户分离现象。以中部地区的湖北省为例,2015年湖北省乡村从业人数为2 300.88万人,其中,农业从业人数仅为869.32万人,而外出从业人数达到1 118.63万人。同时通过对乡村留守劳动力的调研,发现兼业或务工行为成为留守农民的主要从业选择,在兼业与务农收入的巨大差距下,农业生产的基础性地位在内卷化的乡村发展过程中已经被取代,乡村原本紧密关联的人地关系出现离散的趋势。

乡村地区的代际从业,特别是乡村地区第二代、第三代农民的进城就业,扭转了原有的农业生产方式,同时也剥离了附着在户籍之上的人与土地的关联。乡村与城市之间的人口流动随着城镇化的深入推进形成多梯度的单向运动,传统的以家庭为单位的乡村社会组织,随着农村家庭青壮年核心劳动力的转移迁出而瓦解分离。亲属跟随性的转移迁出进一步加剧了这一现象,乡村不断流出的人口与固化的土地在空间上产生分离,形成人地关系的空间错位。

7.1.2　乡村社会的原子化与差序格局分异

1) 原子化的概念内涵

　　原子化的概念起源于社会学的研究,通常意义上指社会原子化现象。原子化概念首先由德国社会学家齐美尔(Georg Simmel)在其《大都会与精神生活》中提出:"城市居民的生活长期处于紧张刺激和持续不断的变化之中,这导致居民逐渐缺乏激情、过分理智、高度专业化以及人与人之间原子化。"田毅鹏在其《转型期中国社会原子化动向及其对社会工作的挑战》中将"社会原子化"定义为:由于人类社会最重要的社会联结机制——中间组织(intermediate group)的解体或缺失而产生的个体孤独、无序互动状态和道德解组、人际疏离、社会失范的社会危机。一般而言,社会原子化危机产生于剧烈的社会变迁时期。

2) 乡村原子化演替的内在逻辑

　　中国传统的乡村人居环境是架构在以农业生产为基础上的生产关系之上的多要素融合共同体,具有稳定的组织逻辑和顺序。自形成之初,土地一直是农民生存发展的基本生产资料,而人多地少的现实背景也衍生了农业生产的无差异性以及农民价值观的同质,农民的个体差别被淡化,在宗法族群网络的紧密调剂下,乡村集体共同体形成了其存在的基础形态。

　　新中国成立以后的农业集体化生产时期,土地、生产工具等基本生产资料"充公",国家通过各类集体化组织构筑集体化的生产关系。在这种关系中,农民个体依附集体,集体组织管理者主导形成以乡村基层党政群体为核心的乡村共同体。分田到户政策的实施标志着农民享有了对土地的直接处置权,农民个体生产的积极性被解放,同时农民作为理性经纪人的个体逐利本性被激发,农业生产灵活性的获得使生产行为成为独立于集体组织之外的个体行动,进而导致乡村基层政权与农民个体的关联性下降,集体合作组织出现结构性瓦解,乡村社会原子化趋势凸显。随着 2006 年农业税的取消,乡村基层社会的"干"与"群"关系彻底脱节,乡村基层政权中维系社会集体化组织调节的作用失效,乡村原子化趋势加剧。

由此可见，乡村原子化演替是农民与基层政权的经济关联的剥离，滚动影响了乡村社会组织关系和结构，导致乡村共同体的结构性瓦解。农民生产活动的个体理性加上政策导向下的基层政权协调作用失效，疏远了农民与管理者之间的关系，乡村基层政权被孤立。乡村原子化问题实质上反映了国家现代化转型时期乡村群众与基层政权的不合作问题。

3）原子化影响下的长江中游地区乡村人居环境的差序分异

人居环境是人类适应与改造自然的空间场域，反映了人类在对自然物质空间的改造生产过程中所形成的生产关系与生活关系的关联网络。某种意义上，乡村人居环境建设是乡村生产组织关系与社会组织关系耦合同构的自组织过程，是村民在村庄共同体监督约束下建设行为的集合，而原子化问题疏离了集体共同体的调剂效能，同时构建起以个人为中心，包裹血缘、地缘、经济关系以及社会网络形成亲疏不一的关系圈层。由于集体生产关系的退化，血缘与经济关系在差序圈层结构中的作用凸显，而地缘关系与农民生产的联系不再紧密，农业内卷化驱动下的农民城镇化，扩展了农民社会网络空间的外向边界，但同时也分裂了集体组织关系在地域性社会网络的核心地位，使当前乡村社会呈现出农民关系网络的"边界外向扩展，集体内核虚化"的差序特征。

集体内核虚化的乡村社会差序格局，影响了乡村人居环境建设的主体意愿，使得乡村人居环境建设脱离传统的集体主义色彩，演变成为个体意愿主导下的自由建设。人居环境建设中的公共属性降低，原本已经模糊的乡村"群己、人我"的边界，在当前人居环境建设中日渐清晰，个人私有人居环境空间建设此起彼伏，而公共人居环境空间建设被漠视，成为游离于村民建设主体能动建设与维护活动之外的集体或政府负担的建设行为。长江中游地区乡村长期以来的农业内卷化导致村集体往往不具备建设与维护公共空间组织的能力，同时受限于县镇两级财政收入水平差异，除部分大中城市近郊地区乡村以外，长江中游地区大部分乡村公共人居环境建设投入较少，伴随私有人居环境空间建设的快速扩张，公共性人居环境空间进一步萎缩，进而导致长江中游地区乡村人居环境呈现出差序分异的典型特征。

　　除此之外，长江中游地区乡村人口的持续外流，以及当前乡村人居环境多元建设主体之间协调机制的缺位，在一定程度上也加剧了乡村人居环境建设的差序分异现象。以湖北省为例，自 1999 年省域范围出现人口外流现象开始至 2017 年，乡村人口共减少了 1 545.75 万人，占 2017 年农村总人口的 64.4%。乡村人口的结构性流出一方面弱化了村民参与乡村人居环境建设的必要性，同时也使留守村民在建设过程中更加关注个体利益的实现。乡村社会原子化带来的村民个人理性，加上当前非镇村基层政府主导的乡村人居环境自上而下建设的推广，导致村集体协调约束作用在乡村人居环境建设过程中弱化，村民脱离集体跨级与上级政府形成利益决策共同体，或者以个人意愿组织私人人居环境建设，乡村人居环境破碎化程度加深，传统的和谐人居建设范式随之瓦解。原子化影响下的长江中游地区乡村社会共同体的作用弱化及瓦解，在"政府引导，集体建设"的人居环境建设思路下，逐渐出现主体与过程的分异错位现象(图 7-6、图 7-7)。

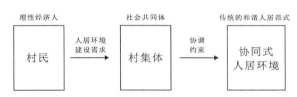

图 7-6　长江中游地区乡村传统人居环境建设路线图

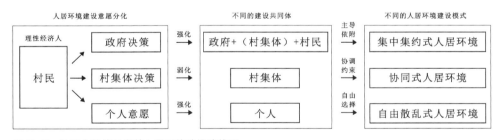

图 7-7　长江中游地区当前人居环境建设路线图

（1）多主体建设目标与愿景的差序

　　与城市社区建设的市场开放性不同，乡村人居环境建设在土地资源获取、市场化资本来源等方面存在内向封闭性较强的问题，各级政府作为公共服务的主要提供者，在其建设过程中致力于解决乡村集体性的共同问题。与此同时，建设资金的有限性使政府在建设过程中寄予"花小钱办大事"的投机性期望，在此影响下的乡村人居环境建设方式趋于高效运作的简化集中方式，即统一建设、集中管理的模式,建设内容也聚焦于村庄物质环境。村民作为人居环境建设的参与者和使用者,在满足集体性物质环境条件改善的前提下,往往从个体全面发展角度出发,对建设过程寄予更高的要求,如改善村庄产业发展面貌,提升收入水平以及满足精神层面需求等。政府与村民在建设愿景与目标上存在的矛盾差序,一定程度上反映了乡村人居环境建设过程的复杂性。

（2）物质空间建设与社会组织网络构建的差序

乡村人居环境是乡村物质环境、社会组织环境以及自然生态环境高度同构的有机整体,农民生活行为围绕耕作土地的可达性形成基本生活与生产圈层,在此过程中,生活空间与生产空间高度连贯,生产与生活行为互相嵌入,形成人居环境物质空间与社会关系网络的和谐交错。乡村社会原子化影响下的多主体参与乡村人居环境建设是现代经济集约化发展思路下的集体建设行为,其内涵是以农业现代化的思路组织建设乡村的人居环境,这需要人居环境建设向集中、集约的方向推进。由于政府在资金筹措方面的局限,乡村人居环境建设呈现无差别的简单集中化建设的态势。物质空间集中建设的同时也扭转了乡村生产组织方式,村民原有的和谐人地关系趋向重构,高度同构的社会组织关系联动变化,离散了乡村的社会组织网络,加之乡村原子化影响下的共同体调剂功能的失效,导致乡村地域出现生活集中而社会组织离散的差序格局。

4) 小结

乡村内卷化是未来我国乡村发展需长期面临的客观问题,其形成的过程与机制可以看出当前制约我国乡村发展的核心问题是乡村价值认知和乡村人居环境建设思路的片面化。城市建设与城市规划对待乡村发展和人居环境建设的无差异化和扁平化策略,掩盖了乡村在生态、文化以及社会组织方面的特色。同时,对于乡村发展规律缺乏科学把握,片面追求乡村经济价值增长的思路,遮蔽了乡村发展的差别性,使乡村沦为与城市无差别的经济地域。由此可见,科学谋划乡村人居环境建设的出路,一方面需要解读乡村对于内卷化与原子化问题的响应机制,从了解乡村发展的客观规律出发,构建乡村价值认知的全面发展观;同时还需以功能分区的思路,结合乡村发展的现时态与未来态科学组织乡村分类,因地制宜,通过地域性特色培育探索乡村人居环境建设的新路径。

7.2　长江中游地区推进乡村人居环境建设的政策举措及其效用评价

7.2.1　政策举措

2008 年以来是我国城镇化进程快速推进的关键时期，城镇快速发展带动资源要素在城乡地域的快速流动。"城进乡退"大趋势下的城乡结构重组，一方面消化了内卷化农业生产的低效，另一方面也加剧了乡村社会原子化的离散进程，城乡空间在大空间地域范围内呈现出繁荣发展与塌陷衰败并存的多样性特征。乡村政策的组织实施目的在于在顶层设计中通过制度的不断完善，有序引导乡村产业、人口、空间向高效、和谐的目标演进，进而实现乡村全域和谐发展。当前受制于对乡村发展客观规律的认知不清，以及城市发展的惯性思维套用于乡村地域的不良影响，部分乡村出现了政策举措制定实施后，结果与原有目标偏离的现象。但长期来看，政策举措对于乡村地域的持续关注，转变了社会资源要素特别是资本要素单向流入城市的态势，乡村地域的内在价值空间被激发，同时也开启了乡村向全面多样发展探索的新思路。

进入 21 世纪，中央一号文件从 2004 年开始连续 10 余年聚焦"三农"问题，体现了国家对于"三农"问题的重视。聚焦长江中游地区乡村 10 余年来的发展，许多政策措施在推进乡村建设方面取得了重大成效。结合乡村发展的时间轴线，本节将重要的政策举措分三个阶段进行综合梳理：城镇发展主导阶段、城乡一体化阶段、多元化发展阶段。各个阶段政策既有侧重又相互联系、相互促进，共同推进了长江中游地区的乡村建设（表 7 - 1）。本节以湖北省为例，梳理分析湖北省 2008 年以来的乡村建设举措，并对其乡村建设举措的成效与经验进行探讨，进一步研究长江中游地区乡村建设的特征以及与我国其他地区相比存在的差异，以便能更好地推进长江中游地区乡村人居环境的发展。

表 7-1 2008～2016 年长江中游地区有关乡村建设与发展的相关政策与举措

阶段	政策出发点	主 要 举 措
阶段一	城镇发展主导	2008 年"仙洪试验区"战略
		2006 年《江西省信息化新农村建设实施意见》
		2008 年江西省委贯彻落实《中共中央关于推进农村改革发展若干重大问题的决定》
阶段二	城乡一体化	2008 年"鄂州城乡一体化试验区"战略
		2010 年《湖北省委、省政府关于加快推进新型城镇化的意见》
		2012 年《湖南省"百城千镇万村"新农村建设工程工作规划》
		2013 年江西省《关于全面深化农村改革推动农业农村发展升级的意见》
阶段三	多元化发展	2013 年湖北省《关于开展全省"四化同步"示范乡镇试点的指导意见》
		2013 年《湖北省现代农业发展规划(2013—2017 年)》
		2014 年湖北省人民政府办公厅关于改善农村人居环境的实施意见
		2014 年《湖北省新型城镇化规划(2014—2020 年)》
		2016 年《湖北省 2016 年推进新型城镇化工作重点》
		2016 年湖北省《美丽宜居乡村建设试点工作的指导意见》
		2014 年《湖南省改善农村人居环境建设美丽乡村工作意见》
		2015 年《湖南省开展农村环境综合整治全省域覆盖工作方案》
		2016 年湖南省"浏阳美丽乡村全覆盖"策略
		2016 年湖南省人民政府办公厅关于深入推进新型城镇化建设的实施意见
		2012 年江西省人民政府关于实施和谐秀美乡村建设工程的若干意见

资料来源：湖北、湖南、江西三省政府网站。

1) 城镇发展主导阶段

2008 年湖北省为推进全省社会主义新农村建设，提出了建立仙洪新农村建设试验区的战略决策，并出台了《仙洪新农村建设试验区总体规划实施纲要》。仙洪新农村建设试验区包括仙桃、洪湖、监利三市县 14 个乡镇(办事处、管理区、工业园区)、407 个村。纲要指出重点扶持仙桃、洪湖地区十几个中心镇的建设，赋予中心镇部分县级政府管理职能，试图打造"镇级市"，在全面开展新农村建设的同时，按照深化农村改革、创新体制机制、营造发展环境、形成推进合力的要求，围绕新农村建设带共性的问题，先行开展改革试验；试图把试验区建设成湖北省深化农村改革的试验区、发展现代农业的示范区、建设社会主义新农村的先行区，努力探索江汉平原农业地区新农村建设的发展途径。

　　而大城市周边乡村与传统乡村地域相比,其城乡资源要素流动更为剧烈,针对城乡空间协调发展的政策举措也最为丰富。以武汉市为例,2004 年年底武汉提出实施乡村"家园建设行动计划",计划用 5 年或者更长时间,分批逐年实施以"致富门道明晰,基础设施完善,社保体系建立,社会和谐稳定"为主要内容的"四到家园"创建活动,并在 2005 年 5 月起在 110 个建制村进行试点,得到了广大农民的真诚拥护。截至 2006 年年底,武汉市郊启动"家园建设行动"的行政村已达 330 个,仅在 2005 年试点的 110 个村中,就已经建立科技示范户 1 714 户,各类生产经营组织 50 多个,村民人均纯收入比往年增长 14.4%,大大高于全市农民人均收入水平。

　　2008 年,武汉市委、市政府提出,高起点、高标准规划建设与武汉特大中心城市发展相适应的"富裕、和谐、秀美"的新农村,推动城乡一体化发展,并编制《武汉市新农村建设空间规划(2008—2020 年)》,2008 年完成 500 个新农村建设,此次建设整体扭转了武汉乡村的破败面貌。从"普惠制"到"重点建设、重点打造"的新农村建设得到了广大人民的肯定。

2) 城乡一体化阶段

　　随着武汉城市圈被确定为"两型"社会建设综合配套改革试验区,地处武汉城市圈核心层的鄂州市进入到一个全新的发展阶段,鄂州市委市政府立足实际,着眼长远,提出了"在全省率先实现城乡一体化"的奋斗目标。2008 年湖北省确定将鄂州市作为全省推进城乡一体化的试点城市,并制定《鄂州市城乡一体化规划纲要》以落实这一重大战略决策。"纲要"指出鄂州市将按照武汉城市圈建设"两型"社会综合配套改革试验的总体要求,以"统筹城乡发展、构建和谐鄂州"为主题,以五项改革(户籍管理、劳动就业、社会保障、土地流转、乡村综合体制)为突破口,加快推进"三化"(新型工业化、乡村城镇化、农业产业化),逐步建立城乡一体的规划体系、产业体系、基础设施体系、市场体系、公共服务和社会管理体系,在全省率先实现城乡一体化。2010 年,湖北省出台《关于加快推进新型城镇化的意见》,提出应推进乡村新型社区和中心村的建设,每年在小城镇和乡村地区建成 200 个左右的农村新社区或中心村,实现乡村新社区建设全覆盖;同时鼓励有条件的进城务工人员到城镇安居乐业,让进城务工人员在劳动报酬、公共服务、社会保障等方面与城镇居民享有同等待遇。

3）多元化发展阶段

　　2013 年湖北省发布《关于开展全省"四化同步"示范乡镇试点的指导意见》，确定在全省选择 21 个乡镇开展"四化同步"点，通过加强规划的指引作用、稳步推进新农村建设、大力发展主导产业、加强生态环境建设，将试点乡镇建成全省新型城镇化的引领区、城乡发展一体化先行区、镇域"四化同步"发展的示范区。同年，《湖北省现代农业发展规划（2013—2017）》中指出要重点加强事关现代农业发展全局、影响长远的七大体系建设，加快形成乡村第一、二、三产业深度融合，推动农业经营向集约化、专业化、组织化、社会化转变，构建新型农业科技创新体系和资源保护利用体系，以促进农业的全面、协调和可持续发展。2014 年，为贯彻落实《国务院办公厅关于改善乡村人居环境的指导意见》，湖北省人民政府办公厅提出关于改善乡村人居环境的实施意见，提出以科学规划为引领，保障农民基本生活条件为底线，村庄环境整治为重点，建设美丽宜居村庄为导向，按照"因地制宜、规划先行、城乡统筹、文化传承、农民主体"的基本原则，全面改善乡村生产生活条件，稳步推进美丽宜居村庄建设。2016 年 5 月，湖北省确定《湖北省 2016 年推进新型城镇化工作重点》，提出要加强特色镇的发展，把发展特色小城镇作为统筹城乡发展的重要抓手，探索不同小城镇就近城镇化的发展新路径；同时推进建制镇示范试点建设，建立城乡协同发展机制；辐射带动新农村建设，推动基础设施和公共服务向乡村延伸，带动乡村第一、二、三产业融合发展。2016 年 8 月，湖北省为推进美丽宜居乡村建设发布了《美丽宜居乡村建设试点工作的指导意见》，指出按照设施完善、环境优美、生态良好、乡风文明、管理民主的要求，从 2016 年起，每年重点支持 300～500 个村开展美丽宜居乡村建设试点，滚动发展；到 2020 年年底，全省建成 2 000 个左右美丽宜居示范村，形成一批各具特色的美丽宜居乡村发展模式，加快推进全省新农村建设（表 7-2）。

表 7-2　湖北省"美丽宜居乡村"建设考核指标（试行）

建设评价指标	建设评价项目	分	值
管理科学	科学编制美丽乡村建设规划和方案，并严格按规划和方案实施建设		5
	村庄布局合理，生活区与养殖区、居住区与产业区分离	20	3
	农房建设规范有序，整体特色风貌与周围环境相协调		3

（续表）

建设评价指标	建设评价项目	分	值
管理科学	村民自治组织健全,村党支部号召力、战斗力强	20	3
	村务管理制度健全,村务公开、管理民主		3
	村里建有村级党员群众服务中心,并开展一站式便民服务		3
产业发展	有 1 个以上的优势特色主导产业,广泛推广生产无公害,建立无公害生产基地	15	3
	农业基础设施完善,农业综合生产能力稳步提高		3
	建有农民合作经济组织,新型农业经营主体稳步发展		3
	农民就业稳定,致富门道较多,人均可支配收入高于本县域平均水平10%以上		3
	村级集体经济年收入达到 10 万元以上(不含上级各类资助资金)		3
设施完善	村内道路实行硬化或铺设砂石,达到通达通畅标准	30	2
	主要道路配套设施(路灯、行道树、排水管等)齐全,通村公路通畅,安全有保障		3
	自来水入户,村内全部实现饮水安全		2
	生产生活供电满足需要,保障用电安全		1
	生活污水集中收集处理		2
	有 1 个以上供村民乘凉、休憩的绿化小游园、绿荫地等,面积不低于 200 平方米		2
	村庄建有 1 个以上水冲式公共厕所		2
	农户厕所改造为水冲式厕所		2
	人畜粪便进行无害化处理,80%以上农户用上沼气或其他清洁能源		3
	有专人管理的垃圾收集池(站),分类垃圾实行定点收集、清运		3
	需要集中处理的有害生活垃圾运往符合国家卫生标准的垃圾处理场(无害化填埋场)处理		2
	有 1 个以上室外文体活动场所,配备图书、阅览室及健身器材等		2
	有村卫生站(室)、常备医疗设备和药品		2
	实施建筑节能,推广应用太阳能热水器等可再生能源设施,应用率80%以上		1
	村内通信设施完善,网络宽带覆盖农户		1
村容整洁	农房建设整齐有序,建筑风格富有地方特色	20	3
	村内全部消除危房		2
	村庄内无乱堆、乱放、乱搭、乱建现象		3
	垃圾日产日清,村内道路、公共场所保洁时间在 8 小时以上		2
	河道、沟渠、池塘水质较好,水面无垃圾、无异味,并制定管护制度、明确管护责任、落实管护主体		3
	村庄及周围基本无蚊蝇孳生地		2
	植被良好,路旁、沟旁、渠旁和宅旁应植尽植		3
	村庄周围山体、水体保护良好		2

（续表）

建设评价指标	建设评价项目	分 值	
乡风文明	倡导文明新风，民风淳朴，尊老爱幼	15	3
	经常开展健康向上的文体娱乐活动		2
	定期开展"十星级文明户"创建活动		2
	制定村规民约，开展文明礼仪宣传教育活动		3
	社会和谐稳定，邻里关系和睦，无刑事犯罪和群体性事件		3
	群众生活健康，对美丽宜居乡村建设的满意度达到90％以上		2
合　计		100	

不同于中小城镇美丽乡村建设的省级政策举措统筹，武汉、长沙、南昌三个省会城市以及诸如宜昌、株洲、湘潭等人口较多的大城市更多地通过因地制宜的制度将美丽乡村建设行动精细化，将政策的指导性作用渗透入美丽乡村建设活动的各个环节，进而取得更为精准且富有成效的良性推进。以湖北省武汉市和宜昌市为例，截至2015年，武汉已规划建设美丽乡村74个，其中已建成35个、在建39个。以创建国家卫生城市、全国文明城市为契机，武汉市一直坚持乡村环境卫生综合整治，不断深化美丽乡村行动，乡村生活垃圾治理体系不断完善，乡村环境卫生面貌持续改善。宜昌市在美丽乡村建设过程中，重视乡村规划全覆盖的引领作用，在全市1336个行政村中，完成规划编制750个村，18个历史文化村落保护重点村、11个"四化"同步示范镇所辖的194个村庄的规划编制工作正在推进中。在村域规划的统领下，村庄整治建设规划、中心村建设规划、历史文化村落保护利用规划等专项规划相互衔接并形成体系。同时，为科学指导并促进全市美丽乡村建设，同时在美丽乡村人居环境建设方面制定出台了《美丽乡村建设实施方案》《美丽乡村建设指南》等一系列规范性文件，统一标准、规范管理，集中培训逾1.5万名管理人员和建筑工匠，已形成美丽乡村建设的高标准。

7.2.2　效用评价

乡村产业的内卷化，乡村社会的原子化，加上"城进乡退"不可逆的城镇化驱动当前乡村人居环境建设转向突破求变型的政策引导，政策制度的公共属性也明确了以人为本的基本原则,同时制度制定实施的连续性决定了其制度内涵必须贴近乡村发展的实际,通过循序渐进的科学引导,以点带面,进而推动乡村地区人居环境的全面构建。从目前来看,国家以及各省市对于乡村地域的持续关注,以及各类政策举措的制定实施,优化了资源要素在城乡之间配置的结构形式,一定程度上扭转了以往"一边倒"式的以城市为中心的人居环境建设思路,乡村振兴、城乡统筹、城乡一体也逐渐成为当前人居环境建设的重点。同时也应看到,当前乡村发展以及乡村人居环境建设仍然处于初级探索阶段,普惠式的全盘考量并不能全面释放政策红利,相反,由于对乡村地域内在组织肌理以及优势特色的把握不足,导致政策红利无法兑现。这也反映出为应对乡村发展的复杂性,扁平化地抹杀乡村差异性,简单套用成功的建设范式并不奏效,政策举措想要达到外部优势效应最大化,仍需要对乡村发展的共性与个性问题进行差异化的解读与探索。

1) 实施成效

近年来,长江中游地区推进乡村建设的一系列举措取得了重大成果。村民自治组织管理水平不断提高。"十三五"以来,湖北省努力推动"四化同步"发展的深度融合,在总结宜昌市和鄂州市乡村网络化管理的基础上,将乡村网格化建设与推进乡村信息化、发展乡村经济、提升乡村公共服务水平相结合,积极拓展和延伸乡村网格化管理的功能。网络化管理使基层网络拥有足够的权能和更强的行动力及灵活性,更加注重民生工作和农村建设,有利于合理地分配村庄资源,促进基层网络组织的高效运行,从而提高村民自治组织改善乡村人居环境的能力。湖北省在推动村庄治理体系创新方面取得了重大成就。

一是基础设施和公共服务设施不断完善。近年来,各地切实加强乡村道路交通、农田水利、饮水安全等基础设施建设;乡村办学条件明显改善,适龄儿童入学率达到99.9%;乡村卫生服务体系不断健全,县、乡、村三级卫生服务网络基本形成,行政村都建有标准化村卫生室,新型农村合作医疗参合率达到97%;乡村广播电视综合覆盖率96%,乡村电话混合覆盖率达到100%,建成农家书屋3 184个,村文化室1 045个[①]。

---

① 数据来源:http://www.hbagri.gov.cn/info/wcm/146634.htm,最后访问时间:2017年5月。

二是生活环境不断改善。到 2016 年底,全省 40％的行政村人居环境得到基本改善,建成 500 个美丽宜居村庄。在乡村建筑方面,积极推广"荆楚派"建筑建设风格,打造出一批"荆楚派"村镇;住房条件改善方面,继续加快推进乡村危房改造,2017 年基本完成国家扶贫开发工作重点县的危房改造任务;在生态环境方面,实施"绿满荆楚"行动,结合水土保持等工程,大力植树造林,保护和修复自然景观与田园景观,省级生态村比例有所提升①。

三是乡村经济的迅速发展。仙洪新农村建设试验区、鄂州等地城乡一体化试点、脱贫奔小康试点县、竹房城镇带城乡一体化试点、大别山革命老区经济社会发展试验区、武陵山少数民族经济社会发展试验区、荆门"中国农谷"改革发展试验区以及全省 88 个新农村试点乡镇建设,这八个层面新农村建设试点全面纵深推进,覆盖全省 60％的乡镇②。此外,湖北省注重挖掘乡村特色资源,强化对农村特色产业的培育,以特色产业培育促进农村产业转型,有效促进了农村经济的健康发展。

2）实施经验

（1）乡村人居环境建设从"无序自由"向"规划先行"转变,提升乡村物质空间环境质量

人居环境建设是从自组织无序到他组织有序,再到自组织有序的过程。传统乡村人居环境中,物质空间作为围绕生产关系而形成的空间载体,依托传统生产关系维系的小空间尺度上的集体社会推力,在生态环境的制约下形成一种有组织但无核心、无秩序的组织过程。比如在长江中游地区的山地丘陵地带,乡村聚居点在空间上依托主要水系流域以及骨干道路形成了规模不一的团块状结构,这在中观及宏观空间尺度下难以被有序地组织为统一整体。由此可见,乡村人居环境组织必须从整体层面充分认识到规划对于乡村人居环境建设的重要性,强调各级组织关系协调,借助行政执行的推力,有效落实规划的科学引导。近年来湖北省已经形成多层次的乡村建设组织,同时出台了美丽乡村建设的多项政策,从政策层面强化对乡村建设的纲领性规划指导。在与上位规划衔接的

---

① 数据来源:http://www.hubei.gov.cn,最后访问时间:2017 年 5 月。
② 数据来源:http://www.hubei.gov.cn,最后访问时间:2017 年 5 月。

基础上,明确村庄发展的目标和方向,从而合理地制定村庄发展规划,强化规划对村庄建设的指引作用。

(2) 从"普惠制"到"有重点、示范性"的新农村建设

新农村建设的"普惠制"体现了新农村建设扁平化发展的思路,"撒胡椒面式"的全盘推进在局部资源禀赋条件较好的村庄取得了一定成效,但由于对乡村发展的差异性缺乏认知,加上自上而下资源要素投入的不可逆性,造成了部分乡村"虚不受补",最终导致资源的低效浪费。基于此,湖北省在乡村建设中走出了一条由"普惠制"向"有重点、示范性"转变的新农村建设之路,强调资源要素的有效投入,通过对乡村的筛选,重点扶植培育一批具备特色且具有示范性的乡村案例作为典型示范,走"试点先行,典型示范"的道路。从 2008 年的仙洪新农村建设试验区到 2013 年的四化同步试点工作再到 2016 年的美丽乡村建设试点工作,湖北省积极探索乡村建设的新模式新方法,总结成功经验,充分发挥了试点的示范和带动作用,以点带面,有效地推动了湖北省乡村建设工作的开展。

(3) 从原子化到"网络化再组织"的乡村社会结构重建

长江中游地区乡村由于人均可耕作土地稀缺,在内卷化影响下,农业生产的比较劣势引导乡村人口流向武汉、长沙、南昌等省会城市,乡村人口年龄结构发生变化,青年、中年人口留守意愿较低,老人和儿童成为乡村常住人口主体,人口的代际断层加剧了乡村社会原子化离散。长江中游各省市为扭转这种松散的乡村组织结构,以振兴乡村产业为契机,通过经济纽带将乡村留守农民集聚在一起,依托规模化、现代化、特色化产业发展,引入或再造地区农业生产的龙头企业。企业以订单农业的形式组建各类专业经济合作社,将原有松散的村民组织为生产共同体,长江中游地区乡村社会结构通过这种带有集体主义色彩的新型生产关系重构,达到引导乡村社会组织的网络化构建的最终目标。以武汉市为例,武汉市共发展农业龙头企业 690 家、农民合作社 3 046 家,家庭农场 2 802 家,专业大户 6 096 家,78 个村探索组建了土地股份合作社、社区股份合作社。"农业企业 + 合作社(家庭农场)+ 基地 + 农户"的产业化模式已成为农业主要经营模式。目前,新型主体规模经营面积占全市农业种养殖面积的一半,带动 70% 的农户参与到现代农业经营中。

与此同时,伴随着武汉市乡村产业经济的快速发展,乡村社会组织活力进一步提升,局部地区出现了乡村人口的回流,乡村社会结构的活力重组初见成效。

(4) 从农耕型到多样特色发展的乡村个性化打造

在村庄建设的过程中,整合村庄生态资源、土地资源、产业资源、社会资源和历史文化资源有利于充分发挥资源利用效率,最大化地发挥村庄优势,提高村庄的宜居性。此外,村庄特色是美丽乡村建设的重要依托,村庄建设要坚持彰显村庄特色,营造具有独特性的田园风光与乡土风情,同时要注重历史保护和对传统文化的延续,抓住主要特色打造美丽乡村的亮点和名片,建设特色传统村落、特色风光村、特色产业村等(图 7 - 8)。

图 7 - 8   湖北省罗田县雪山河村自然风光

(5) 从政府主导到多方参与的乡村融资渠道拓展

农民是乡村建设的主体,乡村建设既需要自上而下的政府组织和引导,也离不开乡村自治组织和农民的积极参与和行动,同时也需要社会各界的广泛参与。由于乡村建设涉及面广、工程量大,因此资金的投入至关重要,一方面要合理分配和利用资金,另一方面也要拓宽资金来源,发挥社会各界及村庄能人的作用。例如,从湖北省黄梅县栗林村走出去的一名民营企业家出资 2 亿元建设栗林百亩塘美丽乡村,用于还原百亩塘原始风貌、建设生态农业观光、加工、体验和旅游度假工程等,对美丽乡村建设发挥了重要作用①。

_____

① 　数据来源:http://www.hubei.gov.cn,最后访问时间:2017 年 5 月。

3) 存在问题

（1）乡村建设管理混乱，存在法规与制度困境

一方面，乡村权利主体的法定权责界定模糊，我国现行法规中对乡村行政权与村民自治权的界限划分不清晰，对村集体如何行使土地所有权缺乏明确的规定，造成我国乡村土地集体所有制的"主体虚位"，直接导致了乡村建设的复杂性；另一方面两种土地制度并存，土地公有制和乡村土地集体所有制存在矛盾，导致乡村规划难以落实，乡村建设难以推进。

（2）乡村经济发展依然滞后，缺乏产业支撑

"城乡一体化""四化同步""精准扶贫"等政策的实施有效促进了部分地区乡村人居环境的改善，但是多数地区乡村经济发展依然滞后，产业基础薄弱且缺乏竞争力，导致外出务工人数依然较多，从户籍人口和常住人口的比较来看，湖北省仍以人口流出为主，这也在一定程度上制约了乡村建设的水平。因此，乡村人居环境的改善要充分关注乡村产业发展，促进乡村经济高效、可持续发展。

（3）多数村庄缺乏科学规划，基础设施建设不足

由于多数村庄缺乏统一、科学的规划以及强有力的措施保证，致使乡村基础设施建设无法满足乡村发展需要，与乡村经济发展和人民生活需求不相适应。以湖北省调研数据为例，60%的村庄缺乏污水收集和处理设施，燃气和液化气覆盖率不足 50%，村民对道路交通、污水设施、环卫设施等基础设施的需求度仍较高。

（4）乡村人居环境建设重物质环境、轻社会文化建设

从湖北省推进乡村建设的政策来看，多数以改善村庄居住条件、基础设施、村庄环境整治为主，忽视自下而上内生动力的培育。轻视村庄文化建设就会使村民丧失凝聚力，无法形成集体行动能力和调动农民的积极性，从而导致乡村建设缺乏持续动力。

7.3　长江中游乡村人居环境建设对策

当前乡村发展概念和战略有泛化倾向，反映了乡村人居环境建设的阶段性与长期性问题。对于乡村价值的再认识，首先，需要明确乡村发展的客观规律，

认清乡村发展非全盘、全域无差别化的发展,而是有重点的发展,是少数或局部突破内卷化发展条件限制的乡村点式带动型发展。其次,要认识到大部分的乡村仍需承载农业生产的基础职能,其人居环境建设应当结合乡村治理,侧重乡村基础服务功能的提升。同时也应注意到,乡村内卷化动态演化并非一无是处,其正向指导意义是"乡村资源匮乏"问题在社会代际效应影响下将得以转变,乡村价值的再提升随着新型人地关系的重塑将得以实现。

7.3.1 构建乡村人居环境建设的全面发展框架

全面发展是相对于以往在乡村片面发展观下我国乡村建设的一些误区而言,乡村是我国非城镇地区居民聚居生活的场域,是我国社会主义物质文明、精神文明与生态文明建设的重要载体,乡村人居环境是乡村物质环境、社会环境、文化精神环境与生态环境多元复合影响下的有机体,其发展过程具有整体性和综合性的特点[159]。古人"靠山吃山,靠水吃水"的朴素型人居环境建设思想反映了人居与生态环境朴素且和谐的关联。改革开放后,城乡发展的差异,凸显了城市主体地位,乡村人居环境建设在内卷化影响下,呈现出与城市社区建设思路与方法上的无差别性,经济要素主导的物质空间建设导致乡村地域生态本底特色以及文化优势被弱化甚至被忽视,乡村人居环境呈现出强烈的排他性特点。

从乡村个体来看,破除当前内卷化影响下的乡村人居建设中的排他性制约,需要全面考量乡村发展要素,从经济、社会以及生态三大领域构建乡村人居环境建设的全面发展框架,并通过乡村生态、生产与生活空间的有机组织,优化乡村人居环境格局(图7-9)。除对乡村人居环境建设的经济影响进行评价外,同时还需对乡村的社会文化以及生态环境资源进行客观梳理。经济影响以及政策环境的支持为人居环境建设提供外部场域,经济效益的放大以及农民个体收入水平的提高成为推动乡

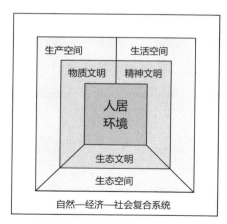

图7-9 全面发展观下的人居环境建设框架图

村人居环境建设的外部动力,同时,乡村内部的社会组织结构与方式,以及社会交往过程中形成的乡村邻里组织网络成为维系人居环境稳定有序地构建内在组织的保障。

此外,在宏观的发展思路上,全面发展观引导下的乡村人居环境建设需规避对当前乡村发展不平衡性以及城乡之间发展差别性的忽视,理解乡村发展、乡村人居环境建设并非城市思路的简单延续。如前文所述,乡村人居环境是自然生态环境、地域空间环境和社会文化环境的集合,自然环境是人居环境形成的物质本底,具有复杂多样性的特点,我国丰富的自然地形条件形成了富有地域特色的自然地貌单元,如高山平坝、河谷流域、水网平原、丘陵缓坡等。以流域地形为例,流域河道的水文条件、河流长度、流域面积以及流经区段的自然地形地貌构成了流域复杂且开放的自然生态系统,在此基础上复合经济与社会系统,形成动态平衡的复杂结构系统。此处,区域经济发展的不平衡带来的人居环境建设差异,需从人居环境建设的地域性特色入手,从地区乡村发展的客观现实入手,全面合理谋划人居环境建设的出路。

7.3.2　探索乡村人居环境建设的差别化路径

全面构建乡村人居环境建设的科学发展观,是在乡村发展的个性特征基础上,结合外部经济发展背景以及在政策导向下对乡村人居环境建设的综合考量,因此,在探索人居环境建设路径之前需要正视乡村发展的不均衡特征,需要对乡村未来发展进行全面解读,统筹村庄发展的现时态的结构特征以及未来态的各种可能,从功能区划的角度科学划定村庄类型,进而从主体优化的角度探索制定乡村人居环境多样发展的差异化路径。

1) 村庄类型划分

从乡村内卷化与原子化问题形成的机制和影响要素来看,经济制约是影响乡村发展的决定性因素,因此,从产业发展与功能演化来看,未来乡村发展的三种可能:第一种是通过乡村功能向城镇功能转变,脱离内卷化影响的部分村庄,即城镇化引导型村庄。第二种是维系农村种植业,通过农业现代化大幅提升农业产业效益溢出,改善乡村内卷化问题,即农业现代化主导型村庄。第三种是乡村发展动能较弱,不足以支撑现代化发展需求的部分村庄,未来需要维持乡村的基础服务功能,即基础完善型村庄。除此之外,自然生态条件以及村庄区位优势在乡村发展中同样扮演了重要角色,结合村庄自然地理环境特征,从城乡一体化发展角度出发,将乡村发展的类型划分为大城市近郊型、平原农业型与山区发展型三类。结合上述乡村发展的类型,构建乡村发展类型划分矩阵(图7-10)。

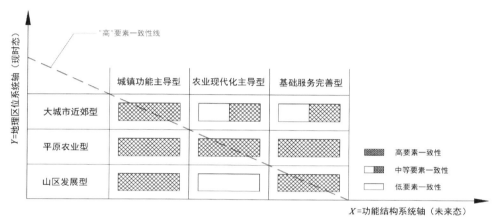

图7-10   村庄类型区划矩阵图

如图7-10中所示,以未来乡村经济发展路径差异可将乡村发展划分为城镇主导型、农业现代化主导型与基础服务完善型三个Ⅰ级类型,在此基础上,复合乡村自然生态系统与区位条件,将村庄类型进一步细分为九个Ⅱ级类型(表7-3)。

表7-3   村庄分类表

Ⅰ级村庄类型	Ⅱ级村庄类型	未来产业发展方向	人居环境建设目标	人居环境建设方式	人居环境建设响应程度
城镇主导型	大城市近郊型	工业化、商贸化、旅游服务化	城镇社区	集中、集约式	强
	平原农业型	工业化、商贸化	城镇社区	集中、集约式	一般
	山区发展型	旅游服务化、商贸化、工业化	城镇社区	有条件的集中、集约式	弱
农业现代化主导型	大城市近郊型	近郊农业、观光农业	美丽农村社区	集中、集约式	一般
	平原农业型	规模农业、现代农业	美丽农村社区	集中、集约式	强
	山区发展型	特色农业	美丽农村社区	有条件的集中、集约式	弱

（续表）

Ⅰ级村庄类型	Ⅱ级村庄类型	未来产业发展方向	人居环境建设目标	人居环境建设方式	人居环境建设响应程度
基础服务完善型	大城市近郊型	种植业、近郊农业	迁村并点、美丽农村社区	集中、集约式	弱
	平原农业型	规模农业、现代农业	迁村并点、美丽农村社区	集中、集约式	一般
	山区发展型	特色农业	迁村并点、村庄环境治理	有条件的集中、集约式	强

2）人居环境建设路径

（1）人居环境建设的"功能转换"路径

结合村庄现时态与未来态进行综合分析，大城市近郊型这一类村庄，其未来发展目标较为明确，即乡村功能向城镇功能演替，而农业现代化以及基础服务完善等需求对于村庄的发展引导作用并不显著，而城乡地理区位体现出与经济发展势能较强的一致性特征。由此可见，大城市近郊型村庄的发展需置于城乡一体化发展的框架中，在城市与乡村未来的职能分工体系中，随着大城市的城市功能的外溢，乡村借助邻近城市的地缘优势，承接或服务于城市功能体系，通过乡村工业化和商贸化的转型发展，摆脱内卷化农业主导的发展格局，实现村庄乡村功能向城镇功能的转换（图 7-11）。

此类村庄未来主要分布于长江中游地区大中城市近郊区，其人居环境建设以"精明收缩"为基调，以脱离乡村建设的范畴，融入城市建设体系为目标。因此，人居环境建设应按照城镇社区的建设方式集中建设，公共服务设施体系也需按城镇社区的一般要求进行配置。

（2）人居环境建设的"结构提升"路径

平原农业型村庄的未来发展体现出多元均衡的特点，未来发展的可能性较多，但从未来发展的一致性上来看，农业生产保障功能对于平原农业型村庄发展存在一定程度的制约，即除部分发展基础较好且具备一定区域服务能力的村庄未来向城镇功能转型以外，其余村庄将继续维系农业生产的功能。以农业现代化为主要目标，大幅提升农业生产的产出效率，实现农业产业经济由低水平均衡向高水平均衡的结构提升是此类村庄发展的重点（图 7-12）。

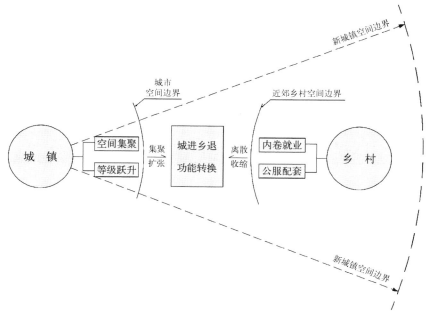

图7-11 长江中游地区乡村人居环境建设"功能转换"路径示意图

图7-12 长江中游地区乡村人居环境建设"结构提升"路径示意图

此类村庄主要分布于长江中游地区的平原地貌区,如两湖平原(江汉平原、洞庭湖平原)、鄱阳湖平原等地域,其人居环境建设除部分城镇主导类型的村庄以城镇社区的形式集中建设外,其余村庄应以村庄功能完善,村庄环境改善以及村庄服务能力提升为主要目标,以美丽乡村社区的模式集中、集约建设。

(3)人居环境建设的"时间换空间"路径

山区发展型村庄是土地资源匮乏条件制约下的典型地域,人均可利用资源的不足,制约了此类乡村的长远发展。因此,从村庄发展的客观规律出发,以历史发展的眼光,从村庄演化的生命周期中研判村庄发展的可能性,除少数山区发展型村庄未来可通过自然生态优势的扩散,以旅游服务业带动乡村产业结构升级转型,实现功能的结构性转换以外,其余村庄发展以维持乡村功能的结构性稳定为主要目标,保留村庄生产生活功能,完善村民生活配套服务设施,未来在乡村人口代际效应作用下,服务人口规模降低,资源匮乏制约效应下降,村庄的后继发展依然潜力巨大(图 7-13)。

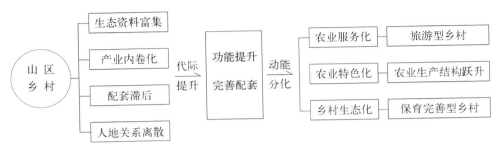

图 7-13　长江中游地区乡村人居环境建设"时间换空间"路径示意图

此类村庄主要分布于长江中游地区的山区,如武陵山区、大别山区。其人居环境建设以村庄环境治理为主,以村庄基础生活服务功能的完善提升为目标,注重对村舍物质环境的完善性改造。

7.4　结语

进入新世纪以来,随着城镇化进程的不断推进,我国乡村地域所处的外部环境发生了较大变化。长江中游地区在快速城镇化的进程中,城乡发展阶段性滞后,城市辐射带动能力较弱,乡村人口外流导致社会结构松散和空间塌陷,乡村产业内卷化、社会原子化逐渐成为困扰长江中游地区乡村发展与人居环境建设的两大难题。农业内卷化带来的生产低水平均衡,挤压了农民个体发展空间,乡村人地关系在空间上出现破碎离散的趋势。同时,以家庭为单位的个体生产在产业内卷化的影响下,村民个人决策参与到人居环境建设中,"政府引导、集体建设"的人居环境建设思路对村集体协调约束作用的剥离,加深了人居环境破碎化程度,使其逐渐出现主体与过程的分异错位现象。

针对乡村人居环境建设中的问题及难题,国家以及长江中游地区省、市各级政府涉及乡村发展、乡村人居环境建设的政策举措频繁出台。在此过程中乡村价值逐步被正确认知和挖掘,资源要素在城乡之间配置的结构形式更趋灵活多元,乡村人居环境建设取得卓越成效。但也应看到,问题及目标导向下的乡村人居环境建设政策举措的制定也反映出对当前乡村地域内在组织机理以及优势特色发展路径把握的不足，"普惠式"政策推行以及扁平化套用发展范式的建设思路，抹杀了乡村发展的差异性，影响了政策红利的高效释放。针对乡村人居环境建设的复杂性，要达到涉农政策举措优势外部效应最大化的目标，仍需要对乡村发展的共性与个性问题进行差异化的全面解读与探索。

为破除乡村人居环境建设中产业内卷化、社会原子化带来的排他性制约，需要从经济、社会以及生态三大领域全面构建乡村人居环境建设的发展框架，统筹乡村发展的现时态结构特征以及未来发展的各种可能。结合未来乡村功能结构演化的三种可能，耦合现状地理区位系统，构建乡村发展类型划分矩阵，分别制定三类乡村人居环境建设路径模式：城镇主导型乡村的人居环境建设以"功能转换"路径为主，通过乡村工业化和商贸化的转型发展，摆脱内卷化农业主导的发展格局，实现村庄乡村功能向城镇功能的转换；农业现代化主导型乡村人居环建设以"结构提升"路径为主，通过农业现代化大幅提升农业生产的产出效率，进而实现农业产业经济由低水平均衡向高水平均衡的结构提升；基础服务完善型乡村人居环境建设以"时间换空间"路径，保留村庄生产生活功能，完善村民生活配套服务设施，强化乡村人口代际效应对未来发展潜力的释放。

参 考 文 献

［1］汪峰. 长江中游人居景观研究——脉络梳理及可持续发展之路的探索［D］. 重庆：重庆大学，2010.

［2］向俊波，陈雯. 长江中游地区农业发展的问题与对策［J］. 农业现代化研究，2001，22（4）：225－228.

［3］邓宏兵. 长江中上游地区生态环境建设初步研究［J］. 地理科学进展，2000，19（2）：173－180.

［4］吴良镛. 人居环境科学导论［M］. 北京：中国建筑工业出版社，2001.

［5］赵万民. 关于山地人居环境研究的理论思考［J］. 规划师，2003（6）：60－62.

［6］马仁锋，张文忠，余建辉，等. 中国地理学界人居环境研究回顾与展望［J］. 地理科学，2014，34（12）：1470－1479.

［7］李雪铭，夏春光，张英佳. 近10年来我国地理学视角的人居环境研究［J］. 城市发展研究，2014，21（2）：6－13.

［8］吴志强，蔚芳. 可持续发展中国人居环境评价体系［M］. 北京：科学出版社，2004.

［9］李敏. 城市绿地系统与人居环境规划［M］. 北京：中国建筑工业出版社，1999.

［10］吴良镛. 建筑·城市·人居环境［M］. 石家庄：河北教育出版社，2003.

［11］周庆华. 黄土高原·河谷中的聚落：陕北地区人居环境空间形态模式研究［M］. 北京：中国建筑工业出版社，2009.

［12］赵万民. 三峡库区人居环境建设发展研究：理论与实践［M］. 北京：中国建筑工业出版社，2016.

［13］王树声. 黄河晋陕沿岸历史城市人居环境营造研究［M］. 北京：中国建筑工业出版社，2009.

［14］鲁西奇. 长江中游的人地关系与地域社会［M］. 厦门：厦门大学出版社，2016.

［15］Mayhew A. Rural settlement and farming in Germany［M］. London：Batsford,1973.

［16］Hansen N M. Rural poverty and the urban crisis：a strategy for regional development［M］. Bloomington，Indiana：Indiana University Press，1970.

［17］Beesley M E，Thomas D S J. The rural transport problem［J］. Rural Transport Problem，1963，32(127)：368.

［18］Mueser P. New directions in urban-rural migration：the population turnaround in rural America［J］. American Journal of Sociology，1982(87)：1413－1416.

［19］Cloke P. An introduction to rural settlement planning［M］. Grantham：Methuen，1983.

［20］Ilbery B，Bowler I. From agricultural pro-ductivism to post-productivism. the geography of rural change［M］. London：Longman，1998：57－84.

［21］Evans N，Morris C，Winter M. Conceptualizing agriculture：a critique of post-productivism as the new orthodoxy［J］. Progress in Human Geography，2002(3)：313－332.

［22］Halfacree K. A new space or spatial effacement? Alternative futures for the post-productivist countryside［M］//Walford N，Everitt J，Napton D. Reshaping the countryside：perceptions and processes of rural change. Wallingford：CAB International，1999：67－76.

［23］李伯华,曾菊新,胡娟. 乡村人居环境研究进展与展望［J］.地理与地理信息科学,2008(5)：70－74.

［24］王成新,姚士谋,陈彩虹.中国农村聚落空心化问题实证研究［J］.地理科学,2005(3)：3257－3262.

［25］朱彬,张小林,尹旭.江苏省乡村人居环境质量评价及空间格局分析［J］.经济地理,2015,35(3)：138－144.

［26］杨兴柱,王群.皖南旅游区乡村人居环境质量评价及影响分析［J］.地理学报,2013,68(6)：851－867.

[27] 朱亮,吴炳方,张磊.三峡典型区农村居民点格局及人居环境适宜性评价研究[J].长江流域资源与环境,2011(3):325-331.

[28] 周国华,贺艳华,唐承丽,等.中国农村聚居演变的驱动机制及态势分析[J].地理学报,2011,66(4):515-524.

[29] 李伯华,曾菊新.基于农户空间行为变迁的乡村人居环境研究[J].地理与地理信息科学,2009,25(5):84-88.

[30] 赵之枫.乡村人居环境建设的构想[J].生态经济,2001(5):50-52.

[31] 胡伟,冯长春,陈春.农村人居环境优化系统研究[J].城市发展研究,2006(6):11-17.

[32] 王竹,钱振澜.乡村人居环境有机更新理念与策略[J].西部人居环境学刊,2015,30(2):15-19.

[33] 李伯华.农户空间行为变迁与乡村人居环境优化研究[M].北京:科学出版社,2014.

[34] 叶齐茂.统筹人与自然和谐发展的乡村规划思路[J].小城镇建设,2004(5):24-25,23.

[35] 范凌云,雷诚.论我国乡村规划的合法实施策略:基于《城乡规划法》的探讨[J].规划师,2010(1):5-9.

[36] 彭震伟,陆嘉.基于城乡统筹的农村人居环境发展[J].城市规划,2009,33(5):66-68.

[37] 葛丹东,华晨.城乡统筹发展中的乡村规划新方向[J].浙江大学学报(人文社会科学版),2010,40(3):47-54.

[38] 贺勇,孙佩文,柴舟跃.基于"产、村、景"一体化的乡村规划实践[J].城市规划,2012,36(10):58-62,92.

[39] 汤海孺,柳上晓.面向操作的乡村规划管理研究——以杭州市为例[J].城市规划,2013,37(3):59-65.

[40] 王雷,张尧.苏南地区村民参与乡村规划的认知与意愿分析——以江苏省常熟市为例[J].城市规划,2012,36(2):66-72.

[41] 洪亮平,乔杰.规划视角下乡村认知的逻辑与框架[J].城市发展研究,2016(1):4-12.

[42] 张尚武,李京生,郭继青等.乡村规划与乡村治理[J].城市规划,2014(11)：23 – 28.

[43] 周仲高.中国高等教育人口的地域性研究[D].杭州：浙江大学,2008.

[44] 鲁西奇.新石器时代汉水流域聚落地理的初步考察[J].中国历史地理论丛,1999(1)：135 – 160.

[45] 鲁西奇,韩轲轲.散村的形成及其演变[J].中国历史地理论丛,2011,26(4)：77 – 91.

[46] 张建民,鲁西奇.长江中游地区人地关系的历史演变及其特点[N].光明日报,2014 – 9 – 21.

[47] 张良皋.匠学七说[M].北京：中国建筑工业出版社,2002.

[48] 张良皋.巴史别观[M].北京：中国建筑工业出版社,2006.

[49] 邬胜兰.从酬神到娱人：明清湖广—四川祠庙戏场空间形态衍化研究[D].武汉：华中科技大学,2011.

[50] 周怡.共同体整合的制度环境：惯习与村规民约[J].社会学研究,2005(6)：40 – 71.

[51] 费孝通.乡土中国[M].北京：人民出版社,2004.

[52] 贺雪峰.新乡土中国[M].北京：北京大学出版社,2013.

[53] 蔡运龙,陆大道,周一星.地理科学的中国进展与国际趋势[J].地理学报,2004(6)：803 – 810.

[54] 张文忠,谌丽,杨翌朝.人居环境演变研究进展地理科学进展[J].2013,32(5)：710 – 721.

[55] 马婧婧,曾菊新.中国乡村长寿现象与人居环境研究——以湖北钟祥为例[J].地理研究,2012,31(3)：450 – 460.

[56] 李捷.基于GIS技术的湖北省人居环境自然适宜性评价[J].湖北农业科学,2015,54(21)：5235 – 5239,5245.

[57] 严钧,许建和.湘南地区传统村落人居环境调查研究——以湖南省江永县上甘棠村为例[J].华中建筑,2016(11)：168 – 171.

[58] 何峰,陈征,周宏伟.湘南传统村落人居环境的营建模式[J].热带地理,2016,36(4)：580 – 590.

[59] 何峰. 湘南汉族传统村落空间形态演变机制与适应性研究[D]. 长沙：湖南大学,2012.

[60] 陈永林,谢炳庚. 江南丘陵区乡村聚落空间演化及重构——以赣南地区为例[J]. 地理研究,2016,35(1)：184-194.

[61] 张良皋. 吊脚楼——土家人的老房子[J]. 美术之友,1995(4)：28-31.

[62] 李秋香,楼庆西,叶人齐. 赣粤民居[M]. 北京：清华大学出版社,2010.

[63] 张乾,李晓峰. 鄂东南传统民居的气候适应性研究[J]. 新建筑,2005(1)：25-30.

[64] 潘莹,施瑛. 比较视野下的湘赣民系居住模式分析：兼论江西传统民居的区系划分[J]. 华中建筑,2014(7)：143-148.

[65] 李晓峰. 绿色建筑的技术策略[J]. 居业,2012(4)：32-33.

[66] 余自力. 可持续发展建筑设计的地域性策略初探[D]. 成都：西南交通大学,2003.

[67] 项继权. 20世纪晚期中国乡村治理的改革与变迁[J]. 浙江师范大学学报,2005,30(5)：1-7.

[68] 周批改. 农村税费制度改革的回顾与反思[J]. 红旗文稿,2005(3)：31-34.

[69] 张绪球. 长江中游史前稻作农业的起源和发展[J]. 中国农史,1996(3)：18-22.

[70] 张之恒. 长江中下游稻作农业的起源[J]. 农业考古,1998(1)：3-5.

[71] 郦道元. 水经注疏[M]. 杨守敬,熊会贞,疏. 南京：江苏古籍出版社,1989.

[72] 徐松. 宋会要辑稿[M]. 上海：中华书局,1957.

[73] 张建民. 明清长江流域山区资源开发与环境演变——以秦岭—大巴山区为中心[M]. 武汉：武汉大学出版社,2001.

[74] 爱德华·B·费梅尔. 清代大巴山区山地开发研究[J]. 中国历史地理论丛,1991(2)：133-145.

[75] 张建民. 明清汉水上游山区的开发与水利建设[J]. 武汉大学学报(哲学社会科学版),1994(1)：81-87.

[76] 许娟. 秦巴山区乡村聚落规划与建设策略研究[D]. 西安：西安建筑科技大学,2011.

[77] 张义丰,贾大猛,谭杰等. 北京山区沟域经济发展的空间组织模式[J]. 地理学报,2009(10)：1231‒1242.

[78] 张国雄. 江汉平原垸田的特征及其在明清时期的发展演变[J]. 农业考古,1989(1)：227‒233.

[79] 黄建武. 长江中游人水关系演变及其特点[M]. 武汉：湖北人民出版社,2010.

[80] 杨果. 宋元时期江汉—洞庭平原聚落的变迁及其环境因素[J]. 长江流域资源与环境,2005(6)：3‒6.

[81] 鲁西奇. 台、垸、大堤：江汉平原社会经济区域的形成、发展与组合[J]. 史学月刊,2004(4)：16‒17.

[82] 鲁西奇. "水利社会"的形成——以明清时期江汉平原的围垸为中心[J]. 中国经济史研究,2013(2)：122‒139,172,176.

[83] 周捷. 大城市边缘区理论及对策研究——武汉市实证分析[D]. 上海：同济大学,2007.

[84] 李丽雪. 基于地域气候的湖南传统民居开口方式的研究[D]. 长沙：湖南大学,2012.

[85] 万艳华. 长江中游传统村镇建筑文化研究[D]. 武汉：武汉理工大学,2010.

[86] 牛剑平,杨春利,白永平. 中国农村经济发展水平的区域差异分析[J]. 经济地理. 2010(3)：479‒483.

[87] 郭静利,郭燕枝. 中部县域经济发展现状和未来展望[J]. 农业展望,2014(11)：36‒39.

[88] 汪增洋,李刚. 中部地区县域城镇化动力机制研究——基于中介效应模型的分析[J]. 财贸研究,2017(4)：25‒32.

[89] 张立. 新时期的"小城镇、大战略"——试论人口高输出地区的小城镇发展机制[J]. 城市规划学刊,2012(1)：23‒32.

[90] 王智勇,黄亚平,张毅. 湖北省城镇化发展的路径思考[J]. 小城镇建设,2010(5)：13‒16.

[91] 贺雪峰. 论中国农村的区域差异——村庄社会结构的视角[J]. 开放时代,2012(10)：108‒129.

[92] 张良. 论乡村社会关系的个体化——"外出务工型村庄"社会关系的特征概

括[J].江汉论坛,2017(5):139－144.

[93] 王平,王琴梅.农业供给侧结构性改革的区域能力差异及其改善[J].经济学家,2017(4):89－96.

[94] 骆东平,汪燕,韩庆阔.转型社会中的乡村治理方式变革问题研究——以湖北省宜都市农村网格化管理为例[J].特区经济,2016(5):82－84.

[95] 刘滨谊.三元论——人类聚居环境学的哲学基础[J].规划师,1999(2):81－84.

[96] 赵万民,汪洋.山地人居环境信息图谱的理论建构与学术意义[J].城市规划,2014(4):9－16.

[97] 谭少华.人居环境建设解析——理论、方法与实践[M].重庆:重庆大学出版社,2013.

[98] 乔观民,丁金宏,刘振宇.对城市非正规就业概念理论思考[J].宁波大学学报(人文科学版),2005(4):1－6.

[99] 宋圭武.农户行为研究若干问题述评[J].农业技术经济,2002(4):59－64.

[100] 饶育蕾,张媛,刘晨.区域文化差异对个人决策偏好影响的调查研究[J].统计与决策,2012(22):93－98.

[101] 曾山山.我国中部地区农村聚居地域差异与影响因素研究[D].长沙:湖南师范大学,2011.

[102] 范少言,陈宗兴.试论乡村聚落空间结构的研究内容[J].经济地理,1995(2):44－47.

[103] 李君,李小建.综合区域环境影响下的农村居民点空间分布变化及影响因素分析——以河南巩义市为例[J].资源科学,2009(7):1195－1204.

[104] 李红婷.嬗变与选择:中国乡村家庭与学前教育[M].长沙:湖南师范大学出版社,2013.

[105] 翁有志,丁绍刚.我国乡村景观规划研究进展浅析[J].小城镇建设,2007(10):24－26.

[106] 刘汉鹏.乡村景观保护与规划存在的问题及对策[J].农业灾害研究,2015(2):50－51.

[107] 徐姗,黄彪,刘晓明,等.从感知到认知北京乡村景观风貌特征探析[J].风景园林,2013(4):73－80.

［108］汪峰.长江中游人居景观研究［D］.重庆：重庆大学,2010.

［109］文军.个体化社会的来临与包容性社会政策的建构［J］.社会科学,2012
（1）：81－86.

［110］贺雪峰.农村精英与中国乡村治理——评田原史起著《日本视野中的中国
农村精英：关系团结、三农政治》［J］.人民论坛·学术前沿,2012（12）：
90－94.

［111］田原史起.日本视野中的中国农村精英［M］.济南：山东人民出版社,2012.

［112］朱启臻.农业社会学［M］.北京：社会科学文献出版社,2009.

［113］周吉节. 2000－2005年我国省际人口迁移的分布状况和经济动因研究
［D］.上海：复旦大学,2005.

［114］郭静,段成荣,巫锡炜.地区发展、经济机会、收入回报与省际人口流动［J］.
南方人口,2013（6）：54－61,78.

［115］朱春全.生态位态势理论与扩充假说［J］.生态学报,1997（3）：324－332.

［116］林小如,黄亚平,李海东.中部欠发达山区县域城镇化的问题及其解决方
略：以麻城市为例［J］.城市问题,2014（2）：49－55.

［117］梁漱溟.中国文化要义［M］.上海：上海人民出版社,2005.

［118］乔杰.新时期乡村社会发展的认知与应对——从"关系"到社会资本［D］.
武汉：华中科技大学,2014.

［119］钟契夫.资源配置方式研究 ——历史的考察和理论的探索［M］.北京：中
国物价出版社,2000.

［120］翟学伟.是"关系",还是社会资本［J］.社会,2009（1）：109－121＋226.

［121］李东旭."社会资本"概念的缘起与界定［J］.学术交流,2012（8）：124－126.

［122］李惠斌,杨雪冬.社会资本与社会发展［M］.北京：社会科学文献出版社,
2000：32.

［123］梁漱溟.乡村建设理论［M］.上海：上海人民出版社,2006.

［124］孙仁帅.基于乡村社会转型的农地制度创新研究［D］.南京：南京农业大
学,2011.

［125］郭艳军,朱佳佳,伍世代.新农村建设要重视乡村规划与城市规划的区别
［J］.乡镇经济,2009（5）：57－61.

[126] 刘金海. 我国农村土地制度的演变与乡村社会政治发展[J]. 岭南学刊，2001(4)：50 - 53.

[127] 桂建平. 我国农村经济体制改革若干问题探讨[J]. 安徽大学学报，1999(1)：3 - 5.

[128] 王晓毅. 动态的农村——读《乡村社会变迁》[J]. 农村经济与社会，1989(2)：43 - 47.

[129] 沈小勇. 传承与延展：乡村社会变迁下的文化自觉[J]. 社会科学战线，2009(6)：241 - 243.

[130] 吴光芸. 社会主义新农村建设：将社会资本纳入分析视角[J]. 现代经济探讨，2007(2)：36 - 40.

[131] 黄光国. 人情与面子[J]. 经济社会体制比较，1985(3)：55 - 62.

[132] 马克思，恩格斯. 马克思恩格斯全集[M]. 北京：人民出版社，1979.

[133] 郑永廷. 坚持科学发展观促进人的全面发展[J]. 思想理论教育导刊，2004(6)：53 - 59.

[134] 李锦坤，杨立新. 科学发展观视域中的人的全面发展[J]. 理论学刊，2004(6)：4 - 7.

[135] 张琢. 中国基层社区组织的变迁[J]. 社会学研究，1997(4)：15 - 25.

[136] 国家发改委产业经济与技术经济研究所课题组. 关于我国社会主义新农村建设若干问题的研究（主报告）[J]. 经济研究参考，2006(50)：2 - 27.

[137] 张尚武. 乡村规划：特点与难点[J]. 城市规划，2014(2)：17 - 21.

[138] 葛丹东，华晨. 适应农村发展诉求的村庄规划新体系与模式建构[J]. 城市规划学刊，2009(6)：60 - 67.

[139] 王德忠. 当前我国新农村建设中存在的问题与对策思考[J]. 农村经济，2012(11)：18 - 22.

[140] 温铁军. 我国为什么不能实行农村土地私有化[J]. 红旗文稿，2009(2)：15 - 17.

[141] 吕俊彪. "靠海吃海"生计内涵的演变——广西京族人生计方式的变迁[J]. 东南亚纵横，2003(10)：52 - 56.

[142] 李茜，毕如田. 新农村建设中农民生计问题的调查与思考[J]. 中国农学通

报,2007(5):509－514.

[143]苏芳,徐中民,尚海洋.可持续生计分析研究综述[J].地球科学进展,2009
　　　(1):61－69.

[144]何仁伟,刘邵权等.典型山区农户生计资本评价及其空间格局——以四川
　　　省凉山彝族自治州为例[J].山地学报,2014(6):641－651.

[145]刘彦随.中国新农村建设地理论[M].北京:科学出版社,2012.

[146]何仁伟,刘邵权,陈国阶,等.中国农户可持续生计研究进展及趋向[J].地
　　　理科学进展,2013(4):657－670.

[147]任义科.社会小生境的概念、特征及其结构演化[J].广东社会科学,2015
　　　(3):181－188.

[148]乔杰,洪亮平,王莹.生态与人本语境下乡村规划的层次及逻辑——基于鄂
　　　西山区的调查与实践[J].城市发展研究,2016(6):88－97.

[149]彭海红.中国农村集体经济的现状及发展前景[J].江苏农村经济,2011
　　　(1):25－26.

[150]刘晓艳,杨印生.新农村建设系统耦合仿生与协同管理分析[J].农业现代
　　　化研究,2011(5):532－536.

[151]高宏宇.社会学视角下的城市空间研究[J].城市规划学刊,2007(1):44－48.

[152]爱德华·W 苏贾.后现代地理学:重申批判社会理论中的空间[M].王文
　　　斌,译.北京:商务印书馆,2004.

[153]毛汉英.县域经济和社会同人口、资源、环境协调发展研究[J].地理学报,
　　　1991(4):385－395.

[154]胡兆量.山区人地关系特征与开发的阶段性[J].经济地理,1991,11(2):
　　　10－12.

[155]费孝通.志在富民:从沿海到边区的考察[M].上海:上海人民出版社,2007.

[156]黄宗智.华北的小农经济与社会变迁[M].北京:中华书局,2000.

[157]黄宗智.长江三角洲小农家庭与乡村发展[M].北京:中华书局,2000.

[158]张小军.理解中国乡村内卷化的机制[J].二十一世纪,1998(45):150－159.

[159]乔杰,洪亮平,王莹.全面发展视角下的乡村规划[J].城市规划,2017(1):
　　　45－54.

后　记

　　本书是研究团队依托 2015 年住建部"我国农村人口流动与安居性研究"课题的湖北省数据,以及长江中游地区部分乡村实例样本,借鉴和运用整体性乡村人居环境理论,针对长江中游地区农村地域发展的实际情况与建设需要所做调查研究的初步成果。

　　本书整体框架设计、学术组织、技术把关及全书审定由洪亮平教授完成。本工作室博士研究生郭紫薇、乔杰、薛冰等承担了本书的主要研究工作;硕士研究生鲁小格、王俊森、姜文欣、陈昱宇、韩菁、原明清、刘天晓、王瑶、闫冰倩、朱教藤等参与了本书初稿部分章节的撰写工作;鲁小格对书稿的后期完善承担了编辑修改工作。

　　本书参考了华中科技大学、西安建筑科技大学、昆明理工大学、青岛理工大学"四校乡村联合毕业设计"的部分调研成果。华中科技大学建筑与城市规划学院潘宜副教授、任绍斌副教授以及王智勇副教授为本书的撰写提供了热心帮助和案例资料,在此表示衷心感谢。

　　本书出版得到了住房和城乡建设部村镇建设司的大力支持;同济大学赵民教授、陶小马教授、彭震伟教授、张尚武教授以及同济大学出版社华春荣社长就本书的撰写及内容安排进行了多次讨论并提出了宝贵意见;住建部"全国农村人口流动与安居性调查"课题负责人张立副教授为本书的组织出版做了大量工作;同济大学出版社的冯慧老师精心安排了本书的编辑及出版工作,在此一并表示衷心感谢。

洪亮平

于华中科技大学

2021 年 10 月 30 日